高等教育冶金工程专业规划教材

冶金传输原理

周　俐　主编
王建军　主审

U0285653

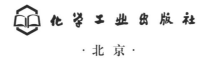

化学工业出版社

·北京·

本书分动量传输、热量传输和质量传输 3 篇，共 14 章，系统地介绍了三传的基本理论及三者的类似机理、相互关系；同时介绍了利用相似原理来处理试验数据和进行模型试验的方法。并运用传输的基本知识分析复杂的冶金过程中各因素的影响机理，通过大量的例题说明三传的基本方程在实践问题中的应用。每章均有小结及相关内容的习题及参考答案。

本书可作为高等院校冶金专业本、专科生的学习教材，也可作为有关人员学习传输知识的参考资料。

图书在版编目（CIP）数据

冶金传输原理/周俐主编. —北京：化学工业出版社，2009.1（2024.8 重印）
高等教育冶金工程专业规划教材
ISBN 978-7-122-04580-5

Ⅰ. 冶… Ⅱ. 周… Ⅲ. 冶金-过程-传输-高等学校-教材 Ⅳ. TF01

中国版本图书馆 CIP 数据核字（2009）第 006341 号

责任编辑：陶艳玲　　　　　　　　　　装帧设计：韩　飞
责任校对：徐贞珍

出版发行：化学工业出版社（北京市东城区青年湖南街 13 号　邮政编码 100011）
印　　装：北京科印技术咨询服务有限公司数码印刷分部
787mm×1092mm　1/16　印张 13½　字数 341 千字　2024 年 8 月北京第 1 版第 7 次印刷

购书咨询：010-64518888　　　　　　　售后服务：010-64518899
网　　址：http://www.cip.com.cn
凡购买本书，如有缺损质量问题，本社销售中心负责调换。

定　　价：39.00 元

前　言

冶金传输原理作为冶金工程专业的基础课程，在冶金工程专业本科生教学中具有非常重要的地位，但是长期以来很多学生对该课程的评价是听不懂、看不懂，不懂学它有什么用。造成这样的结果自然不是教学者所愿意看到的，究其原因编者认为以下三点可能是不可忽略的：首先是教师的授课方法和角度，作为实践性很强的专业基础课，如果只是纯粹讲解数学理论和数学推导，那么学生难免感到疲倦无趣；其次是教材问题，由于传输原理课程的数理要求较高，使得教材的通读性变差，学生很难有信心将教材自学并融会贯通；再次是一些学生的冶金专业知识薄弱，对冶金过程尚存疑惑，更何况将冶金现象模型化并且求解。教师在授课的过程中如果多结合工程实际讲解，引导学生利用所学理论解决实际问题，哪怕是简单的模型化的问题，给学生带来的信心提升将是完全不同的。

针对当前本科生的实际情况，编者在本书内容上做了较多简化，力求叙述简洁明了，增强了实例求解环节的内容，结合精品课程网站、多媒体教学以及实验动手环节多方位地给学生提供传输教学环境，帮助学生尽快建立初步的将实际问题模型化并予以解决的思维框架。

所谓传输现象是指流体的动力过程、传热过程和物质输送过程的统称。传输与传递、转移同义，都是指自然界不同条件下的物质或能量随空间及时间的变化。所以，冶金传输原理是对冶金过程中的传输现象的原理及机理的解释或定量求解。我们知道，冶金过程分为物理和化学两大过程。冶金传输原理解决的是物理过程，它不涉及化学反应的问题，那是冶金物理化学要解决的问题。

冶金传输原理是定量求解冶金过程的，由于冶金问题的复杂性，造成了复杂的数学模型表述，因此往往很多求解过程是有一定难度的，而且很多结果是经验值，读者对此需要有清晰认识，借鉴其中的好的思路而不囿于细节。编者力图在本书中对传输原理做简单阐述，旨在使初学者建立基本传输体系的基础知识，但部分章节的内容仍显偏难偏深，读者可根据自身基础或兴趣阅读，而不必拘泥于细枝末节。值得注意的是三传的类比是本书的关键主线，通过一些基本的特征数使三种传递方式紧密联系起来。遵循物理现象的数学描述的思路，初学者需仔细体会怎样将基本的物理现象模型化，用数学语言表达出来，再寻求求解之道的思维方式，尤其是前两阶段对初学者更为重要，至于如何求解反而不是这个层次读者的主要任务。

本书未提供物性参数等相关内容的附录，读者请自行查阅相关工具书籍获得翔实的资料。本书提供了较多的实例，并给出了计算过程供参考，每章提供了习题和答案。

本书第一篇、第二篇、第三篇的第 13 章由周俐教授编写，第三篇的第 12 章、第 14 章由李强博士编写。全书由周俐教授主编、王建军教授主审。另外，在本书的编写过程中还得到芮其宣、陈永峰、林银河、帅勇、程志洪、李兆丰、李青云等人的大力帮助，在此表示诚挚谢意。

限于编者的水平，书中难免有不足之处，欢迎读者批评指正。

编者
2008 年 12 月

目　　录

第三篇　质量传输

第一篇 动量传输

　　动量传输现象是自然界及工程技术中普遍存在的现象，大多数金属的提取、精炼、浇铸等过程与动量传输即流体流动有着密切的联系。冶金中的化学反应，往往也同时伴随着热量的传输和质量的传输，而这些现象都是在物质的流动过程中发生的。也就是说，传热、传质与流体流动特性密切相关。比如高炉炼铁过程、转炉炼钢过程、炉外精炼及钢水的浇注等钢铁冶金高温生产过程中，均存在动量、热量和质量三者的传递过程，并且它们是相互关联、相互耦合的。

　　流体流动过程中的流速的变化即反映动量的变化，因此研究流体流动即动量的传输，掌握其有关的规律性，对冶金设备的设计与改进以及冶金过程的优化与控制具有重要意义。

　　动量传输是研究流体在外界作用下运动规律的科学，即流体力学。之所以称之为动量传输，是因为从传输的观点来看，它与热量传输、质量传输在传输的机理、过程、物理数学模型等方面具有类比性和统一性。用动量传输的观点讨论流体的流动问题，不仅有利于传输理论的和谐，而且可以揭示三传现象类似的本质与内涵。

　　什么是动量传输？从所学的物理概念中知道：当速度不同的两个小球相互碰撞时，有动量的传递发生，即小球的动量（mv）发生了变化。而当流体的速度发生变化时，是否它们的动量也发生变化，即发生了动量的传输呢？

第1章　动量传输的基本概念

1.1　动量传输的研究对象和研究方法

1.1.1　流体

　　动量传输就是研究流体（即气体与液体）在外界的作用下运动规律的一门科学，它的研究对象自然就是流体。流体不像固体，固体有自己固定的形状，流体则常常呈现出盛放它的容器的形状，而气体往往还要充满盛放它的容器的体积。流体日常表现出来的这种性质实质上是它的可流动性与可压缩性的体现。所谓可流动性就是指流体在任意小的切应力的作用下都会发生明显的变形，而一般的固体则不会。可压缩性是指在压力的作用下，流体的体积会发生明显的变化。

　　因为物质是由分子组成的，分子与分子之间有着一定的间隙，气态物质在标准状态（0℃，101325Pa）分子间的平均距离大于分子的直径的 10 倍，分子间的相互作用微弱，不能保持一定的体积和形状，当外部压力增大时，其体积按一定的规律缩小，具有较大的可压缩性。液态物质分子间平均距离约为分子直径的 1 倍，分子间互相作用较大，通常可以保持其固有体积，但不能保持其形状。流体在外界的压力作用下，分子之间的间隙会发生变化，从而导致体积随着外界压力的不同而不同。气体在这一方面表现得最为突出。液体虽然随压力的变化分子间的距离也会有变化，但总的体积的变化并不明显。

从物质受力和运动的特点来看，物质又可分为两大类：一类物质不能抵抗切向力，在切向力的作用下可以无限的变形，这种变形称为流动，这类物质称为流体，其变形的速度即流动速度与切应力的大小有关，气体和液体都属于流体；另一类是固体，它能承受一定的切应力，其切应力与变形的大小呈一定的比例关系。

液体和气体的区别是：液体可以随其容器形状不同而改变其形状，且在相当大的压力下几乎不改变其原有的体积，故通常称为不可压缩流体。液体与其它流体形成的分界面称为自由表面。气体则具有很大的可压缩性，如果对气体施加压力，则其体积很容易缩小，反之，如果压力无限减小，则气体可无限地膨胀，充满容纳它的空间，所以它没有自由表面，故通常称为可压缩流体。

1.1.2 连续介质模型

正像普通物理学研究问题有质点模型、刚体模型一样，研究流体的流动也应该有一种模型，这就是下面要介绍的连续介质模型。

流体力学中一般对流体都作连续介质的假定，即认为流体是由连续分布的流体质点所组成。这种流体质点尺度很小，数学上可以近似认为是一个点，但具有宏观的物理量如密度、压力、速度等。

从宏观上研究流体的运动规律，有理由把流体视为连续介质，即流体是在空间和时间上连续分布的物质。实践证明采用连续介质模型来解决工程实际问题，其结果是能满足要求的。这样流体的一切特性，例如压强、温度、密度、速度等都可以看成是时间和空间连续分布的函数，从而流体力学的问题可以用连续函数这个有力的数学工具来进行研究。

从流体的宏观特性出发，流体充满的空间里是由大量的没有间隙存在的流体质点组成的，即为连续介质模型。

流体质点：在连续介质内对某一点取得极小，但却包含有足够多的分子（即宏观上足够小，微观上足够大），使其不失去连续介质的特性而有确定的物理值。

连续介质的特性：流体的一切属性（速度、压力、密度、温度、浓度等）都可看作坐标与时间的连续函数，利用数学中连续函数的性质解题。

很显然，上述定义的连续介质模型是满足场的定义的，是完全可以由场论去研究它的运动状态的。所以常常人们把上述连续介质模型描述的流体叫流场。

描述流场运动的方法通常有两种：其一是拉格朗日法；其二是欧拉法。

描述流场的基本物理量有速度、压力、密度、温度等，流场在空间的变化行为有梯度、散度和旋度。

注意：稀薄气体的分子间距大，连续介质模型的概念不适用。

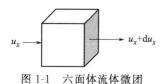

图 1-1 六面体流体微团

流体微团：可认为它是由质点组成的微小的流体单元，微团中的各质点的参量可能有所不同。例如，在研究流体运动时，经常取微元体来分析，如图 1-1，流体流入的速度是 u_x、流出的速度是 $u_x + \mathrm{d}u_x$。

1.2　流体的主要物理性质

1.2.1　质量与重力特性

（1）密度

流体具有质量，每单位体积的质量称为密度，用符号 ρ 表示，单位为 kg/m^3。

$$\rho = \lim_{\Delta V \to 0} \frac{\Delta m}{\Delta V} \tag{1-1}$$

（2）重度

流体受地心引力的作用具有重量，每单位体积的重量称为重度，用符号 γ 表示，单位为 N/m^3。

$$\gamma = \lim_{\Delta V \to 0} \frac{\Delta G}{\Delta V} = \rho g \tag{1-2}$$

式中，g 为重力加速度为 $9.81 m/s^2$。

（3）比体积

单位质量流体所占有的体积称作比体积，用符号 ν 表示，其单位为 m^3/kg。

$$\nu = \frac{1}{\rho} \tag{1-3}$$

（4）相对密度

液体的重度与一个大气压下 4℃时水的重度之比称为液体的相对密度，用符号 Δ 表示；气体的相对密度是指该气体的密度与一个大气压下 0℃的空气或氢气的密度之比。它是一无量纲的量。

$$\Delta = \frac{\gamma_{液}}{\gamma_{水}} \tag{1-4}$$

一个标准大气压 4℃下水的密度为 $\rho_{水} = 1000 kg/m^3$；一个标准大气压 0℃下空气的密度为 $\rho_{空气} = 1.293 kg/m^3$。

1.2.2　压缩性与热胀性

（1）压缩性

流体受压体积缩小的性质称为压缩性，通常用体积压缩系数 β_p 来表示。β_p 指的是在温度不变时，压力每增加一个单位流体体积 V 的相对变化率。压缩系数的定义为

$$\beta_p = -\frac{1}{V} \frac{dV}{dp} \tag{1-5}$$

式中，β_p 的单位为 1/Pa，负号表示压力增加时体积缩小，故加上负号后 β_p 永远为正值。

对于 0℃的水在压力为 506.5kPa（5atm）时，β_p 为 $0.539 \times 10^{-9} Pa^{-1}$，可见水的压缩性是很小的。

体积压缩系数的倒数为体积弹性模数，以 E_V 表示，则

$$E_V = \frac{1}{\beta_p} = -\frac{V}{dV} dp \tag{1-6}$$

式中，E_V 的单位为 Pa，液体的体积压缩系数一般很小，或体积弹性模数都非常大，因此液体的压缩性一般都可忽略不计。

（2）热胀性

当温度变化时，流体的体积也随之变化。温度升高时，体积膨胀，这种特性称为流体的热胀性，用体积膨胀系数 α_V 来表示。α_V 是指当压力保持不变，温度升高 1K 时流体体积的相对增加量。其定义为

$$\alpha_V = \frac{1}{V}\frac{dV}{dT} \tag{1-7}$$

对气体来说，它的体积弹性模数是随气体状态变化的不同而不同的。例如在等温压缩过程中，有

$$pV = 常数 \tag{1-8}$$

微分后得

$$pdV + Vdp = 0 \tag{1-9}$$

或

$$\frac{dV}{V} = -\frac{dp}{p} \tag{1-10}$$

将式(1-10)代入式(1-6)和式(1-5)中，得到

$$E_V = \frac{1}{\beta_p} = -\frac{V}{dV}dp = p \tag{1-11}$$

由此可见，当气体作等温压缩时，其体积弹性模数等于作用在气体上的压强。

当气体作绝热压缩时

$$pV^k = 常数 \tag{1-12}$$

微分后得到

$$\frac{dV}{V} = -\frac{1}{k}\frac{dp}{p} \tag{1-13}$$

将式(1-13)代入式(1-6)中，得到

$$E_V = \frac{1}{\beta_p} = -\frac{V}{dV}dp = kp \tag{1-14}$$

由此可知，当气体作理想绝热压缩时，其体积弹性模数等于绝热指数 k 乘以压强 p。

气体的体积变化遵循理想气体的状态方程式，即

$$p = \rho RT \tag{1-15}$$

对于等温过程

$$\frac{p_1}{\rho_1} = \frac{p_2}{\rho_2} \tag{1-16}$$

对于等压过程

$$\rho_1 T_1 = \rho_2 T_2 \tag{1-17}$$

对于绝热过程

$$\frac{p_2}{p_1} = \left(\frac{\rho_2}{\rho_1}\right)^k = \left(\frac{T_2}{T_1}\right)^{\frac{k}{k-1}} \tag{1-18}$$

以上各式中的 p 为绝对压强，T 为绝对温度，R 为气体常数，k 为绝热指数。

例 1-1　有空气 $1m^3$，原处于 $T_1 = 40℃$，$p_1 = 0.105 \times 10^6 Pa$ 状态，已知气体常数为 $R = 287J/(kg \cdot K)$，$k = 1.4$。若等熵地压缩为 $0.5m^3$，求终态温度和压力；若等温地压缩为 $0.5m^3$，求终态温度和压力。

解：由状态方程知

$$\rho_1 = p_1/RT_1 = 0.105 \times 10^6/(287 \times 313) = 1.17kg/m^3$$

由于 $V_2 = 0.5V_1$，故　　$\rho_2 = 2\rho_1 = 2 \times 1.17 = 2.34 \text{kg/m}^3$

（1）等熵过程

$$\frac{p_2}{\rho_2^k} = \frac{p_1}{\rho_1^k}$$

$$p_2 = \rho_2^k \frac{p_1}{\rho_1^k} = (2.34)^{1.4} \frac{0.105 \times 10^6}{(1.17)^{1.4}} = 0.27 \times 10^6 \text{Pa}$$

$$T_2 = p_2 / R\rho_2 = (0.27 \times 10^6) / (287 \times 2.34) = 402.04$$

（2）等温过程

$$T_2 = T_1 = 313\text{K}$$

$$p_2 = R\rho_2 T_2 = 287 \times 2.34 \times 313 = 0.21 \times 10^6 \text{Pa}$$

1.2.3　流体黏性

除流动性与可压缩性之外，流体还有一个非常重要的性质——黏性。流体在变形或流动时，其本身所表现出的一种阻滞流动或变形的性质称为流体的黏性，自然界中的流体均具有一定的黏性，在流体动力学中称为黏性流体或实际流体。流体的黏性是由流体分子间的内聚力和分子的扩散而构成的。流体与不同相的表面（如固体）接触时，表现为流体对表面的附着作用。如图 1-2，当两块互相平行的无限大平板间充满流体，下板固定不动，上板以匀速 v_0 平行下板运动时，两板间的流体便发生不同速度的运动状态。表现为：从附着在板下面的流体层具有与动板等速的 v_0 开始，越往下速度越小，直到附着在平板上的流体层的速度为 0 这样的速度分布规律。

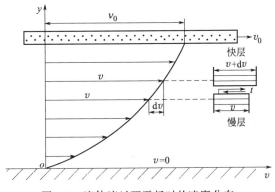

图 1-2　流体流过两平板时的速度分布

从图 1-2 可以看出：每一运动较慢的流体层，都是在运动较快的流体层带动下运动的，同时，每一运动较快的流体层（快层），也受到运动较慢的流体层（慢层）的阻碍，而不能运动得更快。也就是说，在做相对运动的两流体层的接触面上，存在一对等值而反向的作用力来阻碍两相邻流体层作相对运动，流体的这种性质称作流体的黏性，由黏性产生的作用力称作黏性力或内摩擦力。

黏性力产生的物理原因如下。

① 由于分子作不规则运动时，各流体层之间互有分子迁移掺混，快层分子进入慢层时给慢层以向前的碰撞、交换能量，使慢层加速；慢层分子迁移到快层时，给快层以向后的碰撞，形成阻力而使快层减速。这就是分子不规则运动的能量交换形成的黏性阻力。

② 当相邻流体层有相对运动时，快层分子的引力拖动慢层，而慢层分子的引力阻滞快层，这就是两层流体之间吸引力所形成的黏性阻力。

1.3　牛顿黏性定律

1.3.1　牛顿内摩擦（或黏性）定律

流体运动时的黏性阻力与哪些因素有关？牛顿经过实验研究得到：当流体的流层之间存在相对位移即存在速度梯度时，由于流体的黏性作用，在其速度不等的流层之间以及流体与固体表面之间所产生的黏性力的大小与速度梯度和接触面积成正比，并与流体的黏性有关，这就是牛顿黏性定律。

在稳定状态下，当图 1-2 所示两平行平板间的流动是层流（流体质点作有规则的运动，在运动过程中质点之间互不混杂、互不干扰）时，对于面积为 A 的平板，两板之间的距离为 y，为了使上板保持以速度 v_0 匀速运动，必须施加一个力 F。该力的大小由实验得：

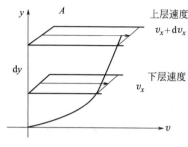

图 1-3　两薄流层之间的速度分布

$$\frac{F}{A} = \mu \frac{v_0}{y} \tag{1-19}$$

单位面积上所受的剪切力为切应力。在稳定状态下，任意两个薄流层之间速度分布假设是线形分布，如图 1-3。则 v_0/y 可用速度梯度 $\mathrm{d}v_x/\mathrm{d}y$ 来代替，于是切应力 τ 是

$$\tau = \frac{F}{A} = \mu \frac{\mathrm{d}v_x}{\mathrm{d}y} \tag{1-20}$$

式中　μ——比例系数，Pa·s。

即为牛顿黏性定律表达式。

请思考：流体在静止时，有黏性吗？

1.3.2　流体的黏度

比例系数 μ 称为动力黏性系数或简称黏度，它表征了流体抵抗变形的能力，即流体黏性的大小。

由式(1-20)可以求得动力黏度值

$$\mu = \frac{\tau}{\dfrac{\mathrm{d}v_x}{\mathrm{d}y}} \tag{1-21}$$

μ 表示当速度梯度为 1 单位时，单位面积上摩擦力的大小。它的单位为 N·s/m² 或 Pa·s，工程常采用泊，用 P 表示。

$$1P = 0.1Pa \cdot s。$$

黏性系数 μ 与流体密度 ρ 的比值，称为运动黏性系数，以 ν 表示，即

$$\nu = \frac{\mu}{\rho} \tag{1-22}$$

ν 的单位为 m²/s。工程上采用沲为单位，用 St 表示。

$$1St = 10^{-4} m^2/s。$$

黏度 μ 的大小与流体的种类有关，例如在同一温度的情况下，油的 μ 值比水大，而水又比空气大得多。所以 μ 是流体的一个物性参数。对于同一种流体，它的大小是流体温度和压强的函数。温度对流体的黏度影响很大，压强对黏性的影响不大。

当温度升高时，一般液体的黏度随之降低；但是，气体则与其相反，当温度升高黏度增大。原因是在液体中，分子间距小，分子相互作用力较强，当温度升高时，分子之间距离增大，引力减小，所以层与层之间的摩擦力减小，黏度降低。但是对气体而言，由于分子间距比液体大得多，分子之间的引力很弱，层与层之间的黏性表现为两层流体层间分子的动量交换，来阻止流体层间相对滑动，分子间的引力作用可忽略，当气体温度升高，内能增加，分子运动剧烈，动量交换激烈，所以黏性升高。

铁水黏性系数见表 1-1。

表 1-1　铁水在各种温度下的黏性系数值

温度/℃	黏性系数/(N·s/m²)
1550	6.7×10^{-3}
1600	6.1×10^{-3}
1700	5.8×10^{-3}

研究表明，气体、熔融金属和熔渣的黏性系数一般随组分的变化而显著变化。在某些熔渣中，混合物的黏性系数可能显著低于混合物中任何组分的黏性系数。可以利用这个关系，通过调整熔渣的组分就能得到所需要的低黏性渣，控制炼铁、炼钢和其它冶金工艺过程。

对混合流体黏度 μ 与组分有关，经验公式有

$$\lg \mu_m = \sum (x_i \lg \mu_i) \tag{1-23}$$

对压力不太高的气体混合物有

$$\mu_m = \frac{\sum (x_i \mu_i M_i^{0.5})}{\sum (x_i M_i^{0.5})} \tag{1-24}$$

式中　x_i、μ_i——分别为混合物中某组分的摩尔分数与黏度；

M_i——混合物中 i 组分的分子量；

μ_m——混合物的黏度。

1.3.3　黏性动量通量

对动量而言，单位时间通过单位面积的动量称为动量通量。注意，只要有质量、有速度就存在动量。黏性动量通量是流体黏性所形成的单位时间通过单位面积的动量传输量。

由于流层的速度不等，因此流层具有的动量不等，快流层带动慢流层，前者将动量传给后者，实质是动量的传递过程。

从式(1-20)中可知 τ 的量纲是

$$\tau = \frac{F}{A} = \frac{质量 \times 加速度}{面积} = \frac{kg \cdot m/s^2}{m \times m} = \frac{kg \cdot m/s}{m^2 \cdot s} = \frac{动量}{面积 \times 时间} = 动量通量$$

因此，黏性切应力 τ 可以理解为黏性动量通量。

所以，速度不等的流层之间，作用在单位接触面积上的黏性力 τ，相应地就是接触面积上的黏性动量通量。

对不可压缩流体，式(1-20)可改写成

$$\tau = -\nu \frac{d(\rho v_x)}{dy} \tag{1-25}$$

式中，ν 为运动黏性系数，又称为动量扩散系数；$\dfrac{d(\rho v_x)}{dy}$ 为单位体积流体的动量在 y 方向上的动量梯度，单位为 $(kg \cdot m/s)/(m^3 \cdot m)$；"—"号表示，动量通量的方向与速度梯度的方向相反，即动量是从高速到低速的方向传输的。

1.3.4　黏性力与黏性动量通量的区别

黏性力与黏性动量通量的区别是：大小相等，方向垂直。黏性力的方向对快流层与速度的方向相反，对慢流层与速度的方向相同；黏性动量通量的方向与动量梯度（或速度梯度）的方向平行而相反，即动量是由高速流层向低速流层方向传输。

注意：牛顿黏性定律的适用范围是流体的层流流动。

1.3.5 牛顿流体与非牛顿流体

并不是所有的流体都遵循牛顿内摩擦定律，即流动过程中黏性切应力和速度梯度成正比。据此，将流体分为两大类：牛顿流体与非牛顿流体。

凡是切应力与速度梯度的关系服从牛顿黏性定律的流体，均称为牛顿流体。常见的牛顿流体有水、空气等，非牛顿流体有泥浆、纸浆、油漆、沥青等。

对于不符合牛顿黏性定律的流体，称之为非牛顿流体。研究非牛顿流体受力和运动规律的学科称为流变学。

例 1-2 两平行平板之间充满黏度为 μ_0 的液体，在对称面上有一面积为 A 的薄板，薄板以等速度 u 作平移运动如图 1-4(a) 所示。现以另一种液体充满上述平板之间，但其黏度 μ 未知，若其中薄板置于底板以上 h' 处，也以等速 u 作平移运动，如图 1-4(b) 所示，且已知拖动力与上一种情况相同，试由 μ_0、h' 确定 μ。

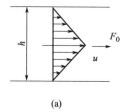
(a)

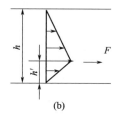
(b)

解：对于第一种情况，拖力 F_0 为

$$F_0 = 2A\mu_0 \frac{\Delta u}{\Delta y} = 2A\mu_0 \frac{u}{h/2} = 4A\mu_0 \frac{u}{h}$$

对于第二种情况，拖力 F 为

$$F = A\mu \frac{u}{h'} + A\mu \frac{u}{h-h'} = A\mu u \left(\frac{1}{h'} + \frac{1}{h-h'} \right)$$

由于 $F_0 = F$，故可得 $\mu = 4\mu_0 \frac{h'}{h} \left(1 - \frac{h'}{h} \right)$

1.4　作用在流体上的力

从流体中任意取出一流体块，作用在这一流体块上的力主要分为质量力和表面力。

质量力是作用在流体的每个质点上，其大小与流体的质量成正比。如：重力 mg、直线惯性力 ma、离心力 $m\omega^2 r$。

对于均质流体，质量力的大小与受作用的流体的体积成正比，所以又称为体积力。工程上经常遇到的质量力是重力和惯性力。对于某些冶金过程，当熔融金属和离子导电的熔渣在强大磁场作用下流动时，电磁力也是一个附加的质量力。单位质量的质量力称为单位质量力，它在 x、y、z 轴上的分量分别以 X、Y、Z 来表示。例如，重力的单位质量力就是重力加速度在三个坐标轴上的分量 g_x、g_y、g_z。

表面力是作用在所取出的流体的表面上的力，并与其表面积成比例，它又分为法向力（通常称为压力）和切向力（如前面所表达的黏性力）两种。单位面积上的法向力称为法应力（如压强 p），单位面积上的切向力称为切应力（如黏性切应力 τ）。

现在考虑一个如图 1-4 所示的任意形状的流体微团。在该微团表面上取一个微小面积

ΔA，用 ΔF 表示周围流体作用在 ΔA 上的力。由于 ΔF 是个矢量，它可以分解成两个分量，ΔF_n 垂直于 ΔA，而 ΔF_i 则与 ΔA 相切。ΔF_n 即为法向力，ΔF_i 即为切向力。

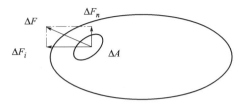

因此，在 ΔA 上有两种应力：当 $\Delta A \rightarrow 0$ 时

法向应力　$\tau_n = \lim \dfrac{F_n}{\Delta A}$　　　(1-26)

图 1-4　微元面积 ΔA 上的法向力和切向力

切向应力　$\tau_i = \lim \dfrac{F_i}{\Delta A}$　　　　　　　　　　　　(1-27)

作用在流体的外表面的力称外力；作用在流体内部任一表面称内力。在流体力学中，常从流体内部取一部分（分离体），此时，周围流体对分离体表面上的作用就是外力。

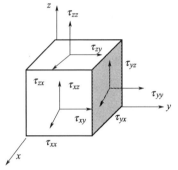

图 1-5 所示为正方体的流体微团。图上表示出作用该流体微团表面上的九个应力分量。根据习惯，双下标的涵义是：第一个下标表示应力作用面的法线方向，而第二个下标表示应力的方向。不难看出 τ_{xx}、τ_{yy}、τ_{zz} 表示法应力，而 τ_{xy}、τ_{xz}、τ_{yx}、τ_{yz}、τ_{zx}、τ_{zy} 表示切应力。

可记为

图 1-5　流体微团受力分析

$$\tau = \begin{pmatrix} \tau_{xx} & \tau_{xy} & \tau_{xz} \\ \tau_{yx} & \tau_{yy} & \tau_{yz} \\ \tau_{zx} & \tau_{zy} & \tau_{zz} \end{pmatrix}$$

可以证明：$\tau_{xy} = \tau_{yx}$；$\tau_{yz} = \tau_{zy}$，$\tau_{xz} = \tau_{zx}$。即应力张量是对称张量。

本　章　小　结

流体与固体的物理性质有许多不同之处：流体具有易流动性、可压缩性和黏性。其中黏性是流体的一个重要物理性质。流体的上述性质都是它的大量运动着的分子微观特性的宏观表现。我们把流体作为连续介质来研究的。本章主要叙述流体及其物理性质、牛顿内摩擦（或黏性）定律、作用在流体上的质量力和表面力。

习　　题

1-1　如图，质量为 $1.18 \times 10^2 \mathrm{kg}$ 的平板尺寸为 $b \times b = 67 \times 67 \mathrm{cm}^2$，在厚 $\delta = 1.3 \mathrm{mm}$ 的油膜支承下以 $u = 0.18 \mathrm{m/s}$ 匀速下滑，问油的黏度系数为多少？

（答：$7.16 \mathrm{N \cdot s/m}^2$）

1-2　一平板在距另一平板 2mm 处以 0.61m/s 的速度平行移动，板间流体黏度为 $2.0 \times 10^{-3} \mathrm{N \cdot s/m}^2$，稳定条件下黏性动量通量为多少？黏性力又是多少？两者方向如何？以图示之。

（答：$6.10 \times 10^{-1} \mathrm{N/m}^2$）

1-3　圆管中层流速分布式为 $u_x = u_m \left(1 - \dfrac{r^2}{R^2}\right)$ 求切应力在 r 方向上的分布，并将流速和切应力以图示之。

$\left($答：$\tau = 2\mu u_m \dfrac{r}{R^2}\right)$

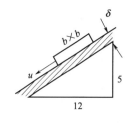

题 1-1 图

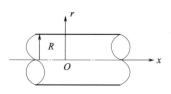

题 1-3 图

1-4　$\rho=1000\text{kg/m}^2$，$\nu=0.007\text{cm}^2/\text{s}$ 的水在水平板上流动，速度分布为 $u_x=3y-y^3$（m/s）求

(1) 在 $x=x_1$ 处板面上的切应力；

(2) 在 $x=x_1$，$y=1\text{mm}$ 处于 x 方向有动量通量存在吗？若有，试计算其值；

(3) 在 $x=x_1$，$y=1\text{mm}$ 处的黏性动量通量。

［答：(1) $2.10\times10^{-3}\text{N/m}^2$；(2) 有，$9.00\times10^{-3}\text{N/m}^2$；(3) $2.10\times10^{-3}\text{N/m}^2$］

1-5　如上题，求 $x=x_1$，$y=1\text{m}$ 处两种动量通量，并与上题相比较。

（答：0，$4.0\times10^3\text{N/m}^2$）

1-6　在间距为 3cm 的平行板正中有一极薄平板以 3.0m/s 的速度移动，两间隙间为两种不同黏性的流体，其中一流体的黏度为另一流体黏度的两倍，已测知极薄平板上、下两面切应力之和为 44.1N/m²，在层流及速度线性分布条件下，求流体的动力黏度。

（答：$7.35\times10^{-2}\text{N·s/m}^2$；$1.47\times10^{-1}\text{N·s/m}^2$）

第 2 章　流场运动的描述

2.1　描述流场运动的方法

描述流场运动的方法通常有两种：其一是拉格朗日法；其二是欧拉法。

2.1.1　拉格朗日法

拉格朗日法实际上是力学中质点运动描述的方法在流体力学中的推广，它把流体看成是由大量的流体质点组成的，并着眼于对流体质点运动的描述，设法描述出每个质点自始至终的运动状态，即它们的位置随时间的变化规律。这样对所有的质点的运动规律知道后，整个流场的运动就自然地清楚了。从数学上可做如下的描述：首先为了描述每个质点的运动先必须区分开不同的质点，通常的做法是用初始时刻质点的坐标作为区分不同质点的标志。设初始流体中某个质点的坐标为 (a, b, c)，不同的 (a, b, c) 代表不同的质点，这时流体质点的运动规律就可以表示为：

$$r = r(a, b, c, \tau) \tag{2-1}$$

这里 r 为质点的位置矢量，在直角坐标系下式(2-1) 可表达为

$$\begin{cases} x = x(a, b, c, \tau) \\ y = y(a, b, c, \tau) \\ z = z(a, b, c, \tau) \end{cases} \tag{2-2}$$

式中，a、b、c 常被称为拉格朗日变数。

对式(2-2) 中如固定 a、b、c 可得到不同时刻某一固定质点的运动轨迹，如固定 τ 可得到同一时刻不同流体质点在空间的位置分布。如式(2-2) 具有二阶连续偏导数，可给出由拉氏法描述的质点的速度 v 与加速度 a

$$\begin{cases} v = \dfrac{\mathrm{d}r}{\mathrm{d}\tau} = \dfrac{\mathrm{d}r(a, b, c, \tau)}{\mathrm{d}\tau} \\ a = \dfrac{\mathrm{d}^2 r(a, b, c, \tau)}{\mathrm{d}\tau^2} \end{cases} \tag{2-3}$$

它在直角坐标系下的表达式为

$$\begin{cases} v_x = \dfrac{\mathrm{d}x(a, b, c, \tau)}{\mathrm{d}\tau} \\ v_y = \dfrac{\mathrm{d}y(a, b, c, \tau)}{\mathrm{d}\tau} \\ v_z = \dfrac{\mathrm{d}z(a, b, c, \tau)}{\mathrm{d}\tau} \end{cases} \tag{2-4}$$

$$\begin{cases} a_x = \dfrac{\mathrm{d}^2 x(a, b, c, \tau)}{\mathrm{d}\tau^2} \\ a_y = \dfrac{\mathrm{d}^2 y(a, b, c, \tau)}{\mathrm{d}\tau^2} \\ a_z = \dfrac{\mathrm{d}^2 z(a, b, c, \tau)}{\mathrm{d}\tau^2} \end{cases} \tag{2-5}$$

拉格朗日法的特点是分析流体各个质点的运动，来研究整个流体的运动。拉格朗日法是描述各个质点在不同时刻的参量变化，它是追踪个别质点描述，用于表达有限个数目质点的运动是方便的。

2. 1. 2　欧拉法

欧拉法则着眼的不是流体质点，而是空间点，设法在被流体充满的空间的每一个点上，描述出流体运动随时间变化的状况。如果每一空间点上流体运动都已知道，那么整个流体的运动状况就清楚了。这样就提出了应用什么样的物理量来表征空间点上流体运动状态变化的问题。因为不同时刻将有不同的流体质点经过空间的某一固定点，所以站在固定点上就无法观测流体质点的位置随时间的变化，从而用位置随时间的变化去描述流场是不行的。但是不同时刻流体质点经过空间某一固定点的速度则是可以观测的，所以在欧拉法中不选位置而以速度作为描述流体在空间变化的变量，研究流体速度在空间的分布。在实际研究问题时区分清楚哪个质点处于哪个空间点上对大多数问题是没有任何意义的，而往往只要搞清楚在某一时刻流体在其存在的区域内各个空间点上的速度分布就行了，欧拉法正是对这一速度分布描述的一套方案。欧拉法把流体视为连续介质，用场论的方法研究流体的流动，是一套最重要的研究方案，以后的大多数内容都将沿用这套方案去研究。

用欧拉法研究问题时，流体质点的运动规律用数学公式可做如下描述

$$v = v(r, \tau) \tag{2-6}$$

这里的 r 是空间坐标，在直角坐标系下可等价为

$$\begin{cases} v_x = v_x(x, y, z, \tau) \\ v_y = v_y(x, y, z, \tau) \\ v_z = v_z(x, y, z, \tau) \end{cases} \tag{2-7}$$

这里的 v 因为是空间位置的函数，故 v 本身是一个场量，叫速度场。假设速度场有一阶连续的偏导数，用欧拉法描述的流体运动的加速度在直角坐标系中，x，y，z 三个坐标轴方向的加速度分量为

$$a_x = \frac{\mathrm{d}v_x}{\mathrm{d}\tau} = \frac{\partial v_x}{\partial \tau} + v_x \frac{\partial v_x}{\partial x} + v_y \frac{\partial v_x}{\partial y} + v_z \frac{\partial v_x}{\partial z}$$

$$a_y = \frac{\mathrm{d}v_y}{\mathrm{d}\tau} = \frac{\partial v_y}{\partial \tau} + v_x \frac{\partial v_y}{\partial x} + v_y \frac{\partial v_y}{\partial y} + v_z \frac{\partial v_y}{\partial z} \tag{2-8}$$

$$a_z = \frac{\mathrm{d}v_z}{\mathrm{d}\tau} = \frac{\partial v_z}{\partial \tau} + v_x \frac{\partial v_z}{\partial x} + v_y \frac{\partial v_z}{\partial y} + v_z \frac{\partial v_z}{\partial z}$$

在流体力学中，一般用欧拉法描述流体运动。流体运动可表示为速度场，在直角坐标系中，流体质点的加速度为

$$\frac{\mathrm{d}v}{\mathrm{d}\tau} = \frac{\partial v}{\partial \tau} + (v \cdot \nabla)v \tag{2-9}$$

式中，左边是加速度（或叫做随体导数或实质微分），它描述了流场中某一流体质点的速度变化情况；右边第一项 $\frac{\partial v}{\partial \tau}$ 称时变加速度（当地加速度或区域导数），由速度场随时间而变化引起的，当它为 0 时，速度场稳定流动；右边第二项 $(v \cdot \nabla)v$ 称迁移加速度（位变加速度或对流导数），由速度场的不均匀性引起的，当它为 0 时，速度场均匀流动。这里 ∇ 称为哈密顿算子，在直角坐标系下表示为 $\nabla = \frac{\partial}{\partial x}\vec{i} + \frac{\partial}{\partial y}\vec{j} + \frac{\partial}{\partial z}\vec{k}$。

上述讨论不仅对速度场成立，对其它场量如密度、压力等也都成立。一般来说，任一流

场中的物理量 $A=A(x, y, z, \tau)$，则随体导数、区域导数与对流导数满足

$$\frac{\mathrm{d}A}{\mathrm{d}\tau}=\frac{\partial A}{\partial \tau}+(v \cdot \nabla)A \tag{2-10}$$

这里，A 只要求是场量，无论是标量还是矢量上式都成立。

例 2-1 设流场的速度分布为

$$u_x = 4\tau - \frac{2y}{x^2+y^2}$$

$$u_y = \frac{2x}{x^2+y^2}$$

试求：（1）当地加速度的表达式；（2）$\tau=0$ 时，在 $M(1, 1)$ 点上流体质点的加速度。

解：（1）根据当地加速度的定义，求得

$$\frac{\partial u_x}{\partial \tau}=4, \frac{\partial u_y}{\partial \tau}=0$$

（2）根据质点的加速度的表达式

$$\frac{\mathrm{d}u_x}{\mathrm{d}\tau}=\frac{\partial u_x}{\partial \tau}+u_x\frac{\partial u_x}{\partial x}+u_y\frac{\partial u_x}{\partial y}$$

$$=4+\left(4\tau-\frac{2y}{x^2+y^2}\right)\left[\frac{4xy}{(x^2+y^2)^2}\right]+\frac{2x}{x^2+y^2}\left[-\frac{2(x^2+y^2)-4y^2}{(x^2+y^2)^2}\right]$$

当 $\tau=0$，$x=1$，$y=1$ 时：$a_x=\dfrac{\mathrm{d}u_x}{\mathrm{d}\tau}=4-1=3$；

$$\frac{\mathrm{d}u_y}{\mathrm{d}\tau}=\frac{\partial u_y}{\partial \tau}+u_x\frac{\partial u_y}{\partial x}+u_y\frac{\partial u_y}{\partial y}$$

$$=\left(4\tau-\frac{2y}{x^2+y^2}\right)\left[\frac{2(x^2+y^2)-4x^2}{(x^2+y^2)^2}\right]+\frac{2x}{x^2+y^2}\left[-\frac{4xy}{(x^2+y^2)^2}\right]$$

当 $\tau=0$，$x=1$，$y=1$ 时，$a_y=\dfrac{\mathrm{d}u_y}{\mathrm{d}\tau}=-1$。

2.2 描述流场的基本物理量及梯度、散度和旋度

在欧拉框架下，对流体流动的状态及其变化规律的描述，除速度场之外，还须知道其流场内的压力分布（即压力场）和密度分布（即密度场）。一般情况下还应有温度场，因为温度除对流体的密度、压力等场量有直接影响之外，往往还强烈地影响着流体的物理性质，如黏性。这些场量都是描述流场的基本物理量，当然在一些特殊情况下还应再加上其它的一些场量，如电磁流体力学中的电磁场等。上述场量中有一部分是标量，另一部分是矢量，要描述它的特征及其在空间的变化行为就不得不引入场论中的梯度、散度和旋度的概念。

2.2.1 梯度

梯度是流场中流体物理量（如 v、T、C）在空间变化快慢程度的一种量度，它来源于等值面的方向导数。所谓等值面就是某一场量在空间量值相等的一个曲面，方向导数则是指场量函数值在空间某一方向上变化程度的一个数学概念。

今有一标量 f，P 为场内的任一点，场量值为 f，取 P 沿 l 方向上邻近一点 P' 的场量值为 $f(P')$，如图 2-1 所示，则场量在 P 点沿 l 方向的变化率为

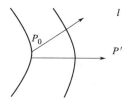

$$\lim_{P_0 P' \to 0} \frac{f(P') - f(P)}{P_0 P'} = \left[\frac{\partial f(P)}{\partial l} \right] P_0 \qquad (2\text{-}11)$$

即流场中某一物理量在某一方向，单位距离上的变化量（变率）。梯度定义为取值最大的方向导数。

$$\mathrm{grad} f(P) = \lim_{\Delta n \to 0} \frac{\Delta f(P)}{\Delta n} = \frac{\partial f(P)}{\partial n} \qquad (2\text{-}12)$$

式中　n——过某点等值面的法线方向；

图 2-1　方向导数与梯度　　$f(P)$——场中的点函数，代表某一物理量。

梯度来源于方向导数，但本身却为矢量，其正方向规定为沿等值面的法线方向并且指向函数值增大的一侧。

在直角坐标系下梯度常写为

$$\mathrm{grad} f = \nabla f = \frac{\partial f}{\partial x} \vec{i} + \frac{\partial f}{\partial y} \vec{j} + \frac{\partial f}{\partial z} \vec{k} \qquad (2\text{-}13)$$

这里的 $\vec{i}$、$\vec{j}$、$\vec{k}$ 为 x、y、z 三个坐标轴上的单位矢量。

2.2.2　散度

散度是表示流体体积膨胀（或收缩）速度的。

定义：在流场中取包围某点 a 的封闭曲面 Ω，曲面所包围的流体体积为 V，当 $V \to 0$ 时，单位体积、在单位时间内流过曲面的流体体积，即单位体积的流体体积流量，称为单位体积流量。如图 2-2。

体积流量　　　　　　　　　　　$\mathrm{d}Q = u_n \mathrm{d}A$

单位体积流量　　　　　　　$\lim_{V \to 0} \frac{\oint_{\Omega} u_n \cdot \mathrm{d}\Omega}{V} = \mathrm{div} u \qquad (2\text{-}14)$

式中　　u_n——微元 $\mathrm{d}\Omega$ 面上的法向流速；

$\oint_{\Omega} u_n \cdot \mathrm{d}\Omega$——通过曲面 Ω 的体积流量。

从封闭曲面 Ω 流过的体积流量相当于体积 V 的膨胀量（或收缩量）。

现假定流场中包围 a 点的封闭曲面是一个六面体的微团，体积为 $\mathrm{d}x\mathrm{d}y\mathrm{d}z$，各方向均有流体的流入及流出。如图 2-3。

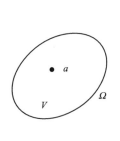

图 2-2　散度

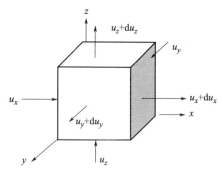

图 2-3　流体微团

通过左面的速度为 u_x，从右面流出的速度为 $u_x + \mathrm{d}u_x$，则 $\mathrm{d}u_x$ 可以写为

$$\mathrm{d}u_x = \frac{\partial u_x}{\partial x}\mathrm{d}x + \frac{\partial u_x}{\partial y}\mathrm{d}y + \frac{\partial u_x}{\partial z}\mathrm{d}z + \frac{\partial u_x}{\partial \tau}\mathrm{d}\tau$$

在单位时间内，且在 x 方向仅有 $\mathrm{d}x$ 增量，所以 $\mathrm{d}u_x = \frac{\partial u_x}{\partial x}\mathrm{d}x$，故右面流出的速度为

$u_x + \dfrac{\partial u_x}{\partial x}dx$；同理在 y 方向和 z 方向两个面的速度分别为 u_y、$u_y + \dfrac{\partial u_y}{\partial y}dy$；$u_z$、$u_z + \dfrac{\partial u_z}{\partial z}dz$。

在单位时间内该微元体的净体积流量：$dQ = u \times dA$

$$dQ = \left(u_x + \frac{\partial u_x}{\partial x}dx - u_x \right)dydz + \left(u_y + \frac{\partial u_y}{\partial y}dy - u_y \right)dxdz + \left(u_z + \frac{\partial u_z}{\partial z}dz - u_z \right)dxdy$$

$$= \frac{\partial u_x}{\partial x}dxdydz + \frac{\partial u_y}{\partial y}dxdydz + \frac{\partial u_z}{\partial z}dxdydz$$

散度：
$$\mathrm{div}u = \frac{dQ}{dV} = \frac{dQ}{dxdydz} = \frac{\partial u_x}{\partial x} + \frac{\partial u_y}{\partial y} + \frac{\partial u_z}{\partial z} \qquad (2\text{-}15)$$

讨论：当　$\mathrm{div}u > 0$　（正散度），流体向外流出，膨胀状态；

当　$\mathrm{div}u < 0$　（负散度），流体向内流入，收缩状态。

对不可压缩流体：$\mathrm{div}u = 0$　遵守质量守恒的原则。

2.2.3　旋度

流体在流动的过程中除具有一定大小与方向的平动速度外，还会存在着一定的旋转运动，我们知道描述旋转强弱的常用物理量是旋转角速度，但在场论中人们常定义另一物理量——旋度，它与旋转角速度一样描述着流体旋转的强弱。

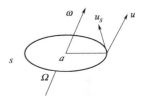

图 2-4　旋度

旋转运动是对流体质点所组成的微团而言。当流体质点以大小均等、方向一致的速度流动时，流体微团不会旋转。当流体质点的速度不等时，不管流动的方向是否一致，流体的微团均有旋转运动。

设 a 为流场中的一点，Ω 为包含 a 点的一个曲面，s 为该曲面边沿的封闭曲线，质点的运动速度为 u，周长上的切线分速度为 u_s，如图 2-4 所示，则 a 点的旋度定义为

$$\mathrm{rot}u = \nabla \times u = \lim_{\Omega \to 0} \frac{\oint_l u_s ds}{\Omega} \qquad (2\text{-}16)$$

式中 $\mathrm{rot}u$ 的左边为旋度的记号，右边的积分为流体在 a 点旋转运动时的环量，所以旋度也可粗略地理解为流体在流场中某点单位面积上的环量。

旋度有时也称为涡量。旋度能说明流体的旋转强度，就在于它本身具有旋转角速度的含义。当 $\Omega \to 0$，曲面 Ω 近于平面，微元弧 ds 所包含的扇形面积近似等于 $\dfrac{1}{2}rds$，此时相应的环量为 $u_s ds$。

$$\mathrm{rot}u = \lim_{\Omega \to 0} \frac{\oint_s u_s ds}{\Omega} = \frac{u_s ds}{\frac{1}{2}rds} = 2\frac{u_s}{r} = 2\omega \qquad (2\text{-}17)$$

式中，ω 为通过 a 点并垂直于微元面 $d\Omega(\Omega \to 0)$ 的轴上的旋转角速度。

我们知道旋转角速度为一矢量，故流体的旋度也为一矢量，其方向与旋转角速度的方向相同。通常规定旋转角以逆时针为正，角速度与转角之间以右手螺旋规定其正负。

在直角坐标系下，角速度的三个分量由线速度做如下表示

$$\begin{cases} \omega_x = \dfrac{1}{2}\left(\dfrac{\partial u_z}{\partial y} - \dfrac{\partial u_y}{\partial z} \right) \\[3mm] \omega_y = \dfrac{1}{2}\left(\dfrac{\partial u_x}{\partial z} - \dfrac{\partial u_z}{\partial x} \right) \\[3mm] \omega_z = \dfrac{1}{2}\left(\dfrac{\partial u_y}{\partial x} - \dfrac{\partial u_x}{\partial y} \right) \end{cases} \qquad (2\text{-}18)$$

15

相应的旋度可表示为

$$\mathrm{rot}u = 2\omega_x \vec{i} + 2\omega_y \vec{j} + 2\omega_z \vec{k} \tag{2-19}$$

2.3 流场的描述

2.3.1 迹线

迹线的概念是拉格朗日框架下引入的一个概念。而力学中对质点运动的描述常用轨迹的概念，所谓轨迹就是这里所说的迹线。所以流场中的迹线就是流体质点在空间运动时所走过的轨迹。

设流场中某一质点的速度在直角坐标系下可表示为

$$v_x = \frac{\mathrm{d}x}{\mathrm{d}\tau}, v_y = \frac{\mathrm{d}y}{\mathrm{d}\tau}, v_z = \frac{\mathrm{d}z}{\mathrm{d}\tau} \tag{2-20}$$

则流体质点运动的空间坐标所满足的关系式为

$$\frac{\mathrm{d}x}{v_x(x,y,z,\tau)} = \frac{\mathrm{d}y}{v_y(x,y,z,\tau)} = \frac{\mathrm{d}z}{v_z(x,y,z,\tau)} = \mathrm{d}\tau \tag{2-21}$$

式(2-21)为迹线的微分方程，τ 为时间参数。由迹线方程可求出某一流体质点的轨迹，如果流场中所有流体质点的轨迹方程与轨迹已知，该流场就被认为已清楚地描述了。

2.3.2 流线

流线是在欧拉框架下引入的一个重要的概念，它的含义首先是流场中某一时刻的一条空间曲线。但这样的曲线不是任意的，在这条曲线上每一流体质点的速度方向与该曲线的切线方向相重合，如图 2-5 所示。

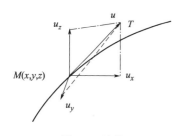
图 2-5 流线

在流线上任一点 $M(x, y, z)$ 处的速度为 u，速度在三个坐标轴的分量为：u_x，u_y，u_z，速度与三个坐标轴之间的夹角的方向余弦为

$$\cos(u,x) = u_x/u; \cos(u,y) = u_y/u; \cos(u,z) = u_z/u$$

在 M 点的切线 T 与坐标轴间的夹角的方向余弦为

$$\cos(T,x) = \mathrm{d}x/\mathrm{d}s; \cos(T,y) = \mathrm{d}y/\mathrm{d}s; \cos(T,z) = \mathrm{d}z/\mathrm{d}s$$

这里 $\mathrm{d}s$ 为曲线上 M 点处的微元弧长，$\mathrm{d}x$，$\mathrm{d}y$，$\mathrm{d}z$ 为切线在 M 点的微元长度在坐标轴上的分量。在微分条件下也等于微元弧长在坐标轴上的分量，根据流线的定义与特征，即 M 点处的速度 u 的方向应与该处的曲线的切线的方向重合，故有

$$u_x/u = \mathrm{d}x/\mathrm{d}s; u_y/u = \mathrm{d}y/\mathrm{d}s; u_z/u = \mathrm{d}z/\mathrm{d}s$$

得到

$$\frac{\mathrm{d}x}{u_x(x,y,z,\tau)} = \frac{\mathrm{d}y}{u_y(x,y,z,\tau)} = \frac{\mathrm{d}z}{u_z(x,y,z,\tau)} = \frac{\mathrm{d}s}{u} = \tau \tag{2-22}$$

式(2-22)为流线方程式，其中 τ 为定数。

从上述流线的定义与场的性质可知，流线具有如下的性质。

① 通过流场中任意空间点都有一条流线，这些流线在整个场中就形成一个流线族。用这样的流线族可以描述流场。

② 流场中的流线不能相交，即通过流场中的任一空间点只能有一条流线。因为如果两条流线相交，在交点就有两条切线，也就是说在这一点上流场的速度有两个方向，这是不可

能的。

③ 在非稳定流场中，流线与迹线一般不重合。但当流动是稳定态时，流线与迹线就重合了。即在稳定流动时，某一流体质点运动过的轨迹就是流场中的一条流线。

例 2-2 已知平面流动的速度分布为 $u_x = x + \tau^2$，$u_y = -y + \tau^2$ 试求：$\tau = 0$ 和 $\tau = 1$ 时，过 $M(1,1)$ 点的流线方程。

解：该平面流动的流线微分方程为

$$\frac{\mathrm{d}x}{x + \tau^2} = \frac{\mathrm{d}y}{-y + \tau^2}$$

因 τ 与 x、y 无关，故可直接积分得

$$(x + \tau^2)(y - \tau^2) = C$$

当 $\tau = 0$，$x = 1$，$y = 1$ 时，$C = 1$

则 $\tau = 0$ 时过 M（1，1）点的流线方程为：$xy = 1$

当 $\tau = 1$，$x = 1$，$y = 1$ 时，$C = 0$

则 $\tau = 1$ 时过 M（1，1）点的流线方程为：$(x + 1)(y - 1) = 0$。

可见，该非稳态流动的流线形状是变化的。

流管：在流场内任取封闭曲线，通过曲线上每一点连续地作流线，则流线族构成一个管状表面称流管。

因为流管是由流线做成的，所以流管上各点的流速都与其相切，流管中的流体不可能穿过流管侧面流到流管外，而外面的也不能流到内，只能从一端流入，另一端流出。

流束：在流管内取一微元曲面积 $\mathrm{d}A$，在 $\mathrm{d}A$ 边界上的每一点作流线，这族流线称为流束。

流量：通过微小流束的流体数量。

$$\mathrm{d}Q = u\mathrm{d}A$$

式中，u 为速度；$\mathrm{d}A$ 为微元面积。

通过流管的流量：

$$Q = \int_A u\mathrm{d}A \tag{2-23}$$

工程上：

$$Q = \bar{u} \times A \tag{2-24}$$

式中：

$$\bar{u} = \frac{\int_A u\mathrm{d}A}{\int_A \mathrm{d}A} = \frac{Q}{A}$$

2.3.3 流函数

流线是描述流场在空间分布的一族曲线，在数学上自然可以将其表示为空间变量的函数形式，这样的函数称流函数。下面在二维流场的情况下来具体讨论流函数。

（1）二维流场的流线微分方程

$$\frac{\mathrm{d}x}{u_x} = \frac{\mathrm{d}y}{u_y}$$

得

$$\int u_x \mathrm{d}y - u_y \mathrm{d}x = C$$

$$\psi(x, y) = C \tag{2-25}$$

因为 ψ 是由流线的微分方程积分而来的，所以它是流线的函数表达式，即流线方程式——流函数。

（2）流函数与质点运动速度的关系

$$\mathrm{d}\psi = \frac{\partial \psi}{\partial x}\mathrm{d}x + \frac{\partial \psi}{\partial y}\mathrm{d}y = 0$$

所以
$$u_x = \frac{\partial \psi}{\partial y} \qquad u_y = -\frac{\partial \psi}{\partial x} \tag{2-26}$$

当两个分速度 u_x、u_y 存在时，流函数才存在。所以，流函数存在的条件为

$$\frac{\partial u_x}{\partial x} + \frac{\partial u_y}{\partial y} = 0 \tag{2-27}$$

上述要求对不可压缩流体的流动自然可以满足，式(2-27) 实质上就是二维不可压缩流体流动时的连续性方程，后面还要讲解的。

可以推导出，任意两流线间的流量等于该两流线的流函数值之差。固定不动的固体壁面上由于流体流速恒为零，因而流函数值也为零。故任一流线与固体壁面之间流过的流量就等于该流线的流函数值，这一结论有着重要的实用意义。

例 2-3　一族流线的流函数 $\psi = y - x^2$，求①流线上的质点流速，并判断流函数是否存在；②流线族的微分方程；③说明 $\psi = 0$，1，2 时流线。

解：①因为

$$u_x = \frac{\partial \psi}{\partial y} = \frac{\partial (y - x^2)}{\partial y} = 1$$

$$u_y = -\frac{\partial \psi}{\partial x} = -\frac{\partial (y - x^2)}{\partial x} = 2x$$

验证 $\dfrac{\partial u_x}{\partial x} + \dfrac{\partial u_y}{\partial y} = 0$ 故流函数 $\psi(x, y)$ 存在。

② 流线族的微分方程：$\dfrac{\mathrm{d}x}{u_x} = \dfrac{\mathrm{d}y}{u_y}$ 所以 $\dfrac{\mathrm{d}y}{\mathrm{d}x} = \dfrac{u_y}{u_x} = \dfrac{2x}{1} = 2x$

③ 流线
$$\Psi = 0, y = x^2$$
$$\Psi = 1, y = x^2 + 1$$
$$\Psi = 2, y = x^2 + 2$$

即该流线族是一组抛物线。

例 2-4　设平面流动的速度分布为 $u_x = 2x$，$u_y = -6x - 2y$；试判断是否存在流函数 ψ，若存在试求之。

解：

因为 $\dfrac{\partial u_x}{\partial x} = 2$，$\dfrac{\partial u_y}{\partial y} = -2$；$\therefore \dfrac{\partial u_x}{\partial x} + \dfrac{\partial u_y}{\partial y} = 0$，故该流动存在流函数 ψ。

通常，已知速度分布求流函数 ψ 有以下三种方法。

方法 1　由流函数 ψ 的定义式

$$\frac{\partial \psi}{\partial y} = u_x = 2x$$

关于 y 积分后，
$$\psi = 2xy + f(x) \tag{1}$$
再由流函数 ψ 的定义式

$$-\frac{\partial \psi}{\partial x} = u_y = -6x - 2y \tag{2}$$

将 (1) 对 x 求导后与 (2) 比较得
$$2y + f'(x) = 6x + 2y$$
$$\therefore f'(x) = 6x$$

18

积分：
$$f(x) = 3x^2 + C$$

式中，C 为任意常数，可取为 0，则有 $\psi = 3x^2 + 2xy$。

方法 2 　将流函数 ψ 化为全微分形式 　　$\mathrm{d}\psi = \dfrac{\partial \psi}{\partial x}\mathrm{d}x + \dfrac{\partial \psi}{\partial y}\mathrm{d}y$ 　　　　(3)

引用：
$$\frac{\partial \psi}{\partial x} = -u_y = 6x + 2y, \frac{\partial \psi}{\partial y} = u_x = 2x$$

代入（3）式：
$$\mathrm{d}\psi = (6x + 2y)\mathrm{d}x + 2x\mathrm{d}y$$
$$= \mathrm{d}(3x^2 + 2xy)$$

积分得 　$\psi = 3x^2 + 2xy + C$（式中 C 为任意常数）。

方法 3 　从流线的微分方程出发，求 ψ。

根据流函数的性质，可知沿流线 ψ 为常数（限于不可压缩流体，平面流动）。

由流线微分方程
$$\frac{\mathrm{d}x}{u_x} = \frac{\mathrm{d}y}{u_y}$$

可写成
$$-u_y\mathrm{d}x + u_x\mathrm{d}y = 0$$

所以
$$2x\mathrm{d}y + (6x + 2y)\mathrm{d}x = 0$$

流线
$$\mathrm{d}(3x^2 + 2xy) = 0, f = 3x^2 + 2xy = C$$

沿流线
$$\mathrm{d}\psi = 0, \psi = \psi(f)$$

而
$$\frac{\partial \psi}{\partial y} = \frac{\mathrm{d}\psi}{\mathrm{d}f} \cdot \frac{\partial f}{\partial y} = 2x \cdot \frac{\mathrm{d}\psi}{\mathrm{d}f} = u = 2x$$

所以
$$\frac{\mathrm{d}\psi}{\mathrm{d}f} = 1, \psi = f + C; 则 \psi = 3x^2 + 2xy + C$$

令 $C = 0$，则 $\psi = 3x^2 + 2xy$。

2.3.4　势函数

流体运动时没有旋转运动，即旋转角速度为 0 的运动，称为无旋运动、有势流动或势流。

（1）无旋运动的条件

无旋运动的条件是
$$\mathrm{rot}\,u = 0 \tag{2-28}$$

即
$$\omega_x = 0, \omega_y = 0, \omega_z = 0 \tag{2-29}$$

亦即（势流流场中的速度特征）

$$\frac{\partial u_z}{\partial y} = \frac{\partial u_y}{\partial z}$$

$$\frac{\partial u_x}{\partial z} = \frac{\partial u_z}{\partial x} \tag{2-30}$$

$$\frac{\partial u_y}{\partial x} = \frac{\partial u_x}{\partial y}$$

在势流场中，流线上各点仅存在速度向量 $\vec{u}$，由各流线上速度相同的各点连线称为等势线（等值线），如图 2-6。在势流场中，等势线与流线一样也可用一定的函数形式表示，代表等势线的函数式称为势函数。

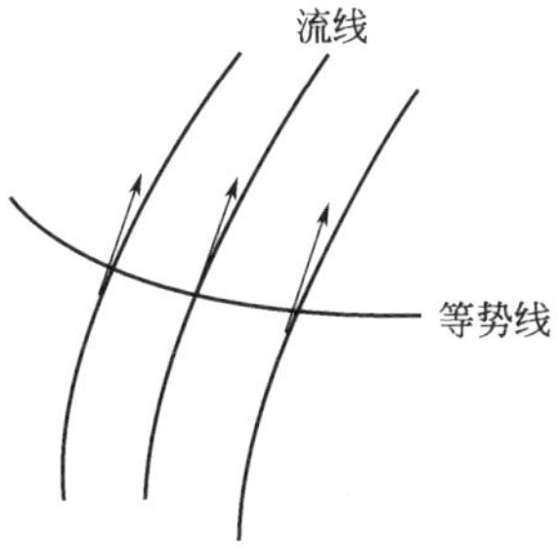

对二维流场，等势线也是 x，y 函数，记为
$$\phi(x, y) = C \tag{2-31}$$

图 2-6　流线和等势线

19

（2）势函数 ϕ 与速度 u_x，u_y 的关系

因为它代表等速线，则必然与流场的质点运动速度有关，它的存在也受质点运动速度的特征所限制。

$$\phi(x,y)=C \qquad \therefore d\phi=0$$

$$d\phi=\frac{\partial\phi}{\partial x}dx+\frac{\partial\phi}{\partial y}dy=0$$

等势线微分方程：
$$d\phi=u_x dx+u_y dy=0 \tag{2-32}$$

则势函数与流场速度的关系为

$$u_x=\frac{\partial\phi}{\partial x},u_y=\frac{\partial\phi}{\partial y} \tag{2-33}$$

对二维流场势函数存在的条件

$$\omega_z=0 \text{ 即 } \frac{\partial u_x}{\partial y}=\frac{\partial u_y}{\partial x} \tag{2-34}$$

对三维流场势函数 ϕ 与速度场的关系为

$$\frac{\partial\phi}{\partial x}=u_x,\frac{\partial\phi}{\partial y}=u_y,\frac{\partial\phi}{\partial z}=u_z \tag{2-35}$$

流体运动时，如果角速度矢量 $\omega\neq0$，则为有旋运动（涡流）。其方向按右手螺旋决定，其大小为

$$|\vec{\omega}|=\sqrt{\omega_x^2+\omega_y^2+\omega_z^2} \tag{2-36}$$

（3）流函数与势函数之间关系

势函数 $\phi(x,y)=C_1$ 与流函数 $\psi(x,y)=C_2$ 为互相正交的曲线族。

$$u_x=\frac{\partial\psi}{\partial y}=\frac{\partial\phi}{\partial x}$$

由

$$u_y=-\frac{\partial\psi}{\partial x}=\frac{\partial\phi}{\partial y}$$

将上两式交叉相乘

$$\frac{\partial\phi}{\partial x}\cdot\frac{\partial\psi}{\partial x}+\frac{\partial\phi}{\partial y}\cdot\frac{\partial\psi}{\partial y}=0$$

此为函数的正交条件，故流函数与势函数相正交。在平面上将等势线和流线族构成正交网格，一般称流网。

例 2-5 已知平面流动的势函数 $\phi=x^2-y^2+x$，求流速和流函数。

解：因为 $u_x=\frac{\partial\phi}{\partial x}=2x+1$，$u_y=\frac{\partial\phi}{\partial y}=-2y$，利用流函数与速度的关系，

$\frac{\partial\psi}{\partial y}=u_x=2x+1$，积分 $\psi=2xy+y+f(x)$，再对 x 求导，得

$\frac{\partial\psi}{\partial x}=2y+f'(x)$ 与 $u_y=\frac{\partial\phi}{\partial y}=-2y$ 比较，得

$$f'(x)=0,f(x)=C$$

所以　$\psi=2xy+y+C$　（C 为任意常数）

例 2-6 已知流函数 $\psi=3x^2y-y^3$，问流动是否有势？若是势流，试求势函数 ϕ。

解：验证流动是否满足无旋条件

$$u_x=\frac{\partial\psi}{\partial y}=3x^2-3y^2$$

$$u_y = \frac{\partial \psi}{\partial x} = -6xy$$

因为
$$\frac{\partial u_y}{\partial x} - \frac{\partial u_x}{\partial y} = 6y - (-6y) = 0$$

所以流动是无旋的，存在势函数 ϕ。

通常，给定平面势流的速度分布求势函数有三种方法。

方法 1　由势函数 ϕ 的定义，$\frac{\partial \phi}{\partial x} = u_x = 3x^2 - 3y^2$，对此式关于 x 积分后，得

$$\phi = x^3 - 3xy^2 + f(y) \tag{1}$$

再关于 y 求导：$\frac{\partial \phi}{\partial y} = -6xy + f'(y)$ 与 $u_y = -6xy$ 比较，

得 $f'(y) = 0$，$\therefore f(y) = C$，代入（1）得到

$$\phi = x^3 - 3xy^2 + C \text{（常数 } C \text{ 可以略去）}$$

方法 2　将 ϕ 化为全微分形式，直接积分 $\mathrm{d}\phi = \frac{\partial \phi}{\partial x}\mathrm{d}x + \frac{\partial \phi}{\partial y}\mathrm{d}y$

$$\frac{\partial \phi}{\partial x} = \frac{\partial \psi}{\partial y} = u_x = 3x^2 - 3y^2$$

因为

$$\frac{\partial \phi}{\partial y} = -\frac{\partial \psi}{\partial x} = u_y = -6xy$$

代入：$\mathrm{d}\phi = (3x^2 - 3y^2)\mathrm{d}x - 6xy\mathrm{d}y = \mathrm{d}(x^3 - 3xy^2)$

因此 $\phi = x^3 - 3xy^2 + C$（式中 C 为常数可以略去）

方法 3　直接进行速度线积分，如图 2-7。

$$\phi(x, y) = \phi(A) + \int_A^{B(x,y)} u_x\mathrm{d}x + u_y\mathrm{d}y$$

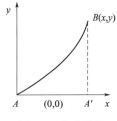

图 2-7　积分路径

由于 u_x，u_y 满足无旋条件，$u_x\mathrm{d}x + u_y\mathrm{d}y$ 为全微分，所以，上面的线积分必然与积分路径无关，可以沿 A、B 间任意一条方便的路径进行。A 点可任选（不对流体的速度场有影响，仅差一常数）。

$$\begin{aligned}
\phi(x, y) &= \phi(A) + \int_A^{B(x,y)} u_x\mathrm{d}x + u_y\mathrm{d}y \\
&= \int_{(0,0)}^{(x,0)} u_x\mathrm{d}x + \int_{(x,0)}^{(x,y)} u_y\mathrm{d}y \\
&= x^3 - 3xy^2
\end{aligned}$$

2.4　流体微团运动分析

2.4.1　流体运动方式

在研究流体运动特性时，还要了解流动参数与流体运动方式的关系。流体运动方式，除了和刚体运动相同有平移和转动外，还有变形（包括线变形和角变形）。为便于说明，我们先按二维情况考虑。如图 2-8，表示 xoy 平面上一方形流体微团 $abcd$，经过 $\mathrm{d}\tau$ 时间后，微团移到图 2-8(a) 中 $a'b'c'd'$ 的位置，其各边方位及形状都与原来一样，这就是一种单纯的平移运动。若在 $\mathrm{d}\tau$ 之后，原来的方形变成了矩形，而各边方位不变，a 点的位置也没有移动，

如图 2-8(b) 所示，则微团发生了单纯的线变形。如 $d\tau$ 之后，微团形状如图 2-8(c) 所示，a 点位置不变，各边长度也不变，但原来互相垂直的两边各有转动，转动的方向相反，转角大小相等，则是一种单纯的角变形。如 $d\tau$ 之后，a 点位置不变，各边长度也不变，但两条垂直边作方向相同、转角大小相等的转动，如图 2-8(d) 所示，这是一种单纯的转动运动。实际的流体流动常常是上述几种方式组合在一种流体运动方式。

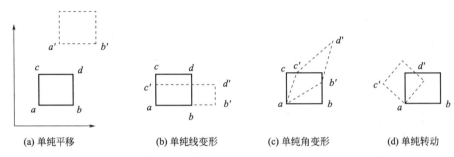

(a) 单纯平移　　　　(b) 单纯线变形　　　(c) 单纯角变形　　　(d) 单纯转动

图 2-8　流体运动的方式

2.4.2　流体运动方式与速度的关系

下面进一步分析这些运动方式和速度变化之间的关系。取边长为 dx 及 dy 的矩形微团 $ABCD$，如图 2-9 所示。A 点的速度分量为 u_x 及 u_y，则 A、B、C、D 各点的速度分量分别如下。

因边长是微量，所以速度的增量按泰勒级数展开后都只取其一阶微量

A 点的速度：　u_x，u_y

B 点的速度：$u_x + \dfrac{\partial u_x}{\partial x}dx$　　$u_y + \dfrac{\partial u_y}{\partial x}dx$

C 点的速度：$u_x + \dfrac{\partial u_x}{\partial y}dy$　　$u_y + \dfrac{\partial u_y}{\partial y}dy$

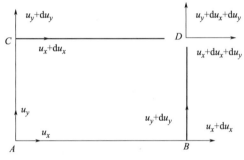

图 2-9　A、B、C、D 各点的速度及其分量

D 点的速度：　　$u_x + \dfrac{\partial u_x}{\partial y}dy + \dfrac{\partial u_x}{\partial x}dx$　　$u_y + \dfrac{\partial u_y}{\partial y}dy + \dfrac{\partial u_y}{\partial x}dx$

经过 $d\tau$ 时间后，微团运动到 $A'B'C'D'$ 位置。

① 平移　　x 方向 $u_x d\tau$

　　　　　　y 方向 $u_y d\tau$

② 线变形　　AB 边拉长

因为 B 点沿 x 方向的速度分量比 A 点快 $\dfrac{\partial u_x}{\partial x}dx$，

在 x 方向拉伸 $\dfrac{\partial u_x}{\partial x}dxd\tau$，微团在 x 方向的单位时间单位长度的线变形速率为

$$\frac{\dfrac{\partial u_x}{\partial x}dx \cdot d\tau}{dx \cdot d\tau} = \frac{\partial u_x}{\partial x} = \varepsilon_x \qquad (2\text{-}37)$$

同理在 y 方向上　$\dfrac{\partial u_y}{\partial y} = \varepsilon_y$ 　　　　(2-38)

③ 角变形　　如图 2-10 所示，原来互相垂直的

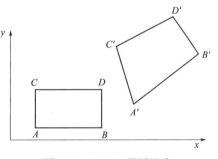

图 2-10　$ABCD$ 微团运动

边 AB、AC 经 $d\tau$ 时间后变化情况。因为 B 点在 y 方向的速度分量比 A 点有 $\dfrac{\partial u_y}{\partial x}dx$ 的增量，所以 AB 边产生一个逆时针方向的转动，成为 $A'B'$。

单位时间转角（角速度）为 ω_1。AB 的转角为

$$\omega_1 d\tau = \frac{\dfrac{\partial u_y}{\partial x}dx \cdot d\tau}{dx + \dfrac{\partial u_x}{\partial x}dx \cdot d\tau} \approx \frac{\partial u_y}{\partial x}d\tau$$

上式分子是 B 点在 y 方向上转动距离，分母是原 AB 边长度和 AB 边沿 x 方向拉长的距离之和。忽略高阶微量，得到

$$\omega_1 = \frac{\partial u_y}{\partial x} \tag{2-39}$$

同理，AC 转到 $A'C'$ 方向，角速度为

$$\omega_2 = -\frac{\partial u_x}{\partial y} \tag{2-40}$$

式中负号是当 $\dfrac{\partial u_x}{\partial y}$ 为负值时，ω_2 为正值。

若 $\omega_1 = \omega_2$，微团作单纯的旋转运动，但实际，由于同时发生角变形，两边的转角不一定相等。

定义：$\omega_z = \dfrac{1}{2}(\omega_1 + \omega_2) = \dfrac{1}{2}\left(\dfrac{\partial u_y}{\partial x} - \dfrac{\partial u_x}{\partial y}\right)$ 为微团绕 z 轴的角速度。

定义：$\theta = \dfrac{1}{2}(\omega_1 - \omega_2) = \dfrac{1}{2}\left(\dfrac{\partial u_y}{\partial x} + \dfrac{\partial u_x}{\partial y}\right)$ 为微团的角变形速率。

将以上分析的结果可以推广到三维流场中去，可以写出表示流体微团运动形式的关系

平移：
$$u_x, u_y, u_z$$

线变形速率：
$$\varepsilon_x = \frac{\partial u_x}{\partial x}, \qquad \varepsilon_y = \frac{\partial u_y}{\partial y}, \qquad \varepsilon_z = \frac{\partial u_z}{\partial z}$$

角变形速：
$$\theta_x = \frac{1}{2}\left(\frac{\partial u_y}{\partial z} + \frac{\partial u_z}{\partial y}\right), \qquad \theta_y = \frac{1}{2}\left(\frac{\partial u_x}{\partial z} + \frac{\partial u_z}{\partial x}\right), \qquad \theta_z = \frac{1}{2}\left(\frac{\partial u_y}{\partial x} + \frac{\partial u_x}{\partial y}\right)$$

角速度：
$$\omega_x = \frac{1}{2}\left(\frac{\partial u_z}{\partial y} - \frac{\partial u_y}{\partial z}\right), \qquad \omega_y = \frac{1}{2}\left(\frac{\partial u_x}{\partial z} - \frac{\partial u_z}{\partial x}\right), \qquad \omega_z = \frac{1}{2}\left(\frac{\partial u_y}{\partial x} - \frac{\partial u_x}{\partial y}\right)$$

比较前面讲的散度 $\text{div} u$、旋度 $\text{rot} u$ 的概念。

本　章　小　结

本章介绍了描述流场运动的拉格朗日法和欧拉法，讲述了有关流体运动学的基本内容，如迹线、流线、流管、流束、流量以及流体微团运动分析，流函数、势函数及其存在的条件和相互关系，介绍了梯度、散度和旋度的概念。

前两章的内容是概念的引入部分，主要为第 3 章中控制方程的提出做铺垫。

习　　题

2-1　已知二元速度场 $u_x = x + \tau$，$u_y = y + \tau$，求迹线方程，已知此质点在 $\tau = 1$ 时处于 $x = 1$，$y = 2$ 的位置上。

$$\left(\text{答}:\begin{cases}x=3\mathrm{e}^{\tau-1}-\tau-1\\y=4\mathrm{e}^{\tau-1}-\tau-1\end{cases}\right)$$

2-2　已知速度场 $u_x=u_0$，$u_y=v_0\cos(kx-a\tau)$，式中，u_0，v_0，k，a 为常数，试求流线方程，并求 $\tau=0$ 时过 $x=0$，$y=0$ 点的流体质点的迹线和流线。当 k，$a\to 0$ 时，试比较这两条线。

$$\left[\text{答}:y=\frac{v_0}{u_0}\sin(kx-a\tau),y=v_0\sin\left(kx-\frac{a}{u_0}x\right)\text{流线 }y=0,\text{迹线 }y=0\right]$$

2-3　检查下列流速分量的平面流动是否满足连续性条件。

(1) $u_x=kx$，$u_y=-ky$；

(2) $u_x=k(x^2+xy-y^2)$，$u_y=k(x^2+y^2)$；

(3) $u_x=k\sin(xy)$，$u_y=-k\sin(xy)$；

(4) $u_x=k\ln(xy)$，$u_y=-k\ln\left(\dfrac{y}{x}\right)$。

[答：(1) 满足；(2) 不满足；(3) 不满足；(4) 不满足。]

2-4　已知

(1) $u_x=\dfrac{ky}{x^2+y^2}$，$u_y=-\dfrac{ky}{x^2+y^2}$；

(2) $u_x=x^2+2xy$，$u_y=y^2+2xy$；

(3) $u_x=y+z$，$u_y=z+x$，$u_z=x+y$

判断上述流场是否连续？是否为有旋流动？

[答：(1) 不连续；(2) 不连续；(3) 连续，无旋。]

2-5　已知：$\psi_1=10y$，$\psi_2=-20x$，$\psi_3=10y-20x$；

(1) 给出各流场当 $\psi=0,1,3$ 时的流线；

(2) 求 u_x，u_y；

(3) 求 φ。

$$\left[\text{答}:\begin{array}{lll}(2)u_{x1}=10,u_{y1}=0;&u_{x2}=0,u_{y2}=20;&u_{x3}=10,u_{y3}=20;\\(3)\phi_1=10x;&\phi_2=20y;&\phi_3=10x+20y\end{array}\right]$$

2-6　已知 $\phi_1=x^2+y^2$；$\phi_2=\sin x$；$\phi_3=x+y$；$\phi_4=xy$，判断上述各流场存在否？若流场存在，求 u_x，u_y 及 ψ。

[答：不存在；不存在；存在 $u_{x3}=1$，$u_{y3}=1$，$\psi_3=-x+y$；存在 $u_{x4}=y,u_{y4}=x,\psi_4=(y^2-x^2)/2$]

第 3 章　动量传输的基本方程

流体动力学（包括运动学）是研究流体在外力作用下的运动规律，内容包括流体运动的方式和速度、加速度、位移、转动等随空间与时间的变化，以及研究引起运动的原因和决定作用力、力矩、动量和能量的方法。

流体动力学的基础是三个基本的物理定律，不论所考虑的流体性质如何，它们对每一种流体都是适用的。这三个定律及所涉及的流体动力学的数学公式见表 3-1。

表 3-1　质量、动量、能量守恒定律

定　　律	方　程　式
物质不灭定律（或质量守恒定律）	连续性方程
牛顿第二定律（动量守恒定律）	动量方程（纳维-斯托克斯方程、欧拉方程）
热力学第一定律（或能量守恒定律）	能量方程（伯努利方程）

3.1　质量守恒定律与流体流动的连续性方程

由于我们把流体视为连续介质，所以对它的运动状态的研究除引入动力学方程之外，还需要引入连续介质所满足的连续性方程。这是因为不管流体作怎样的流动，质量守恒定律是必须要满足的，不满足质量守恒的流动形式是不存在的。另一方面，从以后的学习中将会看到，仅由动量守恒导出的运动方程是不封闭的，即未知量的个数多于方程的个数，要使方程封闭，连续性方程也是必须要引入的。下面我们就具体从质量守恒导出流体流动过程中满足的连续性方程。流体流动中的质量平衡，是指流体流过一定空间时，其总质量不变，以公式表示为：

$$[物质的流入量]-[物质的流出量]=[空间内物质的蓄积量] \tag{3-1}$$

当流入量与流出量相等，即空间无物质蓄积时，为稳定流动，否则为不稳定流动。在直角坐标系中取一空间微元控制体如图 3-1，边长为 dx、dy、dz，其体积为 $dxdydz$，质量 m 为 $\rho dxdydz$。

单位时间流入的质量称质量流量。则质量流量可以表示为

$$m/\tau=\rho dxdydz/\tau=\rho(dx/d\tau)dydz=\rho u_x dydz$$

式中，$dydz$ 是 A 面的面积；u_x 是图中 A 面的速度。

从 A 面流入的质量流量为 $\rho u_x(dydz)$

从 B 面流出的质量流量为

$$\rho u_x(dydz)+d[\rho u_x(dydz)]=\rho u_x dydz+\frac{\partial(\rho u_x)}{\partial x}dx(dydz)$$

所以在 x 方向净流入量（流入－流出）

$$\rho u_x(dydz)-\left[\rho u_x(dydz)+\frac{\partial(\rho u_x)}{\partial x}dx(dydz)\right]=-\frac{\partial(\rho u_x)}{\partial x}dxdydz$$

同理，在 y 方向净流入量：$\qquad -\frac{\partial(\rho u_y)}{\partial y}dxdydz$

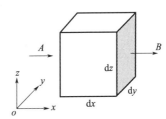

图 3-1　微元控制体

在 z 方向净流入量：$\qquad -\dfrac{\partial(\rho u_z)}{\partial z}\mathrm{d}x\mathrm{d}y\mathrm{d}z$

公式（3-1）的左边：$-\left[\dfrac{\partial(\rho u_x)}{\partial x}+\dfrac{\partial(\rho u_y)}{\partial y}+\dfrac{\partial(\rho u_z)}{\partial z}\right]\mathrm{d}x\mathrm{d}y\mathrm{d}z$

公式（3-1）的右边：流入的流体使流体微团的质量发生变化。在 τ_1 时间流体微团的密度为 ρ_1，故质量为 $m_1=\rho_1\mathrm{d}x\mathrm{d}y\mathrm{d}z$；在 τ_2 时间流体微团的密度为 ρ_2，故质量为 $m_2=\rho_2\mathrm{d}x\mathrm{d}y\mathrm{d}z$。

∴单位时间内的质量变化为

$$\frac{\rho_2\mathrm{d}x\mathrm{d}y\mathrm{d}z-\rho_1\mathrm{d}x\mathrm{d}y\mathrm{d}z}{\tau_2-\tau_1}=\frac{\Delta\rho\mathrm{d}x\mathrm{d}y\mathrm{d}z}{\Delta\tau}=\frac{\partial\rho}{\partial\tau}\mathrm{d}x\mathrm{d}y\mathrm{d}z$$

左边＝右边，因此，在直角坐标系中

$$\frac{\partial\rho}{\partial\tau}+\frac{\partial(\rho u_x)}{\partial x}+\frac{\partial(\rho u_y)}{\partial y}+\frac{\partial(\rho u_z)}{\partial z}=0 \tag{3-2}$$

式（3-2）即为三维流动的质量平衡方程式。它表达了流体运动时在质量上的连续性，故又称为连续性方程式。

对稳定流动 $\dfrac{\partial\rho}{\partial\tau}=0$，式（3-2）成为

$$\frac{\partial(\rho u_x)}{\partial x}+\frac{\partial(\rho u_y)}{\partial y}+\frac{\partial(\rho u_z)}{\partial z}=0 \tag{3-3}$$

此式为可压缩流体稳定流动时的连续性方程式。它表明单位时间经单位体积空间流出流入的质量相等，即空间内的流体质量保持不变。

对不可压缩流体，流体密度与空间压力场无关，即 $\rho=$ 常数，此时式（3-3）化为

$$\frac{\partial u_x}{\partial x}+\frac{\partial u_y}{\partial y}+\frac{\partial u_z}{\partial z}=0 \tag{3-4}$$

式（3-4）为不可压缩流体的连续性方程式。它表明单位时间单位体积空间内流体的体积保持不变。

不可压缩流体的连续性方程式，与根据散度概念所确定的式（2-15）相同。

对二维流场，不可压缩流体的连续性方程为

$$\frac{\partial u_x}{\partial x}+\frac{\partial u_y}{\partial y}=0$$

此式与式（2-27）相同，为二维平面流场流函数的存在条件。

对变截面的流管，不可压缩流体的连续性方程可大为简化。图 3-2 为连续流动的稳流流管，通过 A_1 及 A_2 两个过流截面的质量流量各为

$$m_1=\rho_1 u_1 A_1\ \mathrm{kg/s} \qquad m_2=\rho_2 u_2 A_2\ \mathrm{kg/s}$$

稳流流管内无质量蓄积，按流管概念无流体通过管壁流入或流出，则由 $m_1=m_2$ 可得（流体密度 $\rho=$ 常数）

$$\frac{u_1}{u_2}=\frac{A_2}{A_1} \tag{3-5}$$

式（3-5）说明，不可压缩流体在稳流条件下，流管各过流截面上的体积流量不变，流速与管截面积成反比。常压下流体在管道内的流动，近似于此种流动情况。

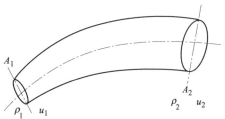

图 3-2　连续流动的稳流流管

柱坐标系下的连续性方程可具体写为

$$\frac{\partial \rho}{\partial \tau}+\frac{\partial(\rho u_r)}{\partial r}+\frac{1}{r}\frac{\partial(\rho u_\theta)}{\partial \theta}+\frac{\partial(\rho u_z)}{\partial z}+\frac{\rho u_r}{r}=0 \tag{3-6}$$

不可压缩流体的连续性方程为

$$\frac{\partial u_r}{\partial r}+\frac{1}{r}\frac{\partial u_\theta}{\partial \theta}+\frac{\partial u_z}{\partial z}+\frac{u_r}{r}=0 \tag{3-7}$$

3.2　黏性流体动量平衡方程 (纳维-斯托克斯方程)

黏性流体动量平衡方程，表述了流体流动条件下的动量及作用力之间的平衡与转换关系，为流体在运动中能量守恒的特征关系式。

流体在静止或流动时，均是处于力、能的平衡状态，前一种情况为静力平衡，后者则为动力平衡。在流体流动条件下，当以作用力形式表达能量平衡关系时，作用在流动系统上的合力为零；当以动量的形式表达时，系统动量收支差量与其它作用力之和，必等于系统的动量蓄积。后一种形式的平衡关系，以公式表示为

$$[系统的动量收支差量]+[系统其它作用力总和]=[系统的动量蓄积] \tag{3-8}$$

对于稳定流动系统，不存在动量蓄积，式(3-8)等号后为零。

黏性流体的动量传输有两种基本方式，即由流体黏性所引起的物性动量传输和在流体质量对流基础上进行的对流动量传输。

3.2.1　直角坐标系 N-S 方程的推导

(1) 微元体对流动量收支差量

由流体对流而进行的对流动量传输，其对流动量通量有如下含义和确定方法。

设流体于 x 方向以速度 u_x 流入 A_x 面 (如图 3-3)，当流体密度为 ρ 时，在单位时间流入 A_x 面的质量 (质量流量) 为

$$\frac{m}{dt}=\rho \frac{dx}{dt}A_x=\rho u_x A_x\,\mathrm{kg/s}$$

质量通量为

$$\frac{\rho u_x A_x}{A_x}=\rho u_x\,\mathrm{kg/m^2 \cdot s}$$

对质量通量乘以流体的速度 u_x，为对流动量通量

$$[对流动量通量]=\rho u_x u_x\,\mathrm{kg/(m \cdot s^2)}或(\mathrm{N/m^2})$$

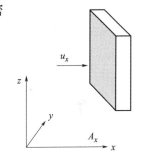

图 3-3　质量流量示意

在流场中取出元体空间 $dxdydz$，按上列定义式确定元体对流动量的收支差量。

对直角坐标系，任意方向的质量通量和速度均有三个方向的分量，同时，以任一方向的分速度 (u_x, u_y, u_z) 同三个方向的质量通量 (ρu_x, ρu_y, ρu_z)，均可组成三个动量通量。因此，微元体的总动量通量为三个方向的 9 个分量之和。

$$\left.\begin{array}{l}
\rho u_x \longrightarrow u_x \longrightarrow \rho u_x u_x,\rho u_y u_x,\rho u_z u_x \\
\rho u_y \longrightarrow u_y \longrightarrow \rho u_x u_y,\rho u_y u_y,\rho u_z u_y \\
\rho u_z \longrightarrow u_z \longrightarrow \rho u_x u_z,\rho u_y u_z,\rho u_z u_z
\end{array}\right\}9个分量$$

x 方向的分速度 u_x 与该方向质量通量组成的动量收支情况如图 3-4 所示。

A 面流入的动量通量，由定义式为

$$\rho u_x u_x \tag{3-9a}$$

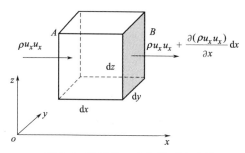

图 3-4　微元体 x 方向的对流动量

x 方向的动量通量的变化率为 $\dfrac{\partial(\rho u_x u_x)}{\partial x}\mathrm{d}x$ 时，B 面上的动量通量为

$$\rho u_x u_x + \dfrac{\partial(\rho u_x u_x)}{\partial x}\mathrm{d}x \tag{3-9b}$$

则在 x 方向上的动量通量收支差量，由式（3-9a）减去式（3-9b）为 $\left[-\dfrac{\partial(\rho u_x u_x)}{\partial x}\mathrm{d}x\right]$。因此在单位时间通过 A 及 B 面的对流动量收支差量为

$$-\left[\dfrac{\partial(\rho u_x u_x)}{\partial x}\right]\mathrm{d}x\mathrm{d}y\mathrm{d}z \tag{3-9c}$$

同理，速度 u_x 与 y 及 z 方向的质量通量（ρu_y 及 ρu_z）组成的动量收支差量各相应为

$$-\left[\dfrac{\partial(\rho u_y u_x)}{\partial y}\right]\mathrm{d}x\mathrm{d}y\mathrm{d}z \tag{3-9d}$$

$$-\left[\dfrac{\partial(\rho u_z u_x)}{\partial z}\right]\mathrm{d}x\mathrm{d}y\mathrm{d}z \tag{3-9e}$$

由式（3-9c）＋式（3-9d）＋式（3-9e）求出以 u_x 为准的元体对流动量收支差量为

$$-\left[\dfrac{\partial(\rho u_x u_x)}{\partial x}+\dfrac{\partial(\rho u_y u_x)}{\partial y}+\dfrac{\partial(\rho u_z u_x)}{\partial z}\right]\mathrm{d}x\mathrm{d}y\mathrm{d}z \tag{3-9f}$$

同理，以 u_y 及 u_z 为准的元体对流动量收支差量各相应为

$$-\left[\dfrac{\partial(\rho u_x u_y)}{\partial x}+\dfrac{\partial(\rho u_y u_y)}{\partial y}+\dfrac{\partial(\rho u_z u_y)}{\partial z}\right]\mathrm{d}x\mathrm{d}y\mathrm{d}z \tag{3-9g}$$

$$-\left[\dfrac{\partial(\rho u_x u_z)}{\partial x}+\dfrac{\partial(\rho u_y u_z)}{\partial y}+\dfrac{\partial(\rho u_z u_z)}{\partial z}\right]\mathrm{d}x\mathrm{d}y\mathrm{d}z \tag{3-9h}$$

（2）微元体黏性动量收支差量

流体黏性动量传输表现为作用在相关界面上的黏性力，决定于流体的黏度和速度梯度。但应指出，对存在变形的流体流动，黏性力不能简单地由牛顿黏性定律来确定。因为除了因黏性产生的切向应力，还包括了由变形引起的法向应力，而且某一方向的切应力亦同时为两相关方向的速度梯度所决定。

与对流动量传输类似，任意方向的黏性动量通量（黏性力）可由三个坐标方向的分量组成，而每个方向的分量又是由该方向分速度为准组成的三个分量之和。因此，元体的总黏性动量通量亦为三个方向的九个分量之和。

$$\left.\begin{array}{c}\tau_x \longrightarrow u_x \longrightarrow \tau_{xx}\quad\tau_{yx}\quad\tau_{zx}\\ \tau_y \longrightarrow u_y \longrightarrow \tau_{xy}\quad\tau_{yy}\quad\tau_{zy}\\ \tau_z \longrightarrow u_z \longrightarrow \tau_{xz}\quad\tau_{yz}\quad\tau_{zz}\end{array}\right\}9\text{个分量}$$

图 3-5 表示以分速度 u_x 为准的黏性动量通量的收支情况。

τ_x 与 u_x 组成，从 A 面传入的黏性动量通量为 τ_{xx}，从 B 面传出的黏性动量通量为 $\tau_{xx}+\dfrac{\partial\tau_{xx}}{\partial x}\mathrm{d}x$，故动量通量收支差量 $=-\dfrac{\partial\tau_{xx}}{\partial x}\mathrm{d}x$。因此在单位时间通过 A 面及 B 面的黏性动量收支差量为

$$-\dfrac{\partial\tau_{xx}}{\partial y}\mathrm{d}x\mathrm{d}y\mathrm{d}z \tag{3-10a}$$

同理，速度 u_x 分别与 τ_y、τ_z 组成的黏性动量收支差量有

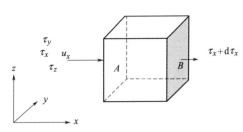

$$-\frac{\partial \tau_{yx}}{\partial y}\mathrm{d}y\mathrm{d}x\mathrm{d}z \qquad (3\text{-}10\mathrm{b})$$

$$-\frac{\partial \tau_{zx}}{\partial z}\mathrm{d}z\mathrm{d}y\mathrm{d}x \qquad (3\text{-}10\mathrm{c})$$

图 3-5 微元体 x 方向的
黏性动量通量的收支情况

由式(3-10a) ＋式(3-10b) ＋式(3-10c) 求出以 u_x 为准的元体黏性动量的收支差量

$$-\left(\frac{\partial \tau_{xx}}{\partial x}+\frac{\partial \tau_{yx}}{\partial y}+\frac{\partial \tau_{zx}}{\partial z}\right)\mathrm{d}x\mathrm{d}y\mathrm{d}z \quad (3\text{-}10\mathrm{d})$$

同理，以 u_y 及 u_z 为准的元体黏性动量收支差量各相应为

$$-\left(\frac{\partial \tau_{xy}}{\partial x}+\frac{\partial \tau_{yy}}{\partial y}+\frac{\partial \tau_{zy}}{\partial z}\right)\mathrm{d}x\mathrm{d}y\mathrm{d}z \qquad\qquad (3\text{-}10\mathrm{e})$$

$$-\left(\frac{\partial \tau_{xz}}{\partial x}+\frac{\partial \tau_{yz}}{\partial y}+\frac{\partial \tau_{zz}}{\partial z}\right)\mathrm{d}x\mathrm{d}y\mathrm{d}z \qquad\qquad (3\text{-}10\mathrm{f})$$

（3）微元体作用力的总和

一般情况下，在流体的动量传输中，微元体上的作用力有重力和压力。作用在元体上的压力与表面垂直，方向由外向内。图(3-6) 为 x 方向的压力平衡情况。A、B 面受的压强分别为：p，$p+\frac{\partial p}{\partial x}\mathrm{d}x$

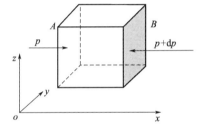

图 3-6 x 方向的压力平衡

x 方向压力合力： $\qquad -\frac{\partial p}{\partial x}\mathrm{d}x \cdot \mathrm{d}y\mathrm{d}z \qquad (3\text{-}11\mathrm{a})$

y 方向压力合力： $\qquad -\frac{\partial p}{\partial y}\mathrm{d}y \cdot \mathrm{d}x\mathrm{d}z \qquad (3\text{-}11\mathrm{b})$

z 方向压力合力： $\qquad -\frac{\partial p}{\partial z}\mathrm{d}z \cdot \mathrm{d}y\mathrm{d}x \qquad (3\text{-}11\mathrm{c})$

重力 mg 在三个坐标轴的分量为

x 方向重力分量：$[分量]_x = \rho g_x \mathrm{d}x\mathrm{d}y\mathrm{d}z$ $\qquad\qquad\qquad\qquad\qquad (3\text{-}11\mathrm{d})$

y 方向重力分量：$[分量]_y = \rho g_y \mathrm{d}x\mathrm{d}y\mathrm{d}z$ $\qquad\qquad\qquad\qquad\qquad (3\text{-}11\mathrm{e})$

z 方向重力分量：$[分量]_z = \rho g_z \mathrm{d}x\mathrm{d}y\mathrm{d}z$ $\qquad\qquad\qquad\qquad\qquad (3\text{-}11\mathrm{f})$

式(3-11a) ＋式(3-11d)、式(3-11b) ＋式(3-11e) 及式(3-11c) ＋式(3-11f)，得到

$$[作用力总和]_x = \left(-\frac{\partial p}{\partial x}+\rho g_x\right)\mathrm{d}x\mathrm{d}y\mathrm{d}z \qquad (3\text{-}11\mathrm{g})$$

$$[作用力总和]_y = \left(-\frac{\partial p}{\partial y}+\rho g_y\right)\mathrm{d}x\mathrm{d}y\mathrm{d}z \qquad (3\text{-}11\mathrm{h})$$

$$[作用力总和]_z = \left(-\frac{\partial p}{\partial z}+\rho g_z\right)\mathrm{d}x\mathrm{d}y\mathrm{d}z \qquad (3\text{-}11\mathrm{i})$$

（4）微元体的动量蓄积量

微元体的动量蓄积表现为动量随时间的变化，动量蓄积量等于单位时间内微元体动量的变化量。以三个坐标方向的分速度为准，微元体的动量蓄积分别相应为

$$[微元体动量蓄积量]_x = \frac{\partial(\rho u_x)}{\partial \tau}\mathrm{d}x\mathrm{d}y\mathrm{d}z \qquad (3\text{-}12\mathrm{a})$$

$$[微元体动量蓄积量]_y = \frac{\partial(\rho u_y)}{\partial \tau}\mathrm{d}x\mathrm{d}y\mathrm{d}z \qquad (3\text{-}12\mathrm{b})$$

$$[微元体动量蓄积量]_z = \frac{\partial(\rho u_z)}{\partial \tau}\mathrm{d}x\mathrm{d}y\mathrm{d}z \tag{3-12c}$$

按三个坐标方向，分别将式（3-9f）、式（3-10d）、式（3-11g）及式（3-12a）；式（3-9g）、式（3-10e）、式（3-11h）及式（3-12b）；式（3-9h）、式（3-10f）、式（3-11i）及式（3-12c）代入式（3-8），整理简化后得黏性流体动量平衡方程式，即纳维-斯托克斯方程

$$\frac{\partial(\rho u_x)}{\partial \tau} + \frac{\partial(\rho u_x u_x)}{\partial x} + \frac{\partial(\rho u_y u_x)}{\partial y} + \frac{\partial(\rho u_z u_x)}{\partial z} = -\left(\frac{\partial \tau_{xx}}{\partial x} + \frac{\partial \tau_{yx}}{\partial y} + \frac{\partial \tau_{zx}}{\partial z}\right) - \frac{\partial p}{\partial x} + \rho g_x$$

$$\frac{\partial(\rho u_y)}{\partial \tau} + \frac{\partial(\rho u_y u_x)}{\partial x} + \frac{\partial(\rho u_y u_y)}{\partial y} + \frac{\partial(\rho u_z u_y)}{\partial z} = -\left(\frac{\partial \tau_{xy}}{\partial x} + \frac{\partial \tau_{yy}}{\partial y} + \frac{\partial \tau_{zy}}{\partial z}\right) - \frac{\partial p}{\partial y} + \rho g_y \tag{3-13}$$

$$\frac{\partial(\rho u_z)}{\partial \tau} + \frac{\partial(\rho u_z u_x)}{\partial x} + \frac{\partial(\rho u_z u_y)}{\partial y} + \frac{\partial(\rho u_z u_z)}{\partial z} = -\left(\frac{\partial \tau_{xz}}{\partial x} + \frac{\partial \tau_{yz}}{\partial y} + \frac{\partial \tau_{zz}}{\partial z}\right) - \frac{\partial p}{\partial z} + \rho g_z$$

式（3-13）对可压缩流体与不可压缩流体以及稳定流动与不稳定流动均成立。其次，平衡方程中决定黏性力的流体黏度应视为变量。

各式等号后的第一项为包括了流体变形下复杂的、表现为黏性切应力和法向正应力的动量通量，对此在流体力学专著中有详尽的解析。以下仅引述在一定条件下的简化结果，如当流体的黏度为常数，且对不可压缩流体时，式（3-13）可简化为

$$\rho\left(\frac{\partial u_x}{\partial \tau} + u_x\frac{\partial u_x}{\partial x} + u_y\frac{\partial u_x}{\partial y} + u_z\frac{\partial u_x}{\partial z}\right) = \mu\left(\frac{\partial^2 u_x}{\partial x^2} + \frac{\partial^2 u_x}{\partial y^2} + \frac{\partial^2 u_x}{\partial z^2}\right) - \frac{\partial p}{\partial x} + \rho g_x$$

$$\rho\left(\frac{\partial u_y}{\partial \tau} + u_x\frac{\partial u_y}{\partial x} + u_y\frac{\partial u_y}{\partial y} + u_z\frac{\partial u_y}{\partial z}\right) = \mu\left(\frac{\partial^2 u_y}{\partial x^2} + \frac{\partial^2 u_y}{\partial y^2} + \frac{\partial^2 u_y}{\partial z^2}\right) - \frac{\partial p}{\partial y} + \rho g_y$$

$$\rho\left(\frac{\partial u_z}{\partial \tau} + u_x\frac{\partial u_z}{\partial x} + u_y\frac{\partial u_z}{\partial y} + u_z\frac{\partial u_z}{\partial z}\right) = \mu\left(\frac{\partial^2 u_z}{\partial x^2} + \frac{\partial^2 u_z}{\partial y^2} + \frac{\partial^2 u_z}{\partial z^2}\right) - \frac{\partial p}{\partial z} + \rho g_z \tag{3-14}$$

式（3-14）为不可压缩流体动量平衡方程，即纳维-斯托克斯方程。

动量平衡方程式（3-14）中各项的含义为单位体积上的作用力（$\mathrm{N/m^3}$）或单位时间单位体积的动量变化量$\left[\dfrac{\mathrm{kg} \cdot \mathrm{m}}{\mathrm{s}}/(\mathrm{s} \cdot \mathrm{m^3})\right]$。该式等号前各项之和为$\rho\dfrac{\mathrm{d}u}{\mathrm{d}\tau}$，即全加速度为$\dfrac{\mathrm{d}u}{\mathrm{d}\tau}$时的单位体积惯性力。等号后第一项代表单位体积的黏性力。可见，式（3-14）以作用力和动量不同表现形式，表现出流体运动中能量平衡关系的统一性。

合写成一个式为

$$\rho\frac{\mathrm{d}\vec{u}}{\mathrm{d}t} = \mu\nabla^2\vec{u} - \nabla p + \rho\vec{F} \tag{3-15}$$

即不可压缩流体动量平衡方程。等号左边是单位体积惯性力，等号右边第一项为单位体积的黏性力；第二项是单位体积的压力，第三项是单位体积的质量力。

条件：①不可压缩流体；②黏度不变；③层流流动。

3.2.2　柱坐标形式的 N-S 方程

对某些轴对称的流动问题，应用圆柱坐标系较为便利。通过相应的坐标变换，可将直角坐标的流体质量平衡方程及动量平衡方程表示为柱坐标形式。

圆柱坐标与直角坐标的关系为

$$\begin{cases} x = r\cos\theta \\ y = r\sin\theta \\ z = z \end{cases} \tag{3-16}$$

$$\begin{cases} u_r = u_y\sin\theta + u_x\cos\theta \\ u_\theta = u_y\cos\theta - u_x\sin\theta \\ u_z = u_z \end{cases} \tag{3-17}$$

$$\begin{cases} u_x = u_r \cos\theta - u_\theta \sin\theta \\ u_y = u_\theta \cos\theta + u_r \sin\theta \\ u_z = u_z \end{cases} \tag{3-18}$$

按上列各式对式（3-14）进行换算，得到柱坐标形式的 N-S 方程

$$\rho\left(\frac{\partial u_r}{\partial \tau} + u_r\frac{\partial u_r}{\partial r} + \frac{u_\theta}{r}\frac{\partial u_r}{\partial \theta} - \frac{u_\theta^2}{r} + u_z\frac{\partial u_r}{\partial z}\right) = \rho g_r - \frac{\partial p}{\partial r}$$

$$+ \mu\left\{\frac{\partial}{\partial r}\left[\frac{1}{r}\frac{\partial}{\partial r}(ru_r)\right] + \frac{1}{r^2}\frac{\partial^2 u_r}{\partial \theta^2} - \frac{2}{r^2}\frac{\partial u_\theta}{\partial \theta} + \frac{\partial^2 u_r}{\partial z^2}\right\}$$

$$\rho\left(\frac{\partial u_\theta}{\partial \tau} + u_r\frac{\partial u_\theta}{\partial r} + \frac{u_\theta}{r}\frac{\partial u_\theta}{\partial \theta} + \frac{u_r u_\theta}{r} + u_z\frac{\partial u_\theta}{\partial z}\right) = \rho g_\theta - \frac{1}{r}\frac{\partial p}{\partial \theta}$$

$$+ \mu\left\{\frac{\partial}{\partial r}\left[\frac{1}{r}\frac{\partial}{\partial r}(ru_\theta)\right] + \frac{1}{r^2}\frac{\partial^2 u_\theta}{\partial \theta^2} - \frac{2}{r^2}\frac{\partial u_r}{\partial \theta} + \frac{\partial^2 u_\theta}{\partial z^2}\right\}$$

$$\rho\left(\frac{\partial u_z}{\partial \tau} + u_r\frac{\partial u_r}{\partial r} + \frac{u_\theta}{r}\frac{\partial u_z}{\partial \theta} + u_z\frac{\partial u_z}{\partial z}\right) = \rho g_z - \frac{\partial p}{\partial z}$$

$$+ \mu\left[\frac{1}{r}\frac{\partial}{\partial r}\left(r\frac{\partial u_z}{\partial r}\right) + \frac{1}{r^2}\frac{\partial^2 u_z}{\partial \theta^2} + \frac{\partial^2 u_z}{\partial z^2}\right] \tag{3-19}$$

3.3　理想流体动量平衡方程——欧拉方程

理想流体是指无黏性的流体。虽然实际流体均具有一定的黏性，但在处理某些流动问题时，可近似的视为理想流体。例如，在流场中速度梯度很小时，流体虽有黏性但黏性力的作用不大；如简单流动中的阻力和流出问题，也可先假定为理想流体进行解析，而后再对由流体黏性所造成的能量损失给以补正。

对黏度 $\mu = 0$ 的无黏性流体，由式（3-14）简化得到理想流体的动量平衡方程，即不可压缩流体的欧拉方程如下

$$\frac{\partial u_x}{\partial \tau} + u_x\frac{\partial u_x}{\partial x} + u_y\frac{\partial u_x}{\partial y} + u_z\frac{\partial u_x}{\partial z} = g_x - \frac{1}{\rho}\frac{\partial p}{\partial x}$$

$$\frac{\partial u_y}{\partial \tau} + u_x\frac{\partial u_y}{\partial x} + u_y\frac{\partial u_y}{\partial y} + u_z\frac{\partial u_y}{\partial z} = g_y - \frac{1}{\rho}\frac{\partial p}{\partial y} \tag{3-20}$$

$$\frac{\partial u_z}{\partial \tau} + u_x\frac{\partial u_z}{\partial x} + u_y\frac{\partial u_z}{\partial y} + u_z\frac{\partial u_z}{\partial z} = g_z - \frac{1}{\rho}\frac{\partial p}{\partial z}$$

由连续性方程、欧拉方程，再加具体问题的初边值条件，原则上就可以解决等温理想流体流动的问题。但在实际应用中常常需要求解的是稳定态下的流动问题，把该方程在稳定条件下进行积分，使得应用起来更加方便。

3.4　伯努利方程

3.4.1　伯努利方程的导出

理想流体在稳流条件下，具有一维流动特征的流线或微小流束的动量平衡关系。对欧拉方程在稳流条件下且对单位质量的流体，式（3-20）简化为

$$u_x\frac{\partial u_x}{\partial x} + u_y\frac{\partial u_x}{\partial y} + u_z\frac{\partial u_x}{\partial z} = g_x - \frac{1}{\rho}\frac{\partial p}{\partial x}$$

$$u_x \frac{\partial u_y}{\partial x} + u_y \frac{\partial u_y}{\partial y} + u_z \frac{\partial u_y}{\partial z} = g_y - \frac{1}{\rho} \frac{\partial p}{\partial y}$$

$$u_x \frac{\partial u_z}{\partial x} + u_y \frac{\partial u_z}{\partial y} + u_z \frac{\partial u_z}{\partial z} = g_z - \frac{1}{\rho} \frac{\partial p}{\partial z} \tag{3-21}$$

设流线上任一微元段 ds 的各分量为 dx、dy、dz，对上式两边分别乘以 dx、dy、dz。则

$$u_x \frac{\partial u_x}{\partial x} dx + u_y \frac{\partial u_x}{\partial y} dx + u_z \frac{\partial u_x}{\partial z} dx = g_x dx - \frac{1}{\rho} \frac{\partial p}{\partial x} dx$$

$$u_x \frac{\partial u_y}{\partial x} dy + u_y \frac{\partial u_y}{\partial y} dy + u_z \frac{\partial u_y}{\partial z} dy = g_y dy - \frac{1}{\rho} \frac{\partial p}{\partial y} dy$$

$$u_x \frac{\partial u_z}{\partial x} dz + u_y \frac{\partial u_z}{\partial y} dz + u_z \frac{\partial u_z}{\partial z} dz = g_z dz - \frac{1}{\rho} \frac{\partial p}{\partial z} dz \tag{3-22}$$

从流线方程可知

$$\frac{u_x}{dx} = \frac{u_y}{dy} = \frac{u_z}{dz}$$

所以 $u_x dy = u_y dx$，$u_y dz = u_z dy$，$u_z dx = u_x dz$ 代入上式中，得

$$u_x \left(\frac{\partial u_x}{\partial x} dx + \frac{\partial u_x}{\partial y} dy + \frac{\partial u_x}{\partial z} dz \right) = g_x dx - \frac{1}{\rho} \frac{\partial p}{\partial x} dx$$

$$\left.\begin{array}{r} u_x du_x = -\dfrac{1}{\rho} \dfrac{\partial p}{\partial x} dx + g_x dx \\[2mm] u_y du_y = -\dfrac{1}{\rho} \dfrac{\partial p}{\partial y} dy + g_y dy \\[2mm] u_z du_z = -\dfrac{1}{\rho} \dfrac{\partial p}{\partial z} dz + g_z dz \end{array}\right\}$$

同理

上式中的各式相加，得

$$u_x du_x + u_y du_y + u_z du_z = g_x dx + g_y dy + g_z dz - \frac{1}{\rho} \left(\frac{\partial p}{\partial x} dx + \frac{\partial p}{\partial y} dy + \frac{\partial p}{\partial z} dz \right)$$

取 z 轴垂直地面：$g_z = -g$，$g_x = 0$，$g_y = 0$；

因为

$$d\left(\frac{u_x^2}{2} + \frac{u_y^2}{2} + \frac{u_z^2}{2} \right) = d\left(\frac{1}{2} u^2 \right) = u du$$

所以有　$u du = -g dz - \dfrac{1}{\rho} dp$

所以

$$g dz + \frac{1}{\rho} dp + u du = 0 \tag{3-23}$$

式(3-23)是理想流体一维稳定流动的欧拉方程，它表达了沿任意一根流线流体质点的压力、密度、速度和位移（高度上）的微分关系。

对式(3-23)沿流线积分，则可确定出流体质点沿流线空间不同点之间流动时的动量平衡关系式，其积分形式为

$$g z + \int \frac{dp}{\rho} + \frac{1}{2} u^2 = C \tag{3-24}$$

式中　C——积分常数。

在图 3-7 的具体条件下对式(3-24)积分，并设流体为不可压缩（ρ＝常数），其结果为

$$gz_1 + \frac{1}{\rho}p_1 + \frac{1}{2}u_1^2 = gz_2 + \frac{1}{\rho}p_2 + \frac{1}{2}u_2^2$$

或

$$gz + \frac{1}{\rho}p + \frac{1}{2}u^2 = C \qquad (3\text{-}25)$$

式(3-25)即为伯努利方程。

对于单位重量的流体，由 $\rho g = \gamma$，式(3-25)成为

$$z + \frac{p}{\gamma} + \frac{u^2}{2g} = C \qquad (3\text{-}26)$$

式中各项的单位均为长度（m），因 m＝N·m/N，则各项分别代表单位重量流体所具有的位能、静能和动能，又相应称为位压头、静压头和动压头。

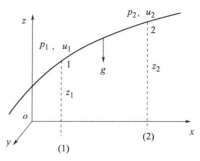

图 3-7 伯努利方程的推导

当流体静止时，不存在对流动量传输，也无黏性动量的传输过程；流体仅是处于压力与重力的平衡状态，仅存在位能与静能的转换，即

$$p + \gamma \cdot z = \text{const} \qquad (3\text{-}27)$$

3.4.2 伯努利方程的应用

应用伯努利方程解析动量传输问题时，原则上必须符合方程的导来条件，但在实际应用中，通过一定的补正可将其应用范围扩大。

伯努利方程的应用时应注意以下几点。

① 式(3-23)及式(3-24)为可压缩、理想流体及稳定流动；式(3-25)及式(3-26)为不可压缩、理想流体及稳流。严格讲，伯努利方程只能应用于一条流线上不同点的流体质点动量平衡，将其推广应用于管流系统时，除导来条件外，还要求流体在管内以相同的速度平行流动。

② 实际管流系统难以满足上列要求，但在缓变流的条件下，以伯努利方程仍可较准确地确定系统的能量平衡关系。因缓变流内流线夹角很小近于平行流动，流线的转向一致且曲率半径较大。等截面管道或截面变化缓慢和转向曲率很小时，可近似地视为缓变流。

③ 在实际流体流动中，因流体黏性而有摩擦阻力消耗，由流向改变和流速的突变等原因会造成流体质点间或质点与固体表面之间的冲击损失。这些能量将以热量的形式向外散发而损失掉。对实际流体管流系统应用伯努利方程时，可将两截面间的能量损失计入终了截面的总能量之中。如初始截面为 1，终了截面为 2，则两截面的能量平衡关系为

$$gz_1 + \frac{p_1}{\rho} + \frac{\bar{u}_1^2}{2} = gz_2 + \frac{p_2}{\rho} + \frac{\bar{u}_2^2}{2} + h_{损} \qquad (3\text{-}28)$$

式中 $h_{损}$——1、2 两截面间的能量损失，其单位与式中其它各项相同。

④管流截面上的动能平均值，一般常以平均速度计算；但由计算证明，按平均速度 $\bar{u}$ 计算的动能与按截面上各点不同速度计算的动能平均值不等。因此，在以平均速度计算平均动能时，应给以补正。在层流条件下，以截面平均速度（$\bar{u}$）计算的动能仅为实际动能平均值的一半。因此，在以平均速度计算时，动能项应乘以补正系数 2。在紊流状态下按平均速度计算动能，其误差可忽略不计。在粗略计算时，对层流状态有时也不予校正。

例 3-1 设不可压缩流体于管内作稳定流动，如图，说明以下三种情况的能量转换特征。

① 黏性流体，水平直管；

② 理想流体，变截面水平管流；

③ 理想流体，一定倾斜度的变截面管流。

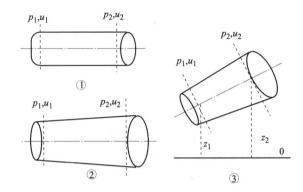

解： ①由 $z_1 = z_2$，故位能不变，对不可压缩流体，当管截面不变，由连续性方程可知 $u_1 = u_2$。因此 $p_1 = p_2 + h_损$ 或 $p_1 - p_2 = h_损$

说明，两截面间的静压力差等于该段的能量损失，表现为压力（静能）向损失能量的转换过程。

② 因此水平管流，流动中平均位能不变 $g \bar{z}_1 = g \bar{z}_2$，理想流体流动中无能量损失 $h = 0$，因此有

$$p_1 + \frac{\rho}{2} u_1^2 = p_2 + \frac{\rho}{2} u_2^2$$

由截面 1 流向 2 时，$u_1 > u_2$；所以 $p_1 < p_2$

③ 此时存在三种能量的相互转换过程，有

$$\gamma z_1 + p_1 + \frac{\gamma}{2g} u_1^2 = \gamma z_2 + p_2 + \frac{\gamma}{2g} u_2^2$$

当流体自下向上流动，其位能增加，动能因截面增大而降低。

例 3-2 设风机入口吸风管直径 $d = 150\text{mm}$，吸风时测出管内的负压 $h = 24\text{mm } H_2O$ 柱如图所示，空气的重度 $\gamma = 12\text{N/m}^3$，求不计管内损失时的空气流量。

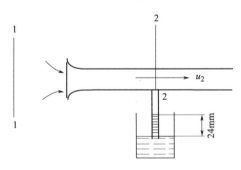

解： 取距管入口稍远速度为 0 处为截面 1，管内取负压点处为截面 2，因水平流动位能无变化，有

$$p_1 + \frac{u_1^2}{2g} \gamma = p_2 + \frac{u_2^2}{2g} \gamma$$

以大气压为准 $p_1 = 0$

$$p_2 = -24(\text{mmH}_2\text{O}) = \frac{-24}{0.10197} = -235.4\text{N/m}^2$$

已知 $u_1 = 0$，则

$$0 + 0 = \frac{u_2^2}{2g} \times 12 + (-235.4)$$

得　$u_2 = \sqrt{2 \times 9.81 \times 235.4/12} = 19.62 \text{m/s}$

故空气流量为

$$Q = A \cdot u_2 = \frac{\pi}{4}(0.15)^2 \times 19.62 = 0.35 \text{m}^3/\text{s}$$

例 3-3　文丘里流量计倾斜安装，如图，入口直径为 d_1，喉部直径为 d_2，试用伯努力方程和连续性方程求其流量计算公式（不计阻力损失）。

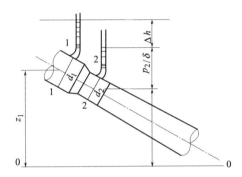

解：列 1-1，2-2 的伯努力方程

$$\frac{p_1}{\gamma} + z_1 + \frac{v_1^2}{2g} = \frac{p_2}{\gamma} + z_2 + \frac{v_2^2}{2g}$$

$$\left[\left(\frac{d_1}{d_2}\right)^4 - 1 \right] v_1^2 = 2g \left[\left(\frac{p_1}{\gamma} + z_1\right) - \left(\frac{p_2}{\gamma} + z_2\right) \right]$$

$$Q = \frac{\pi}{4} d_1^2 v_1 = \frac{\pi}{4} d_1^2 \sqrt{\frac{2g\Delta h}{\left(\frac{d_1}{d_2}\right)^4 - 1}} = k \sqrt{\Delta h}$$

式中

$$k = \frac{\pi}{4} d_1^2 \sqrt{\frac{2g}{\left(\frac{d_1}{d_2}\right)^4 - 1}} \text{为仪器固定常数}$$

例 3-4　如图，气体由压强 $p = 12\text{mm}$ 水柱的静压箱沿直径 $d = 100\text{mm}$，长度 $L = 100\text{mm}$ 的管路输出，已知高差 $H = 40\text{mm}$，压力损失 $\Delta p = 9\gamma \frac{v^2}{2g}$，求流速和流量：①气体重度与外界大气相同，$\gamma = \gamma_a = 11.8 \text{N/m}^3$ 时；②气体重度 $\gamma = 7.85 \text{N/m}^3$ 时。

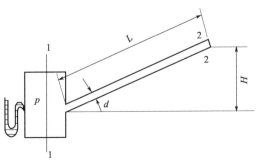

解：①取断面 1-1 和 2-2 的伯努力方程，p 为当地的相对压强值

$$p_1 + \gamma \frac{v_1^2}{2g} = p_2 + \gamma \frac{v_2^2}{2g} + \Delta p$$

$$12 \times 9.81 + 0 = 0 + \gamma \frac{v_2^2}{2g} + 9\gamma \frac{v_2^2}{2g}$$

$$v_2 = \sqrt{\frac{12 \times 9.81 \times 2 \times 9.81}{10 \times 11.8}} = 4.43 \text{m/s}$$

$$Q = \frac{\pi}{4} d^2 v_2 = \frac{\pi}{4} \times 0.1^2 \times 4.43 = 0.0348 \text{m}^3/\text{s}$$

② 对于重度与外界大气不同的气体运动，应采用包含浮升力作用在内的气体能量方程式（伯努力方程）

$$p_1 + \gamma \frac{v_1^2}{2g} + (\gamma_a - \gamma)(z_2 - z_1) = p_2 + \gamma \frac{v_2^2}{2g} + \Delta p$$

$$12 \times 9.81 + 0 + (11.8 - 7.85) \times 40 = 0 + 10\gamma \frac{v_2^2}{2g}$$

$$v_2 = \sqrt{\frac{(12 \times 9.81 + 3.95 \times 40) \times 2 \times 9.81}{10 \times 7.85}} = 8.30 \text{m/s}$$

$$Q = \frac{\pi}{4} d^2 v_2 = \frac{\pi}{4} \times 0.1^2 \times 8.30 = 0.0652 \text{m}^3/\text{s}$$

本 章 小 结

本章重点介绍了流体质量平衡方程即连续性方程，流体流动条件下的动量及作用力之间的平衡与转换关系的黏性流体动量平衡方程，理想流体的动量平衡方程即欧拉方程，对理想流体在稳定流动条件下、具有一维流动特征的动量平衡关系的伯努利方程，以及实际流体的伯努利方程。

连续性方程、动量方程、伯努利方程是流体流动最基本规律的模型化结果，是物理三大守恒定律在流体应用上的数学表达式和控制方程。从理论角度来讲，应用三大方程可以解决我们关心的流场分布问题。

习　　题

3-1　输水管路的直径为 150mm 输水量为 981kN/h 求断面平均流速。（答：1.57m/s）

3-2　矩形风道的断面为 $300 \times 400 \text{mm}^2$，风量为 $2700 \text{m}^3/\text{h}$，求断面平均流速，若出风口断面缩小为 $150 \times 200 \text{mm}^2$，该处的平均流速多大？（答：6.25m/s, 25.0m/s）

3-3　已知圆管中的流速分布曲线为 $u = u_m \left(\dfrac{y}{r_0}\right)^{1/7}$，求流速等于平均流速的点离壁面的距离 y_c。（答：$0.242r_0$）

3-4　水流通过一渐缩管。收缩前的断面为 $A_1 = 0.3 \text{m}^2$，平均流速为 $v_1 = 1.8 \text{m/s}$，压强 $p_1 = 117 \text{kPa}$，收缩后的断面为 $A_2 = 0.15 \text{m}^2$，高程增加为 $\Delta z = 6 \text{m}$，不计损失，求收缩后的压强 p_2。（答：53.3kPa）

3-5　已知圆管中空气的流速分布曲线公式为：$u = u_0 \left(1 - \dfrac{r^7}{r_0^7}\right)$，$r_0$ 为圆管半径，u 为半径 r 处的流速，u_0 为轴心流速，若空气密度为 1.2kg/m^3，毕托管在轴心点量得动压为 $5\text{mm} \ H_2O$ 柱，圆管半径 $r_0 = 0.25 \text{m}$，求管内通过的流量。（答：1.380m³/s）

3-6　试利用 N-S 方程证明，不可压缩二维层流流动的流函数 ψ 满足如下方程

$$\nabla^2 \frac{\partial \psi}{\partial t} + \frac{\partial \psi}{\partial y} \nabla^2 \frac{\partial \psi}{\partial x} - \frac{\partial \psi}{\partial x} \nabla^2 \frac{\partial \psi}{\partial y} = \nu \nabla^2 (\nabla^2 \psi)$$

式中，$\nabla^2 (\nabla^2) = \dfrac{\partial^4}{\partial x^4} + 2 \dfrac{\partial^4}{\partial x^2 \partial y^2} + \dfrac{\partial^4}{\partial y^4}$

第4章 管道中的流动和孔口流出

4.1 流体运动的两种状态

管道流动是工程常见的现象，如：水在输水管中的流动，油在输油管中的流动，气体在输气管中的流动。管内的流动非常复杂，主要问题是流动的阻力，在不同的流态条件下，流动阻力相差甚大，遵守不同的规律，必须弄清两种状态。1883 年英国科学家雷诺设计了简单的试验来判断流体运动的状态。

雷诺试验实验装置如图 4-1 所示。为了识别管内黏性流体的流动情况，用一根滴管将有色液体注入圆管内稳定流动的无色液体中。在速度较低的情况下，有色流线呈直线形，与周围的液体不混合，这种情况下，管内无色液体的流动处于层流状态，如图 4-2(a)。

如果逐渐增加管内液体的速度，有色细丝开始变粗，摆动如波浪形状，见图 4-2(b)。继续增加管内液体的速度，色线破坏，呈现出不定常的随机性质，这种情况下，管内各部分液体剧烈掺混，流体质点的轨线紊乱，管内液体的运动处于湍流状态，图 4-2(c)。

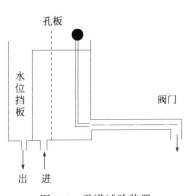

图 4-1 雷诺试验装置

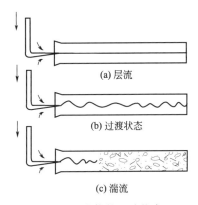

图 4-2 流体的运动状态

以上的试验说明，当流体流动速度不同时，流体质点的运动就可能存在两种完全不同的情况，一种是当速度小于某一临界值时，流体是作有规则的层状运动，流体质点互不干扰的前进。这种运动，称为层流运动。另一种是当速度大于该临界值时，流体质点有规则的运动受到破坏，流体质点产生脉动，即除了主要的纵向运动以外，还有附加的横向运动存在。这种运动，称为湍流（或紊流）运动。流体由层流转变为湍流时的平均流速，称之为上临界速度，以 u_c' 表示。

上述试验也可按相反的程序进行，即首先开足阀门，然后再逐渐关小。这样玻璃管的流体开始为湍流，当流速降低到某一数值时，则流体的运动由湍流转变为层流，以后继续降低流速，流体将始终保持为层流状态。此时由湍流转变为层流时的平均速度，称之为下临界速度，并以 u_c 表示。

因此判别管内流动状态：当管中流速 $u < u_c$ 时，一定是层流状态；当管中流速 $u > u_c'$ 时，一定是紊（湍）流状态；当 $u_c < u < u_c'$ 时，处于过渡区。

可以推断，黏性大的流体流动时，摩擦阻力也大，流体质点的混乱运动要难；管壁是限制流体混乱运动自由的，流通截面越小，限制作用越大，因而流体质点的运动不易混乱。因此，$u_c \propto \dfrac{\nu}{d}$；引入比例常数 Re_c，$u_c = Re_c \dfrac{\nu}{d}$；故有下临界雷诺数 $Re_c = \dfrac{u_c d}{\nu}$。$Re_c$ 是无量纲数，已被实验证实，用雷诺数判别流动的状态。

当　　$Re < Re_c$　　　　　层流

$\qquad Re > Re_c'$　　　　　紊流

$\qquad Re_c < Re < Re_c'$　　过渡状态

在工程上用 Re 数的大小来判断流体的流动状态。在圆管中

$$Re = \frac{ud}{\nu} \tag{4-1}$$

或

$$Re = \frac{\rho u d}{\mu} \tag{4-2}$$

式中，ρ 表示流体的密度，kg/m^3；ν 表示流体的运动黏度，m^2/s；μ 表示流体的动力黏度，$N \cdot s/m^2$；u 表示流体在圆管内的平均速度，m/s；d 表示圆管的直径，m。

由实验可知，对光滑圆管的流动，临界 Re 数 $Re_c = 2300$。在实际计算中，当 $Re < Re_c$ 时，按层流计算；当 $Re > Re_c$，按湍流计算。

雷诺数的一般形式为

$$Re = \frac{uL}{\nu} = \frac{惯性力}{黏性力} \tag{4-3}$$

式中，L 为定性尺度，对平板来说是长度 L，对球体是直径 D，对圆管也是直径 d，对任意形状截面是当量直径 d_e。

$$d_e = \frac{4A}{S} \tag{4-4}$$

式中，A 表示截面积；S 表示周长。

Re 数小，黏性力 > 惯性力，能够削弱以至消除引起流体质点发生混乱运动，使保持层流状态；Re 数大，黏性力 < 惯性力，促使质点发生混乱，使流动呈湍流状态。

4.2　不可压缩流体的管流摩擦阻力

在第 3 章的欧拉方程推导中我们假设流体为理想流体，即没有黏性的流体。但实际上任何流体都有黏度，因此在流体运动中必然存在摩擦力做功，损失能量。在冶金生产中诸如高炉喷煤、氧枪供氧、钢包吹气、连铸配水冷却等众多方面的管道流体流动，在工程设计上必须预先考虑和计算这部分摩擦阻力损失。

对于管道内流体流动而言，其阻力损失一般有以下两部分组成。

① 由于有黏滞阻力的作用，造成摩擦阻力损失；

② 由于流动方向、截面、速度的变化，造成局部阻力损失。

从实际流体的伯努利方程（3-28）可知

$$gz_1 + \frac{1}{\rho}p_1 + \frac{1}{2}u_1^2 = gz_2 + \frac{1}{\rho}p_2 + \frac{1}{2}u_2^2 + h_损'$$

或

$$\rho g z_1 + p_1 + \frac{\rho}{2}u_1^2 = \rho g z_2 + p_2 + \frac{\rho}{2}u_2^2 + h_损 \tag{4-5}$$

可令
$$h'_{损} = K\,\frac{1}{2}u^2$$

或
$$h_{损} = K\,\frac{\rho}{2}u^2 \tag{4-6}$$

式中，K 为阻力系数，与上述公式单位统一。

因此问题的实质就变成阻力系数 K 的求解。实践证明，流动状态不同（即 Re 数不同），管内摩擦阻力不同，K 有不同的特征和确定方法。下面以管内层流、管内紊流分别来讨论如何解决阻力系数的问题。

4.2.1　管内层流摩擦阻力

管内层流摩擦的起因是速度不等的平行流层之间所存在的黏性力作用，从管壁到轴中心，阻止流体的流动。因此要解决阻力问题，即求摩擦力（黏性力 $\tau = \mu\dfrac{\mathrm{d}u}{\mathrm{d}y}$）值的大小，就需要求出速度分布，因而要用到 N-S 方程。对圆管内轴对称流动，可以用柱坐标连续方程及动量平衡方程（N-S 方程）进行解析。设水平流动方向坐标为 z，如图 4-3。

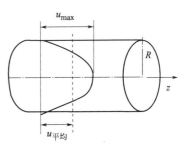

图 4-3　圆管内轴对称流动

对稳定轴对称流动，柱坐标连续方程及动量平衡方程（N-S 方程）分别如式（a）、式（b）。

$$\frac{u_r}{r} + \frac{\partial u_r}{\partial r} + \frac{1}{r}\frac{\partial u_\theta}{\partial \theta} + \frac{\partial u_z}{\partial z} = 0 \tag{a}$$

$$\rho\left(\frac{\partial u_z}{\partial \tau} + u_r\frac{\partial u_z}{\partial r} + \frac{u_\theta}{r}\frac{\partial u_z}{\partial \theta} + u_z\frac{\partial u_z}{\partial z}\right) = -\frac{\partial p}{\partial z} + \mu\left[\frac{1}{r}\frac{\partial}{\partial r}\left(r\frac{\partial u_z}{\partial r}\right) + \frac{1}{r^2}\frac{\partial^2 u_z}{\partial \theta^2} + \frac{\partial^2 u_z}{\partial z^2}\right] + \rho g_z \tag{b}$$

根据以下条件对 (a)、(b) 式进行简化。

简化条件如下。

① 单向层流流动，仅 z 方向有平行流速 $u_r = u_\theta = 0$；

② 不可压缩流体，ρ 为常数；

③ 管截面上压强均等，$\dfrac{\partial p}{\partial r} = \dfrac{\partial p}{\partial \theta} = 0$；

④ 水平流动，忽略质量力 $g_z = 0$；

⑤ 轴对称流动 $\dfrac{\partial u_z}{\partial \theta} = 0$；

则连续方程化简为
$$\frac{\mathrm{d}u_z}{\mathrm{d}z} = 0 \tag{c}$$

动量方程化简为
$$-\frac{\mathrm{d}p}{\mathrm{d}z} + \mu\left[\frac{1}{r}\frac{\mathrm{d}}{\mathrm{d}r}\left(r\frac{\mathrm{d}u_z}{\mathrm{d}r}\right)\right] = 0 \tag{d}$$

对 (d) 式积分

$$\mu\int \frac{\mathrm{d}}{\mathrm{d}r}\left(r\frac{\mathrm{d}u_z}{\mathrm{d}r}\right)\mathrm{d}r = \int r\frac{\mathrm{d}p}{\mathrm{d}z}\mathrm{d}r$$

$$\therefore \mu\frac{\mathrm{d}u_z}{\mathrm{d}r} = \frac{r}{2}\frac{\mathrm{d}p}{\mathrm{d}z} + \frac{C_1}{r} \tag{e}$$

由牛顿黏性定律
$$\tau_r = -\mu\frac{\mathrm{d}u_z}{\mathrm{d}r} \tag{f}$$

式(f) 代入式(e) 中，得 $\qquad \mu\left(-\dfrac{\tau_r}{\mu}\right)=\dfrac{r}{2}\dfrac{\mathrm{d}p}{\mathrm{d}z}+C_2$

因轴心速度梯度为 0，所以 $\tau_r=0$，故 $C_2=0$（即 $C_1=0$）；

$$\therefore \mu\dfrac{\mathrm{d}u_z}{\mathrm{d}r}=\dfrac{\mathrm{d}p}{\mathrm{d}z}\cdot\dfrac{r}{2} \tag{g}$$

因为 u_z 仅为 r 的函数，p 仅为 z 的函数，因此只有两边为常数时，式(g) 才成立。设

$$\dfrac{\mathrm{d}p}{\mathrm{d}z}=\dfrac{p_2-p_1}{L} \tag{h}$$

式中　L——流体在管内流过的距离。

将式(h) 代入式(g)，得

$$\mu\dfrac{\mathrm{d}u_z}{\mathrm{d}r}=\dfrac{p_2-p_1}{2L}r \tag{i}$$

当 $r=R$（圆管半径）时，$u_z=0$，对式(i) 积分得

$$u_z=\dfrac{1}{4\mu}\left(\dfrac{p_1-p_2}{L}\right)R^2\left[1-\left(\dfrac{r}{R}\right)^2\right] \tag{4-7}$$

式(4-7) 即为圆管内的速度分布。

当 $r=0$ 时（圆管轴心线），u_z 最大为 $u_{\max}$

$$u_{\max}=\dfrac{1}{4\mu}\left(\dfrac{p_1-p_2}{L}\right)R^2 \tag{4-8}$$

圆管截面上的平均流速为

$$\bar{u}_z=\dfrac{\displaystyle\int_0^R u_z\mathrm{d}A}{A}=\dfrac{\displaystyle\int_0^R 2\pi r u_z\mathrm{d}r}{\pi R^2}=\dfrac{1}{8\mu}\left(\dfrac{p_1-p_2}{L}\right)R^2=\dfrac{1}{2}u_z \tag{4-9}$$

即层流下管流平均速度为最大速度之半。

由伯努利方程可知，对黏性流体水平直管

$$h_{损失}=p_1-p_2$$

由式(4-9)，得到 $h_{损失}=p_1-p_2=\dfrac{8\mu L\bar{u}_z}{R^2}$

以直径 D 代入，并整理

$$h_{损失}=\dfrac{64}{Re}\dfrac{L}{D}\cdot\dfrac{\rho}{2}\bar{u}_z^2 \tag{4-10}$$

比较 $h_{损}=K\dfrac{\rho}{2}\bar{u}^2$ 得

$$K=\dfrac{64}{Re}\dfrac{L}{D}=\lambda\cdot\dfrac{L}{D} \tag{4-11}$$

式中　K——阻力系数；

　　　　λ——摩擦系数（也有用 ξ 表示）。

$$\lambda=\dfrac{64}{Re} \tag{4-12}$$

即层流下圆管内的摩擦系数。

圆管中的层流流动的阻力公式常表示为 $\Delta p=\lambda\dfrac{L}{d}\dfrac{\rho\bar{u}_z^2}{2}$ 　　　　(4-13)

式中，$\lambda=\dfrac{64}{Re}$，$\bar{u}_z$ 为平均流速。

例 4-1　设有 $\mu = 0.1 \text{Pa} \cdot \text{S}$，$\rho = 850 \text{kg/m}^3$ 的油，流过长为 $L = 3000 \text{m}$，直径 $d = 300 \text{mm}$ 的管道，其流量 $Q = 41 \times 10^{-3} \text{m}^3/\text{s}$，试求摩擦压力损失 Δp。

解：首先判断是否是层流，先计算平均速度，再计算 Re 数。

$$\bar{u} = \frac{Q}{A} = 0.58 \text{m/s}$$

$$Re = \frac{\rho \bar{u} d}{\mu} = \frac{850 \times 0.58 \times 0.3}{0.1} = 1479 < 2300$$

$$\Delta p = \frac{64}{Re} \frac{L}{d} \frac{\rho}{2} \bar{u}^2 = 61906 \text{N/m}^2$$

4.2.2　圆管内紊流摩擦阻力

紊流的突出特点是流体内部充满了可以目测的旋涡。这些旋涡除在主体流动方向上运动之外，还在各个方向上做无规律的脉动。所以流体从规则的层流状态过渡到不规则的紊流状态必须具备两个条件，其一是旋涡的形成，其二旋涡脱离原来的流层。由此时见，流体在流动的过程中有旋涡形成，并且所形成的旋涡能随机的脱离开原来的流层是紊流形成的根本原因。

实际的流体存在着黏性，当流体在流动过程中存在着一定的速度梯度时，具有不同流速的相邻流层之间将产生剪切力，对某一固定的流层而言速度比它大的流层施加于它的剪切力是顺流向的，而速度比它小的流层施加于它的剪切力则是逆流向的，因此原流层所承受的这两个力构成了力矩，从而有产生旋涡的可能。另一方面，由于种种外界因素使流层产生波动，使流道截面发生变化，导致流速变化，由伯努利方程可知，流体的静压能也发生变化，这样在流层之间产生了与流向垂直的压力差，从而形成力矩进一步促使这一波动扩大而形成旋涡。除此之外，在实际问题中边界层的分离，流体流过某些非光滑之处，或突然改变流道的截面等均会促使旋涡产生，这些综合因素的作用常常导致流体在流动的过程中产生旋涡。旋涡一旦在流动的流体中产生，它就有脱离原来的流层而随机运动到其它流层的可能，这是因为旋涡的特点是旋转。根据连续性原理，当旋涡脱离原来流层，必须有其它的流体来补充，这样就形成了随机的杂乱无章的旋涡运动，即紊流流动。

在工程实际中，紊流是最常见到的流动形态，是大雷诺数下流体流动的一种必然形式，它的特点是流体内部充满了可以目测的旋涡，这些旋涡除了在主体流动方向上随流体运动外，还在各个方向做无规则的随机运动，使得流体的运动互相掺混极不规则。这些不规则的运动导致对紊流的研究大大复杂于层流。对紊流流动的定解问题，经历了漫长的过程，提出了许多模型，目前较为常用的有混合长度模型与 K-ε 双方程模型。但是对紊流本质的认识还很不清楚，也没能给出一套完整的描述紊流运动的理论。这里我们只能给出一些工程上有一定应用价值的半经验理论及一些目前常用的处理问题的方法，为处理实际问题打下一点基础。

紊流运动时有因流体黏性和速度梯度造成的黏性动量传输以及因紊流脉动造成的附加动量传输两部分叠加而成。流层间的总的动量通量为

$$\tau_\Sigma = \tau_{黏} + \tau_{附} \tag{4-14}$$

式中，$\tau_{黏}$ 按牛顿黏性定律确定 $\left(\mu \dfrac{\mathrm{d}\bar{u}_x}{\mathrm{d}y} \right)$；$\bar{u}_x$ 为流体的时均速度。$\tau_{附}$ 为紊流脉动造成的附加动量通量，或称附加雷诺应力 $\rho u_x u_y'$；u_x，u_y' 为流体质点流向的瞬时速度及法向的脉动速度。

通过简化

$$\tau_\Sigma = \mu \frac{\mathrm{d}\overline{u}_x}{\mathrm{d}y} + \rho \overline{u_x' u_y'} \tag{4-15}$$

式中，$\rho \overline{u_x' u_y'}$ 是紊流脉动的法向对流动量以时均速度的形式表示，这一项是不好确定的。

普朗特混合长度理论提出：设想流体质点从具有某一速度的流层进入具有另一速度的流层时，沿垂直于时均速度的方向移动了距离 L 后；该质点才与另一层的流体质点相掺混进行动量交换，距离 L 称为混合长。

在此理论的基础上，且根据实验结果，对紊流状态下的速度场进行分析，得到光滑圆管中湍流流动时的摩擦阻力系数 λ 计算式。

经实验修正，摩擦系数 λ 计算式为

$$\frac{1}{\sqrt{\lambda}} = 2\lg(Re\sqrt{\lambda}) - 0.8 \tag{4-16}$$

式(4-16) 在 $Re = 3 \times 10^3 \sim 10^8$ 范围内适用。

若认为速度分布为七分之一次方，则有

$$\lambda = \frac{0.3164}{Re^{0.25}} \tag{4-17}$$

适用范围：$Re < 10^5$ 的湍流流动。

4.2.3 实际圆管中的摩擦压力损失的计算

前面已经对层流和湍流在圆管中流动的 λ 值从理论上作了一些介绍。但是光滑管在工程中是很难得到的。工程上使用的各种材料制成的管子，其表面总是凹凸不平的，因而称之为粗糙管。很明显，粗糙管壁对摩擦压力损失的影响是不可忽略的。定义 Δ 为管壁粗糙凸出高度（mm），D 为管子内径，用 $\overline{\Delta} = \dfrac{\Delta}{D}$ 表示管壁的相对粗糙程度，$\overline{\Delta}$ 称为相对粗糙度。

（1）尼古拉兹人工粗糙管的摩擦压力损失

尼古拉兹在不同直径的圆管内敷上粒度均匀的沙子，制成具有六种不同粗糙度的圆管，它们的相对粗糙度为：$\overline{\Delta} = \dfrac{1}{30}, \dfrac{1}{61.2}, \dfrac{1}{120}, \dfrac{1}{252}, \dfrac{1}{504}, \dfrac{1}{1014}$；然后，对这六根管子进行阻力实验，实验结果绘成曲线表示在对数坐标上，如图 4-4 所示。

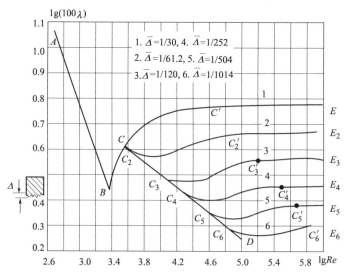

图 4-4 尼古拉兹阻力试验曲线

从图中可以看到

① AB 段　在 $Re < 2300$ 范围内，六种不同粗糙度管子的所有实验点都落在一条直线上，这表明 λ 的值与相对粗糙度 $\bar{\Delta}$ 无关，只与 Re 数有关。此时的阻力系数为 $\lambda = \dfrac{64}{Re}$。这与前面按层流的理论计算所得的结果是一致的。因为在 AB 段上粗糙管的阻力特性服从层流时的阻力变化规律，所以把这一段称为层流区。

② BC 段　$2300 < Re < 4000$，是层流向湍流过渡的区域。在 BC 段，λ 变化的规律不确定。

③ CD 段　此时流动已进入湍流范围。CD 线亦接近是一条直线。这说明在 CD 线上 λ 与相对粗糙度 $\bar{\Delta}$ 无关，只与 Re 数有关；并且 CD 线的斜率是 $(-1/4)$，即表示 λ 与 $Re^{0.25}$ 成反比。与 AB 段的情况类似，这表明粗糙管的摩擦阻力系数与光滑管一样，因此 λ 的计算公式为

当 $Re < 10^5$ 时，有　　　$\lambda = \dfrac{0.3164}{Re^{0.25}}$

当 $Re > 10^5$ 时，有　　　$\dfrac{1}{\sqrt{\lambda}} = 2\lg(Re\sqrt{\lambda}) - 0.8$

CD 段称为湍流光滑管区。

④ CE 段　自 C 点以后，不同粗糙度管子的实验曲线从 CD 线上的 C、C_2、…、C_6 各点分出来，如图 4-4 中 CE 线所示那样。这时 λ 与 $\bar{\Delta}$ 有关，不同粗糙度的管子对应有不同的 λ 值，$\bar{\Delta}$ 越大，对应的 λ 值也越大。进一步分析 CE 线还可以看出，粗糙管的 λ 值一定大于对应 Re 数下光滑管的 λ 值。CE 线可分为两段，在第一段 CC' 上，λ 值随 Re 数、$\bar{\Delta}$ 的变化而变化，在第二段，即 C' 以后，曲线成为水平直线，λ 值与 Re 数无关，仅与 $\bar{\Delta}$ 有关。CC' 段，称为粗糙管区。C' 以后，流动阻力与平均速度的平方成正比，故称为阻力平方区。对阻力平方区，λ 的计算式为

$$\frac{1}{\sqrt{\lambda}} = 2\lg\frac{1}{2\bar{\Delta}} + 1.74 \tag{4-18}$$

对粗糙管区，可由阔尔布鲁克公式求得

$$\frac{1}{\sqrt{\lambda}} = -2\lg\left[\frac{2.51}{Re\sqrt{\lambda}} + \frac{\Delta}{3.7d}\right] \tag{4-19}$$

可以推出式 (4-19) 对光滑管区和阻力平方区都适用。

尼古拉兹阻力实验揭示了管道中的摩擦压力损失规律，得到了 $\lambda = f\left(Re, \dfrac{\Delta}{d}\right)$ 的关系，但是它是人工粗糙管，对于实际的管道阻力有类似于尼古拉兹的实验，即莫迪实验。

(2) 实际圆管中的摩擦压力损失的计算

莫迪用实际的管道进行了类似于尼古拉兹的阻力实验，得到了莫迪图（图 4-5），在进行实际计算时，可按莫迪图直接查得 λ 值。

(3) 有关摩擦压力系数 λ 的近似计算公式

有关摩擦压力系数 λ 的近似计算公式如下

(a) 层流区　　　　　　　　　$Re < 2300,\ \lambda = \dfrac{64}{Re}$; $\tag{4-20}$

(b) 过渡区　$2300 < Re < 4000$，λ 不确定；

(c) 紊流光滑区　　　　$4000 < Re < 26.98\left(\dfrac{d}{\Delta}\right)^{8/7}$，$\lambda = \dfrac{0.3164}{Re^{0.25}}$ $\tag{4-21}$

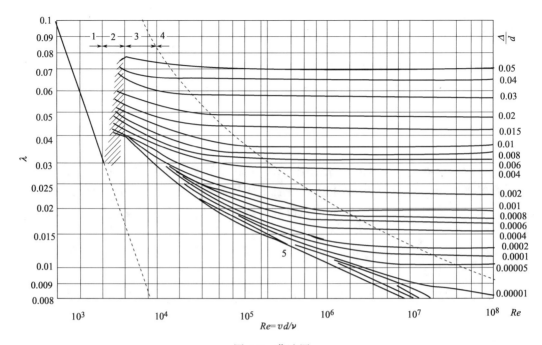

图 4-5 莫迪图

1—层流区；2—湍流区；3—过渡区；4—完全湍流粗糙管；5—光滑管

此式称 H·Blasius 公式。

（d）紊流粗糙管过渡区

$$26.98 \left(\frac{d}{\Delta}\right)^{3/7} < Re < 4160 \left(\frac{d}{3\Delta}\right)^{0.85}$$

$$\lambda = 0.094 \left(\frac{\Delta}{d}\right)^{0.225} + 0.53 \left(\frac{\Delta}{d}\right) + 88 \left(\frac{\Delta}{d}\right)^{0.44} Re^{-1.62 \left(\frac{\Delta}{d}\right)^{0.134}} \tag{4-22}$$

此式为乌德公式。

（e）紊流粗糙管平方阻力区

$$4160 \left(\frac{d}{2\Delta}\right)^{0.85} < Re, \lambda = \left(1.74 + 2\lg \frac{d}{2\Delta}\right)^{-2} \tag{4-23}$$

此式称 J·Nikuradse 公式

（4）非圆形管截面摩擦阻力

对于非圆形截面的管道摩擦损失的计算，引入水力学直径（或称当量直径的 d_e）来进行修正。

① 圆管 $\quad d_e = \frac{4A}{S} = \frac{4}{\pi D} \times \frac{\pi D^2}{4} = D$（圆管的直径）

② 正方形 $\quad d_e = \frac{4A}{S} = \frac{4a^2}{4a} = a$（正方形的边长）

③ 圆管管束（n 个管子）（由等直径圆管组成的平行管束）

$$d_e = \frac{4A}{S} = \frac{n4}{n\pi D} \times \frac{\pi D^2}{4} = D$（圆管的直径）$$

式中，A 为截面积；S 为周长。

例 4-2 设金属光滑水管，直径 $D = 50\text{mm}$，流过水的温度 $t = 20℃$ 下的运动黏度 $\nu = 0.013 \times 10^{-4}\,\text{m}^2/\text{s}$，流过直线段长度 $L = 20\text{m}$，试计算水流量 $v = 1.2\text{m}^3/\text{h}$ 时的摩阻损失

（设 $\rho = 1000 \text{kg/m}^3$）。

解： ①水流速及 Re 数

$$u = \frac{v}{\pi D^2/4} = \frac{1.2}{[(\pi \cdot 0.05^2)/4] \times 3600} = 0.17 \text{m/s}$$

$$Re = \frac{ud}{\nu} = \frac{0.16 \times 0.05}{0.013 \times 10^{-4}} = 6538 > 2300 \qquad （紊流）$$

②管流摩擦阻力损失

$$K = \frac{0.3164}{Re^{0.25}} \cdot \frac{L}{D}, \quad \Delta p = K \frac{\rho u^2}{2}$$

$$\Delta p = \frac{0.3164}{6538^{0.25}} \times \frac{20}{0.05} \times \frac{1000}{2} \times 0.17^2$$

$$= 203.38 \text{N/m}^2$$

例 4-3　欲使雷诺数 Re 为 3.5×10^5 的镀锌管内的流动是水力光滑的，管子的直径至少应多大？如欲使流动属于平方阻力区，则对管径的要求又如何（普通镀锌管的绝对粗糙度 $\varepsilon = 0.39 \text{mm}$）？

解： 流动形态区域的确定与雷诺数 Re 和相对粗糙度 $\dfrac{\Delta}{d}$ 值有关。

① 紊流光滑管区　　$4000 < Re < 26.98 \left(\dfrac{d}{\Delta}\right)^{8/7}$

所以　　　$d > \Delta \times \left(\dfrac{Re}{26.98}\right)^{7/8} = 0.39 \left(\dfrac{3.5 \times 10^5}{26.98}\right)^{7/8} = 1548.68 \text{mm}$

可取公称直径 d_g 大于或等于 1600mm 的管子。

② 紊流平方阻力区　　$Re > 4160 \left(\dfrac{d}{2\Delta}\right)^{0.85}$

所以　$d < 2\Delta \left(\dfrac{Re}{4160}\right)^{1.0/0.85} = 2 \times 0.39 \left(\dfrac{3.5 \times 10^5}{4160}\right)^{1/0.85} = 143.47 \text{mm}$

可取公称直径 d_g 小于或等于 140mm 的管子。

例 4-4　设矩形截面（1.0m × 1.5m）的砖砌烟道，排除温度 600℃ 的烟气量为 35000m³/h，烟道长 $L = 10$m，表面粗糙度 $\Delta = 5$mm，烟气的运动黏度 $\nu = 0.9 \times 10^{-4} \text{m}^2/\text{s}$，烟气在标准状态下的密度 $\rho_0 = 1.29 \text{kg/m}^3$，求摩擦阻力。

解： 烟气的平均流速　　　$u = \dfrac{35000}{1.0 \times 1.5 \times 3600} = 6.48 \text{m/s}$

烟气在 600℃ 下的密度　$\rho_{600} = \dfrac{\rho_0}{1 + \beta t} = \dfrac{1.29}{1 + \dfrac{600}{273}} = 0.403 \text{kg/m}^3$

烟道的水力学直径　　　$D_当 = \dfrac{4A}{S} = \dfrac{4\,(1.0 \times 1.5)}{2\,(1.0 + 1.5)} = 1.2 \text{m}$

Re 数　　　　　　　$Re = \dfrac{u D_当}{\nu} = \dfrac{6.48 \times 1.2}{0.9 \times 10^{-4}} = 86400$（紊流）

烟道的相对粗糙度　　　$\overline{\Delta} = \dfrac{\Delta}{D_当} = \dfrac{5}{1200} = 0.00417$

摩擦系数 λ，按 $\overline{\Delta}$ 及 Re 由莫迪图得 $\lambda = 0.03$，
烟道的摩阻损失为

$$h_{摩} = \lambda \frac{L}{D_{当}} \cdot \frac{u^2}{2} \rho = 0.03 \times \frac{10}{1.2} \times \frac{6.48^2}{2} \times 0.403$$
$$= 2.115 \text{N/m}^2$$

例 4-5 已知输油管内油的体积流量 $V = 1000 \text{m}^3/\text{h}$，油在输送温度下的运动黏度 $\nu = 10 \times 10^{-6} \text{m}^2/\text{s}$，管道长度 $L = 200 \text{m}$，粗糙度 $\Delta = 4.6 \text{mm}$，输送所提供的最大压差 $\Delta p = 20 \text{m}$。试确定管径 D。

解： 由 $u = \dfrac{V}{\pi D^2/4} = \dfrac{4V}{\pi D^2}$ 代入 $\Delta p = \lambda \dfrac{L}{D} \cdot \dfrac{u^2}{2g}$ 中，则有

$$D^5 = \frac{8LV^2}{\pi^2 g \cdot \Delta p} \cdot \lambda = \frac{8 \times 200 \times (1000/3600)^2}{\pi^2 \times 9.81 \times 20} \lambda = 0.064\lambda \qquad ①$$

另由 $Re = \dfrac{uD}{\nu}$，将速度 u 代入

$$Re = \frac{4V}{\pi D \nu} = \frac{4 \times 1000/3600}{\pi \times 10 \times 10^{-6} D} = 35400 D^{-1} \qquad ②$$

试取 $\lambda = 0.02$ 代入①式得 $D = 0.264 \text{m}$，代入②中得 $Re = 134000$。此时 $\overline{\Delta} = \dfrac{\Delta}{D} = 0.00017$，由莫迪图查出 $\lambda \approx 0.016$。以查得的 λ 新值重复上述计算直到相邻两次结果相近为止。

最后确定 $\lambda = 0.0158$，$D = 0.252 \text{m}$

4.3　不可压缩流体的管流局部压力损失

工程上所使用的管道往往是由一段一段的直管通过一定的方式连接起来的，例如截面的突然扩大（或缩小）、弯头、三通等等。此外，还要在管道上安装各种阀门、仪表等。这样，流体在管路中流动，除了在各直管段产生摩擦压力损失外，当流过各种接头、阀门、仪表等局部障碍时，也要产生一定的压力损失，称为局部压力损失。产生局部压力损失的原因很多，如涡流损失、加速损失、转向损失和撞击损失等。

局部压力损失可表示为

$$\Delta p = \zeta \frac{\rho \overline{u}^2}{2} \qquad (4\text{-}24)$$

式中 ζ 是局部阻力系数。ζ 值通常都要通过实验来确定，几种常见的局部阻力系数可查专门的手册来获得。

下面以管径突然扩大为例，来说明局部压力损失的计算。图 4-6 所示，流体由 d_1 的管道突然扩大流入到 d_2 的管道。设这一流动是不可压缩流体的稳定湍流，根据动量方程、伯努利方程和连续方程即可求出局部压力损失的计算公式。取图 4-6 上 1-1′ 和 2-2′ 截面，忽略其间的

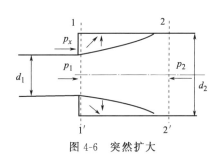

图 4-6　突然扩大

黏性切应力的作用，由动量方程可知

$$p_1 A_1 + p_x (A_2 - A_1) - p_2 A_2 = \rho Q (\overline{u}_2 - \overline{u}_1)$$

式中，p_x 为作用 1-1′ 截面的环形面积 $(A_2 - A_1)$ 上的压强，由于 1-1′ 截面上的压强分布可近似认为 $p_1 = p_x$。由连续方程又知

$$\overline{u}_1 A_1 = \overline{u}_2 A_2 = Q$$

代入上式，可得

$$(p_1 - p_2) A_2 = \rho A_2 \bar{u}_2^2 - \rho A_1 \bar{u}_1^2 \tag{a}$$

在 1-1′ 和 2-2′ 截面上建立伯努利方程，则有

$$p_1 + \frac{\bar{u}_1^2}{2g} \gamma = p_2 + \frac{\bar{u}_2^2}{2g} \gamma + \Delta p_{局}$$

所以

$$\Delta p_{局} = (p_1 - p_2) + \frac{1}{2g} \gamma (\bar{u}_1^2 - \bar{u}_2^2) \tag{b}$$

式中，$\Delta p_{局}$ 为由于突然扩大而产生的压力损失。将式（a）代入式（b）中，可得

$$\Delta p_{局} = \frac{\rho}{2} \bar{u}_2^2 \left(1 - \frac{A_2}{A_1}\right)^2 = \frac{\rho}{2} \bar{u}_1^2 \left(1 - \frac{A_1}{A_2}\right)^2 \tag{4-25}$$

令 $\zeta_1 = \left(1 - \frac{A_1}{A_2}\right)^2$ 和 $\zeta_2 = \left(1 - \frac{A_2}{A_1}\right)^2$，则式（4-25）改写成

$$\Delta p_{局} = \zeta_2 \cdot \frac{\rho}{2} \bar{u}_2^2 = \zeta_1 \frac{\rho}{2} \bar{u}_1^2 \tag{4-26}$$

式中，ζ_1、ζ_2 为局部阻力系数。

如果从管道突然扩大到某一大容器，而容器的面积相对于管道的面积又很大，此时，$A_1/A_2 \approx 0$，$\zeta = 1$，则有 $\Delta p_{局} = \frac{\rho}{2} \bar{u}_1^2$，这意味着管中的全部动能都损失掉了。

4.4　管路计算

（1）简单管路的计算

管道截面不变，输送的质量流量始终保持不变，于是有

$$G = \rho Q = \rho \bar{v} A \tag{4-27}$$

$$\Delta p_{\Sigma} = \left(\lambda \frac{L}{d_e} + \Sigma \zeta\right) \frac{\rho \bar{v}^2}{2} \tag{4-28}$$

（2）串联管路的计算

串联管路是由几个简单管路串联而成的，它的总压力损失等于各简单管路压力损失之和。

$$\Sigma \Delta p = \Delta p_1 + \Delta p_2 + \cdots\cdots$$

$$= \left(\lambda_1 \frac{L_1}{d_{e1}} + \Sigma \zeta_1\right) \frac{\rho_1 \bar{v}_1^2}{2} + \left(\lambda_2 \frac{L_2}{d_{e2}} + \Sigma \zeta_2\right) \frac{\rho_2 \bar{v}_2^2}{2} + \cdots\cdots \tag{4-29}$$

$$G = G_1 = G_2 = \cdots = \rho_1 Q_1 = \rho_2 Q_2 = \cdots \tag{4-30}$$

（3）并联管路的计算

各个支管路中流体的压力损失相等，总质量流量等于各个支管路内质量流量的和。

$$\Delta p_{L1} = \Delta p_{L2} = \Delta p_{L3} = \Delta p_{AB} \tag{4-31}$$

$$\rho Q = \rho_1 Q_1 + \rho_2 Q_2 + \rho_3 Q_3 \tag{4-32}$$

串、并联为管流系统的基本组成形式。

例 4-6　设水自水面上压力 $p_1 = 19600\text{Pa}$ 的水箱 A 经串联管路流向敞开的容器 B，如图，试确定水的流量（忽略摩擦阻力损失）。

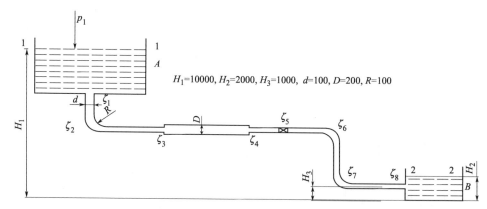

$H_1=10000, H_2=2000, H_3=1000, d=100, D=200, R=100$

解：容器 A 及 B 的截面与管路相比很大，则设水在其中上升下降的速度为 0。列 1-1, 2-2 面的能量平衡方程为

$$H_1\gamma + p_1 = H_2\gamma + \sum h \qquad (\gamma_{水} = 9800\mathrm{N/m^3})$$

在流动平衡时，管路系统的总阻力损失 $\sum h$ 为

$$\sum h = H_1\gamma - H_2\gamma + p_1 = 10 \times 9800 - 2 \times 9800 + 19600$$
$$= 98000\mathrm{N/m^2}$$

各局部阻力系数，经查表有

进口 $\zeta_1 = 0.5$；90°圆转弯，当 $\dfrac{d}{R} = \dfrac{100}{100} = 1$ 时，$\zeta_2 = 0.291 = \zeta_6 = \zeta_7$；突然扩大 $\zeta_3 = \left(1 - \dfrac{A_1}{A_2}\right)^2 = 0.56$；突然收缩 $\zeta_4 = 0.37$；阀门 $\zeta_5 = 4$；管出口 $\zeta_8 = 1$。

则总阻力系数为

$$\sum \zeta = \zeta_1 + \zeta_2 + \zeta_3 + \zeta_4 + \zeta_5 + \zeta_6 + \zeta_7 + \zeta_8$$
$$= 0.5 + 0.291 + 0.56 + 0.37 + 4 + 0.291 + 0.291 + 1$$
$$= 7.303$$

由于　　　$\sum h = \sum \zeta \dfrac{\gamma}{2g}\bar{u}^2$　　　得

$$u = \sqrt{\dfrac{2g \cdot \sum h}{\gamma \sum \zeta}} = \sqrt{\dfrac{2 \times 9.8 \times 98000}{9800 \times 7.303}}$$
$$= 5.18\mathrm{m/s}$$

因各段阻力系数均是按小管（$d = 100\mathrm{mm}$）内的流速为准，则水的流量为

$$V = u\dfrac{\pi}{4}d^2 = 5.18 \times \dfrac{\pi}{4} \times 0.1^2$$
$$= 0.0407\mathrm{m^3/s}$$
$$= 146.5\mathrm{m^3/h}$$

例 4-7　设水管 A、B、C，由导管相连，如图，已知管内的摩擦系数 $\lambda = 0.03$，各局部阻力系数，$\zeta_1 = 0.5$，$\zeta_2 = 1.0$，$\zeta_3 = 1.0$，$\zeta_4 = 15$（不计转向及三通损失）；$H = 10\mathrm{m}$，$V_2 = 0.005\mathrm{m^3/s}$，求 V_1，V_3 及 p_A。

解：在支路 AOB 上，A-B 两截面间的能量平衡关系为

$$z_A\gamma + p_A + \dfrac{u_A^2}{2g}\gamma = z_B\gamma + \dfrac{u_B^2}{2g}\gamma + \left(\zeta_1 + \lambda\dfrac{L_1}{d_1}\right)\dfrac{u_1^2}{2g}\gamma + \left(\zeta_2 + \lambda\dfrac{L_2}{d_2}\right)\dfrac{u_2^2}{2g}\gamma$$

因 $z_A = z_B$，$u_A = u_B = 0$，则

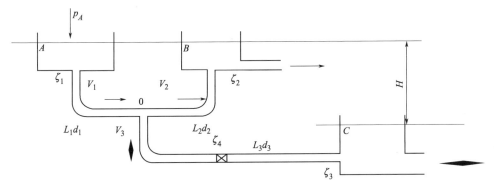

$$L_1=75\text{m}, L_2=100\text{m}, L_3=100\text{m}, d_1=0.075\text{m}, d_2=0.05\text{m}, d_3=0.05\text{m}$$

$$p_A=\left(\zeta_1+\lambda\frac{L_1}{d_1}\right)\frac{u_1^2}{2g}\gamma+\left(\zeta_2+\lambda\frac{L_2}{d_2}\right)\frac{u_2^2}{2g}\gamma$$

在支路 AOC 上，A-C 两截面间的能量平衡关系为

$$H\gamma+p_A=\left(\zeta_1+\lambda\frac{L_1}{d_1}\right)\frac{u_1^2}{2g}\gamma+\left(\zeta_4+\lambda\frac{L_3}{d_3}+\zeta_3\right)\frac{u_3^2}{2g}\gamma$$

由以上两式消除 p_A，则有

$$\left(\zeta_4+\lambda\frac{L_3}{d_3}+\zeta_3\right)\frac{u_3^2}{2g}\gamma=H\gamma+\left(\zeta_2+\lambda\frac{L_2}{d_2}\right)\frac{u_2^2}{2g}\gamma$$

又因 $u_2=\dfrac{V_2}{A_2}=\dfrac{V_2}{\frac{\pi}{4}d_2^2}$ 代入上式解出 u_3 为　$u_3=2.79\text{m/s}$

$$V_3=\frac{\pi}{4}d_3^2u_3=0.785\times0.05^2\times2.79=0.00548\text{m}^3/\text{s}=19.73\text{m}^3/\text{h}$$

$$V_1=V_2+V_3=0.005+0.00548=0.01048\text{m}^3/\text{s}=37.73\text{m}^3/\text{h}$$

所以

$$u_1=\frac{V_1}{\frac{\pi}{4}d_1^2}=\frac{0.01048}{0.785\times0.075^2}=2.37\text{m/s}$$

由 AOC 支路的能量平衡求 p_A

$$p_A=\left(\zeta_1+\lambda\frac{L_1}{d_1}\right)\frac{u_1^2}{2g}\gamma+\left(\zeta_4+\lambda\frac{L_3}{d_3}+\zeta_3\right)\frac{u_3^2}{2g}\gamma-H\gamma$$
$$=283122\text{Pa}$$

4.5　经过孔口的流出

在工程技术及生产过程中，常有各种不同的流出问题。例如，浇注过程中钢水从钢包的流出、从中间包水口的流出；转炉出钢过程；容器内液体的向外溢流；液体或气体通过容器孔口的流出；流体通过管流系统内节流孔的流动等。

对液体自盛桶孔口流出过程，常需确定两种相关参数：一是桶内液面高度不变时的流出速度（如中间包内钢水的流出）；另一是桶内定量液体的流空时间（如钢包内钢水的流出）。对于液体自盛桶底部孔口流出如图 4-7 所示。应用不可压缩流体动量平衡方程（伯努利方程）确定流出各参数的计算式。

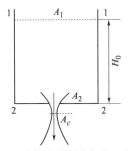

图 4-7　液体自盛桶底部孔口流出

4.5.1 液体自盛桶下部孔口的流出

（1）液面高度不变时的流出速度

液体自桶底孔口流出时，桶内液体不断得到补充，保持桶内液体高度不变。

列 1-2 断面的伯努利方程如下

$$gz_1 + \frac{1}{\rho}p_1 + \frac{1}{2}\bar{u}_1^2 = gz_2 + \frac{1}{\rho}p_2 + \frac{1}{2}\bar{u}_2^2 + h_{损}$$

由于 $h_{损} = \zeta\frac{1}{2}\bar{u}^2$，在图示的流动条件下，液面与流出口处的平衡介质压力相近（决定于介质的压力分布方程），可认为 $p_1 = p_2$。由于出口截面远小于盛桶截面则 $\bar{u}_1 < \bar{u}_2$，可认为 $\bar{u}_1 \approx 0$；式中 z_1 及 z_2 为基准面算起的两截面高度，则 $z_1 - z_2 = H_0$，因此，
得到流速公式

$$\bar{u}_2 = \frac{1}{\sqrt{1+\zeta}}\sqrt{2gH_0} = \varphi\sqrt{2gH_0} \tag{4-33}$$

式中，ζ 为局部阻力系数；φ 为流速系数。

对孔口而言，$\bar{u}_2$ 为收缩断面 A_c 上的流速；对管嘴，$\bar{u}_2$ 为管嘴出口断面 A_2 上的流速。

孔口收缩断面 A_c 和孔口断面 A_2 之比，称为收缩系数 $\varepsilon = \dfrac{A_c}{A_2}$

则流量公式

$$Q = \beta A_2\sqrt{2gH_0} \tag{4-34}$$

式中，β 为流量系数。对孔口，$\beta = \varepsilon\varphi$；对无收缩的管嘴，$\beta = \varphi$，$\varepsilon$、$\varphi$、$\beta$ 的常用数值见表 4-1。

表 4-1 常见的孔口和管嘴的系数值

型 式	ε	φ	β
(a)圆开薄壁小孔口	0.64	0.97	0.62
(b)圆柱形外管嘴	1	0.82	0.82
(c)圆柱形内管嘴	1	0.71	0.71
(d)收缩形管嘴($\theta=13°\sim14°$)	0.983	0.961	0.946
(e)扩张形管嘴($\theta=5°\sim7°$)	1	0.45	0.45
(f)流线形管嘴	1	0.97	0.97

（2）桶内定量液体的流空时间

液体通过截面积为 A_2 的流出口的质量流量是

$$\frac{\mathrm{d}M}{\mathrm{d}\tau} = \rho\bar{u}_2 A_2 \qquad \text{kg/s} \tag{4-35a}$$

式中的 $\bar{u}_2$ 为液体流出过程中，液面高度为 H 时的瞬时平均流速，其值由式（4-33）当时的瞬时高度确定。H 为时间的函数。将式（4-33）代入式（4-35a），则有

$$\frac{\mathrm{d}M}{\mathrm{d}\tau} = \rho A_2\varphi\sqrt{2gH} \tag{4-35b}$$

当流出质量为 $\mathrm{d}M$ 时，桶内液体下降 $\mathrm{d}H$，则有如下关系式

$$\mathrm{d}M = -A_1\rho\mathrm{d}H \tag{4-35c}$$

式中 A_1——盛桶截面积。

将式（4-35c）代入式（4-35b），并分离变量，在 $\tau=0$，液面为原始高度 $H=H_0$；$\tau=\tau$ 时流空，即在 $H=0$ 的流出条件下积分，求得流空时间计算式

$$\tau = \frac{2A_1}{A_2\varphi}\sqrt{\frac{H_0}{2g}} \qquad \text{s} \tag{4-36}$$

当盛桶及流出口为圆形，其面积 A 以直径表示时为$\left(\text{由 } A=\dfrac{\pi}{4}D^2\right)$

$$\tau=\frac{2D_1^2}{D_2^2\varphi}\sqrt{\frac{H_0}{2g}}\qquad \text{s}\qquad(4\text{-}37)$$

4.5.2　不可压缩气体自孔口及管嘴的流出

气体虽为可压缩流体，但如果所涉及的流出问题压力变化较小，把它作为不可压缩流体来处理。

（1）流速及流量的基本公式

设容器如图 4-8 所示，容器内外压力不等，$p_1>p_2$，气体从孔口流出。在不计浮力的作用下，气体自截面为 A_0 的孔口流出后，由惯性作用流股截面收缩为 A_2，气体在流出时存在局部阻力损失。

写出容器内截面 1 和流股收缩截面 2 间的伯努利方程为

$$gz_1+\frac{1}{\rho}p_1+\frac{1}{2}u_1^2=gz_2+\frac{1}{\rho}p_2+\frac{1}{2}u_2^2+h_{损}\quad(4\text{-}38a)$$

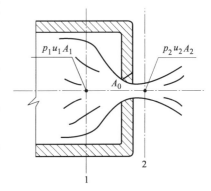

图 4-8　气体自小孔流出

对不可压缩流体，$\rho_1=\rho_2=\rho$，水平流动，$z_1=z_2$；容器截面远大于孔口截面，$A_1>A_0$，则设 $u_1\cong0$。由于 $h_{损}=\zeta\dfrac{u_2^2}{2}$，其中 ζ 为孔口的阻力系数。此时式（4-38a）简化为

$$p_1-p_2=(1+\zeta)\frac{u_2^2}{2}\rho\qquad(4\text{-}38b)$$

由式（4-38b）求出流股收缩处的流速为

$$u_2=\frac{1}{\sqrt{1+\zeta}}\sqrt{2(p_1-p_2)/\rho}=\varphi\sqrt{2(p_1-p_2)/\rho}\qquad \text{m/s}\qquad(4\text{-}39)$$

式中，$\varphi=\dfrac{1}{\sqrt{1+\zeta}}$ 为速度系数，考虑流出时的阻力损失，决定于流出口的形状及流动状态（Re 数）；p_1、p_2 为容器内及流出后流股收缩截面上的压力（N/m²）；ρ 为流体的密度（kg/m²）。

因此流量公式为

$$Q=u_2A_2=\varphi\cdot A_2\sqrt{2(p_1-p_2)/\rho}\qquad(4\text{-}40)$$

因收缩截面 A_2 不易确定，令 $\varepsilon=A_2/A_0$，即以孔口截面 A_0 代之

$$Q=u_2A_2=\varepsilon\cdot\varphi\cdot A_0\sqrt{2(p_1-p_2)/\rho}\qquad(4\text{-}41)$$

对密度较小的气体，式（4-39）及式（4-41）应用于非水平流动时，亦不会有较大的误差；但对密度较大的液体，则需考虑流出时的位能变化。

（2）压差随高度变化时的流出计算

当容器内外气体的重度不同时，由两气体静力平衡的特征，则存在随高度而变化的压差，此种压差如作用在容器开口部分，则会有气体通过开口流动。火焰炉炉门溢气，即是以此种压差随高度变化而流出的典型情况。

如图 4-9 所示，设炉子的零压线（$\Delta p=0$ 位置）位于炉底处的炉门下椽，则在炉底以上存在如图 4-9 所示的压力分布。因炉气密度较炉外介质气体的为小，炉内具有随高度而增加的正压差分布（$p_1>p_2$）。此时，炉气在整个炉门高度上外溢。

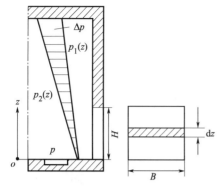

p_1—炉内气体，p_2—炉外气体

图 4-9 变压差孔口流出

设炉门高为 H，宽为 B，在高度 z 处取薄层 $\mathrm{d}z$，其面积为 $B\mathrm{d}z$。按两气体的静力平衡关系，由式（3-27）得

$$p_1 + \gamma_1 \cdot z = p_2 + \gamma_2 \cdot Z \qquad (4\text{-}42\mathrm{a})$$

此高度上两气体的压差为

$$p_1 - p_2 = z(\gamma_2 - \gamma_1) \qquad (4\text{-}42\mathrm{b})$$

式中　　p_1，p_2——在 z 高度上炉内、外两气体的压力；

γ_1，γ_2——炉内、外两气体重度，设为定值，且 $\gamma_1 < \gamma_2$。

根据式（4-41）知，通过 $B\mathrm{d}z$ 截面上气体的溢出量为

$$\mathrm{d}Q = \varepsilon \cdot \varphi \cdot B \sqrt{\frac{2g(p_1 - p_2)}{\gamma_1}}\,\mathrm{d}z \qquad (4\text{-}42\mathrm{c})$$

将式（4-42b）代入式（4-42c）中

$$\mathrm{d}Q = \varepsilon \cdot \varphi \cdot B \sqrt{\frac{2g(\gamma_2 - \gamma_1)z}{\gamma_1}}\,\mathrm{d}z \qquad (4\text{-}42\mathrm{d})$$

对式（4-42d）积分，得出气体通过整个炉门的流量计算式

$$Q = \frac{2}{3}\varepsilon \cdot \varphi \cdot H \cdot B \sqrt{\frac{2g(\gamma_2 - \gamma_1)H}{\gamma_1}} \qquad \mathrm{m^3/s} \qquad (4\text{-}43)$$

显然，当炉子零压线位于炉门上椽时，炉气压力将在整个炉门高度上小于炉外气体压力，此时炉外气体向炉内流动。以同法确定的气体流量计算式是

$$Q = \frac{2}{3}\varepsilon \cdot \varphi \cdot H \cdot B \sqrt{\frac{2g(\gamma_2 - \gamma_1)H}{\gamma_2}} \qquad \mathrm{m^3/s} \qquad (4\text{-}44)$$

例 4-8 设有一炉门高 $H = 0.5\mathrm{m}$，宽 $B = 0.7\mathrm{m}$。标态下炉气的密度 $\rho_0 = 1.3\mathrm{kg/m^3}$，炉气温度 $T = 1300℃$；炉外空气的密度 $\rho_2 = 1.2\mathrm{kg/m^3}$。已知炉门的流量系数为 0.62；试求①零压线位于炉门下椽和上椽时炉气的溢出量和空气的吸入量；②炉气溢出量与空气吸入量相等时的零压线位置。

解： ① 炉气在 $T = 1300℃$时的密度

$$\rho_t = \frac{\rho_0}{1 + \beta t} = \frac{1.3}{1 + 1300/273} = 0.226\mathrm{kg/m^3}$$

零压线位于炉门下椽时，炉气的溢出量按式（4-43）

$$Q = \frac{2}{3} \times 0.62 \times 0.5 \times 0.7 \times \sqrt{\frac{2 \times 9.81(1.2 - 0.226) \times 0.5}{0.226}} = 0.94\mathrm{m^3/s}$$

零压线位于炉门上椽时，空气吸入量，按式（4-44）

$$Q' = \frac{2}{3} \times 0.62 \times 0.5 \times 0.7 \times \sqrt{\frac{2 \times 9.81(1.2 - 0.226) \times 0.5}{1.2}} = 0.41\mathrm{m^3/s}$$

② 炉气溢出量与空气吸入量相等时的零压线位置

当两气体流量相等，由式（4-43）及式（4-44）相等得由 $H_1 = 0.5 - H_2$，得

$$H_2 = \frac{0.5}{1.573} = 0.318\mathrm{m}, \quad H_1 = 0.5 - 0.318 = 0.182\mathrm{m}。$$

本　章　小　结

实际流体由于存在黏性，在流动过程中就会产生阻力，从而消耗流体的机械能。本章分析管道中实际流体的流动，它是工程中最常见、最简单的一种流动。首先从雷诺试验出发，区分流动的两种不同的状态。对圆管中层流和紊流的速度分布进行分析，介绍了尼古拉兹阻力及实际的管道的阻力实验的莫迪图、局部压力损失。在简单管路、串联管路、并联管路及孔口的流出中应用伯努利方程进行计算。

本章是前述基本方程的应用实例，解决了很实际的问题，即流体流动过程中的能量损失计算。

习　　题

4-1　沿直径 $d=200\text{mm}$ 的管道输送润滑油，重量流量 $G=882500\text{N/h}$，润滑油的 $\rho g=8825\text{N/m}^3$，运动黏度为 ν，冬天 $\nu_1=1.092\times10^{-4}\text{m}^2/\text{s}$，夏季 $\nu_2=3.55\times10^{-5}\text{m}^2/\text{s}$，试判断冬夏两季润滑油在管中的流动状态。

（答：冬天层流，夏天紊流）

4-2　如图，水箱中的水通过直径为 d，长度为 l，沿程阻力系数为 λ 的铅直管向大气中放水，求 h 为多大时，流量 Q 与 l 无关（忽略局部损失）？

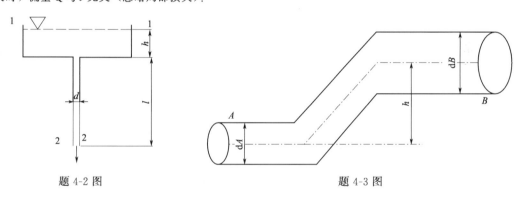

题 4-2 图　　　　　　　　　　　题 4-3 图

（答：$h=\dfrac{d}{\lambda}$ 时 $Q=\dfrac{\pi}{4}d^2\sqrt{2gd/\lambda}$）

4-3　如图，小管直径 $d_A=0.2\text{m}$，大管直径 $d_B=0.4\text{m}$，A 点压强为 7m 水柱高，B 点压强为 4m 水柱高，已知大管截面平均流速为 $v_B=1\text{m/s}$，B 比 A 高 1m，求管中水流方向及 A、B 两截面间的压力损失。

（答：流体自 A 流向 B。两截面间的压力损失 $=2.15$m 水柱）

4-4　已知一根直立的突然扩大的水管。如图所示，$d_1=150\text{mm}$，$d_2=300\text{mm}$，$V_2=3\text{m/s}$，水的密度 $\rho_1=1000\text{kg/m}^3$，汞的密度 $\rho_2=13600\text{kg/m}^3$，若略去沿程损失，试确定汞比压计中的汞液面哪侧较高？差值为多少？［提示假设比压计中泵液面如图所示，截面突然扩大的局部损失为 $(V_1-V_2)^2/2g$］（答：比压计右侧的汞液面高于左侧的汞液面，差值为 0.2185m。）

4-5　一水库，如图，呈上大下小的圆锥形状，底部有一泄流管嘴，直径 $d=0.6\text{m}$，流量系数为 0.8，初始水深 $h=3\text{m}$，水面直径 $D=60\text{mm}$，当水位降落 1.2m 后的水面直径为 48m，求此过程所需时间。

（答：1775s）

4-6　输油管直径 $d=150\text{mm}$，长 $l=500\text{m}$，绝对粗糙度 $\varepsilon=0.4\text{mm}$，油的 $\rho g=8424\text{N/m}^3$，运动黏度 $\nu=2.5\times10^{-6}\text{m}^2/\text{s}$，若重量流量 $G=2681\text{kN/h}$，求输油管的水头损失 h。

（答：$\lambda=0.0268$，水头损失 $h=114$m）

4-7　高炉车间进气管道长 $L=120\text{m}$，直径 $d=1.3\text{m}$，管道沿途有曲率半径 $R=2.6\text{m}$ 的弯头 5 个，$R=1.3\text{m}$ 的弯头 4 个，还有 $K=3.5$ 的闸阀 1 个。热风炉表压为 19.6kPa，要输送 20°C 的空气 $Q=1.2\times10^5\text{m}^3/\text{h}$，求风机应提供的风压。

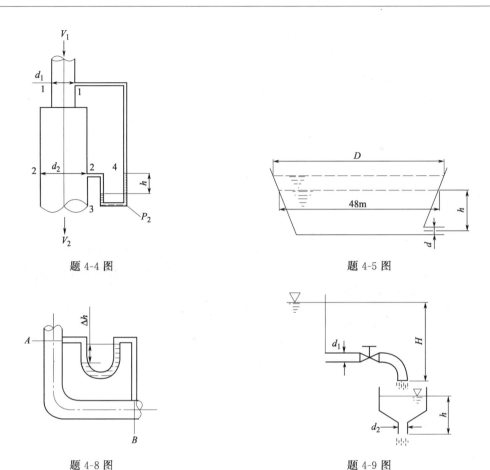

题 4-4 图

题 4-5 图

题 4-8 图

题 4-9 图

（答：21.7kPa）

4-8　测 90°弯头的局部阻力系数时，在 A、B 两断面接测压管。如图，弯头水平放置。已知管路直径 $d=50$mm。AB 段管长 $L=10$m，水流量 $Q=2.74\times10^{-3}$ m³/s。摩擦系数 $\zeta=0.03$。A、B 间压差 $\Delta h=0.629$m 水柱。求该弯头的 K 值。

（答：0.296）

4-9　蓄油池通过直径 $d_1=50$mm 的短管放油，短管阀门的局部阻力系数为 8.5，弯头的局部阻力系数为 0.8，排出的油通过一局部系数为 0.25 的漏斗下泄，如图，漏斗出口的直径 $d_2=40$mm，已知高度 $h=400$mm，求流动恒定时 H 值及流量 Q 值。

（答：1.42m，0.315m³/s）

4-10　烟囱直径 $d=1$m，烟气质量流量 $G=18000$kg/h，烟气密度 $\rho=0.7$kg/m³，外界大气密度 $\rho=1.29$kg/m³。烟道 $\lambda=0.035$，为要保证烟囱底部断面上有 100N/m² 的负压，烟囱应有多高？

（答：$H\geqslant26.7$m）

第5章 边界层流动

从第3章我们知道，对黏度 $\mu=0$ 的无黏性流体，由式(3-15)简化得到理想流体的动量平衡方程，即欧拉方程。理想流体在流动过程中，由于没有黏性力的存在，因此不会有能量的损失。但是，对实际流体的流动，由于 $Re=$ 惯性力/黏性力，在雷诺数很大的情况下，此时黏性项与惯性项相比是很小的，若将黏性项忽略不计，那么纳维-斯托克斯方程就简化为理想流体的欧拉方程，由此进一步分析得到流体运动过程中的阻力不可能存在，这显然与实际不符。说明这样处理是不科学的。

1904年普朗特（Prandtl）提出了边界层理论，正确地解释了这一问题。由此而发展起来的边界层理论，至今具有广泛的理论和实际意义。在传输原理中，边界层理论不但对流体动力学产生巨大的影响，而且和热量传输、质量传输有密切关系。

5.1 边界层的概念

实际的黏性流体，在绕过固体壁面流动时，无论 Re 数有多大，在物体表面上速度为0，在离开壁面一段距离后，流体的速度等于远方来流的速度 u_f。即在壁面附近存在一个速度梯度很大的薄层区域，称为边界层。

（1）边界层的特点

（a）黏性的影响仅限于边界层内。因为边界层内有很大的速度梯度，由牛顿黏性定律可知，存在着内摩擦力，也表现出了流体的黏性。

（b）在边界层外的区域，称为势流区。在势流区可以应用理想流体的欧拉方程。因为在边界层外不存在速度梯度，所以旋度 rot＝0，是无旋流动也是有势流动。这样，当黏性流体绕流物体时，就可以分别讨论边界层流动和势流流动，前者是黏性流体的有旋流动，后者是无黏性流体的无旋流动，然后把这两种流动的解合并起来，得到整个流场的解。

（2）边界层厚度

边界层的厚度，从理论上讲，应该是由平板的壁面处流体速度为零的地方一直到流速达到外界来流速度 u_f 的地方，也即黏滞力正好不再起作用的地方。严格地说，这一界限在无穷远处。但一般规定 $u_x=0.99u_f$ 的地方作为边界层的界限，边界层的厚度正是这样来定义的，以 δ 表示。图5-1给出绕流一固定平板的边界层厚度 δ 变化的情况。在平板的前线 O 处，边界层厚度为零，随着流体流动的方向，边界层的厚度逐渐增加。显然，边界层厚度是 x 的函数，即 $\delta(x)$。

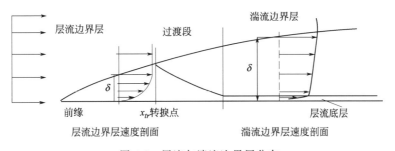

图 5-1 层流与湍流边界层分布

比较平板的长度 L 和边界层的厚度 δ 的大小，得到边界层的厚度 $\delta \ll$ 平板的长度 L，即 $\dfrac{\delta}{L}$ 是一个微量，这是边界层的一个重要特征。

（3）边界层内的流动特征

边界层内的流动同样有两种状态——层流和湍流。在图 5-1 中，在边界层的前部，由于 δ 较小，速度梯度 $\dfrac{dv_x}{dy}$ 很大，黏性切应力的作用就很大，这时流动属于层流，称为层流边界层。当 $Re_x = \dfrac{u_f x}{\nu}$ 达到一定数值时（如平板绕流 $Re > 3 \times 10^5 \sim 3 \times 10^6$），经过一个过渡区后，层流转变为湍流，形成所谓湍流边界层。湍流边界层总是在平板的后部形成，因为这里的雷诺数很大。从层流边界层转变为湍流边界层的点 x_{tr} 称为转捩点。影响边界层转捩点的因素很复杂，其中重要的因素有边界层外流动的压力分布、壁面性质、来流的湍流强度及其各种扰动等。确定转捩点的临界雷诺数主要依靠实验。

在边界层内的层流和湍流两种流动状态，同样用 Re 数的大小来判断，此时的 Re 数的形式如下，由层流边界层转变为湍流边界层的条件为

$$Re_x = \frac{u_f x}{\nu} = (3 \times 10^5) \sim (5 \times 10^5)$$

式中，u_f 为来流速度；ν 为运动黏度；x 为离开平板前缘的距离。

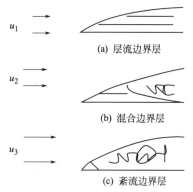

u_1

(a) 层流边界层

u_2

(b) 混合边界层

u_3

(c) 湍流边界层

图 5-2　不同流入速度的边界层

应当注意，无论是过渡区还是湍流区，边界层最靠近壁面的一层始终做层流流动，这一层称为层流底层，这主要是因为在最靠近壁面处由于壁面的作用使该层流体所受的黏性力永远大于惯性力。这里要特别说明的是，边界层与层流底层是两个不同的概念。层流底层是根据有无脉动现象来划分，而边界层则是根据有无速度梯度来划分的。因此边界层内的流动既可以为层流，也可以为湍流。

（4）不同来流速度时的边界层

当来流速度和扰动均较大时，流体流入后很快进入湍流状态，层流区则很小。对于平板上的流动，当来流速度为 $u_1 < u_2 < u_3$ 时，所形成的边界层如图 5-2。

对于管内的流动，当流体速度较小时，即在 Re 数低于临界值时，形成的边界层如图 5-3 所示。靠管壁并随流入深度增加时，层流层厚度增加，在 L 后到达管轴，以后在整个管道截面上均保持层流流动，截面的速度呈抛物线分布。L 段称管流的起始段，以后称为充分发展的管流层流流动。

在流体速度较大时，如图 5-4 所示，即当 Re 数大于临界值以后，流动则由层流变为湍流，在层流边界层的厚度还未达到管轴之前即进入向湍流转变的过渡区，而后，于湍流区仅

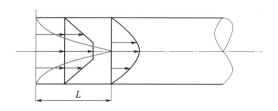

图 5-3　充分发展的管流层流流动

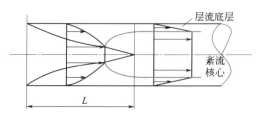

层流底层

湍流核心

图 5-4　充分发展的管流湍流流动

保持了厚度较小的层流底层，大部分空间为紊流核心所占据。

当流体流过曲面时，由于曲面使流动的有效截面改变，使边界层外边界上的流速改变，从而使压力也随流向而变化。因此，曲面边界层具有不同于平面边界层的特征，即存在边界层脱离和产生旋涡流动的现象。如图 5-5，船的行驶，在后部产生了旋涡。

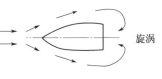

旋涡

图 5-5　曲面边界层

流体通过淹没于其中的物体表面的流动过程，称为绕流流动。按淹没物体的不同形状，有平板、柱体、球体及其它形状物体的绕流。绕流阻力分为摩擦阻力及形状阻力。摩擦阻力由流体的黏性和表面上流体的速度梯度构成；形状阻力主要是在曲面物体绕流时由边界层分离引起的旋涡作用而产生。这里仅讨论平板绕流摩阻问题，即平面层流边界层的阻力。

5.2　平面层流边界层微分方程

我们知道连续性方程与 N-S 方程是流体层流流动过程中普遍适用的控制方程。下面应用边界层理论的思想与边界层厚度很薄的特点来把该方程在边界层内部简化并求解，至于边界层之外的主流区则由欧拉方程或伯努利方程描述。

5.2.1　边界层的微分方程的建立

对于二维平面不可压缩层流稳定态流动，在直角坐标系下，满足的控制方程为

$$u_x\ \frac{\partial u_x}{\partial x}+u_y\ \frac{\partial u_x}{\partial y}=\nu\left(\frac{\partial^2 u_x}{\partial x^2}+\frac{\partial^2 u_x}{\partial y^2}\right)-\frac{1}{\rho}\frac{\partial p}{\partial x}$$

$$u_x\ \frac{\partial u_y}{\partial x}+u_y\ \frac{\partial u_y}{\partial y}=\nu\left(\frac{\partial^2 u_y}{\partial x^2}+\frac{\partial^2 u_y}{\partial y^2}\right)-\frac{1}{\rho}\frac{\partial p}{\partial y} \tag{5-1}$$

$$\frac{\partial u_x}{\partial x}+\frac{\partial u_y}{\partial y}=0$$

式中已去掉了质量力，这主要考虑到对于二维平面的不可压缩流体，质量力对流动状态产生的影响很小。为了在边界层内把该方程组简化，首先让我们先从数量级上来分析各项在方程中的作用。根据边界层的特点，我们规定流体在流动方向上的长度数量级 $[x]=1$，流体来流速度的数量级 $[u_f]=1$；边界层在 y 方向上的厚度比起流体进流长度是一小量，故规定其数量级为 $[\delta]=\delta$。下面我们具体从数量级上来分析上述方程组中各项的大小。

① u_x 在边界层内由 0 变到 u_f，但平均地看它与 u_f 为同一数量级，故 $[u_x]=1$，有

$$\left[\frac{\partial u_x}{\partial x}\right]=\left[\frac{u_x}{x}\right]=1 \tag{5-2a}$$

由连续性方程得

$$\left[\frac{\partial u_y}{\partial y}\right]=\left[\frac{u_y}{\delta}\right]=\left[\frac{\partial u_x}{\partial x}\right]=1 \tag{5-2b}$$

所以

$$[u_y]=[\delta] \tag{5-2c}$$

② 由上述的规定及结论我们可以方便地给出式(5-1) 中其它方程各项的数量级

$$\left[\frac{\partial u_x}{\partial y}\right]=\left[\frac{1}{\delta}\right] \tag{5-2d}$$

$$\left[\frac{\partial^2 u_x}{\partial x^2}\right]=\left[\frac{\partial}{\partial x}\frac{\partial u_x}{\partial x}\right]=[1] \tag{5-2e}$$

$$\left[\frac{\partial^2 u_x}{\partial y^2}\right] = \left[\frac{\partial}{\partial y}\frac{\partial u_x}{\partial y}\right] = \left[\frac{1}{\delta^2}\right] \tag{5-2f}$$

$$\left[\frac{\partial^2 u_y}{\partial y^2}\right] = \left[\frac{\partial}{\partial y}\frac{\partial u_y}{\partial y}\right] = \left[\frac{1}{\delta}\right] \tag{5-2g}$$

$$\left[\frac{\partial^2 u_y}{\partial x^2}\right] = \left[\frac{\partial}{\partial x}\frac{\partial u_y}{\partial x}\right] = \left[\delta\right] \tag{5-2h}$$

根据上面分析，N-S 方程在 x 方向分量的方程式及数量级为

$$u_x\,\frac{\partial u_x}{\partial x} + u_y\,\frac{\partial u_x}{\partial y} = \nu\left(\frac{\partial^2 u_x}{\partial x^2} + \frac{\partial^2 u_x}{\partial y^2}\right) - \frac{1}{\rho}\frac{\partial p}{\partial x} \tag{5-3a}$$

$$[1]\qquad\quad [1]\qquad\quad [1]\qquad [1/\delta^2]$$

y 方向的分量方程式及数量级为

$$u_x\,\frac{\partial u_y}{\partial x} + u_y\,\frac{\partial u_y}{\partial y} = \nu\left(\frac{\partial^2 u_y}{\partial x^2} + \frac{\partial^2 u_y}{\partial y^2}\right) - \frac{1}{\rho}\frac{\partial p}{\partial y} \tag{5-3b}$$

$$[\delta]\qquad\quad [\delta]\qquad\quad [\delta]\qquad [1/\delta]$$

从式 (5-3a) 可以看出，等式右边后一项中 $\nu\left(\frac{\partial^2 u_x}{\partial x^2} + \frac{\partial^2 u_x}{\partial y^2}\right)$ 包括两项，它们以和的形式共同对方程起作用，而这两项中由于后一项是 $[1/\delta^2]$ 的数量级而前一项的数量级为 $[1]$，故两项相比后一项比前一项重要得多，作为近似可以略去前一项的影响。又由于方程左边各项均为 $[1]$ 的数量级，要使等式成立，故黏性项的总数量级也只能为 $[1]$，这样 ν 必须为 $[\delta^2]$ 的数量级，同理 $\frac{1}{\rho}\frac{\partial p}{\partial x}$ 也应为 $[1]$ 的数量级，只有这样压力和黏性的影响才相当。而 y 方向上的动量方程 (5-3b) 除 $\frac{1}{\rho}\frac{\partial p}{\partial y}$ 项外，其它各项的数量级均为 $[\delta]$，和经 x 方向上的动量方程相比各项均可略去，故 $\frac{\partial p}{\partial y} = 0$，这说明压强几乎不随 y 变化。通过上述分析，可以得出如下结论，x 方向的动量方程可简化为

$$u_x\,\frac{\partial u_x}{\partial x} + u_y\,\frac{\partial u_x}{\partial y} = \nu\,\frac{\partial^2 u_x}{\partial y^2} - \frac{1}{\rho}\frac{\partial p}{\partial x} \tag{5-4}$$

y 方向上的动量方程可以简化为

$$\frac{\partial p}{\partial y} = 0 \tag{5-5}$$

连续性方程为

$$\frac{\partial u_x}{\partial x} + \frac{\partial u_y}{\partial y} = 0 \tag{5-6}$$

式 (5-4) ~ 式 (5-6) 构成了边界层内的控制方程组。因为 $\frac{\partial p}{\partial y} = 0$，故 x 方向动量方程中 $\frac{\partial p}{\partial x}$ 可以写为全微商 $\frac{\mathrm{d}p}{\mathrm{d}x}$。

应用上述方程组去求解边界层内流动问题时，特别是式中 $\frac{\partial p}{\partial x}$ 成为全微商后，其值可由主流区的运动方程求得。对主流区同一 y 值，不同 x 值的伯努利方程可写为

$$p + \frac{\rho u_f^2}{2} = C \tag{5-7}$$

由于 ρ 与 u_f 为常量，故 p 也为常量，如 $\frac{\mathrm{d}p}{\mathrm{d}x} = 0$，所以流体绕平壁时，边界层方程可简

化为

$$u_x \frac{\partial u_x}{\partial x} + u_y \frac{\partial u_x}{\partial y} = \nu \frac{\partial^2 u_x}{\partial y^2} \qquad (5\text{-}8)$$

该方程称为普朗特边界层微分方程，它与连续性方程式(5-6)构成了求解边界层内流体流动的控制方程组，再加上如下的边界条件，就构成完备的定解问题。

边界条件

$$\begin{cases} y=0 & u_x=0, u_y=0 \\ y=\delta & u_x=u_f \end{cases} \qquad (5\text{-}9)$$

5.2.2　边界层的微分方程的解

普朗特边界层微分方程的解是由布拉修斯给出的，所以通常称为布拉修斯解。

(1) 方程的简化

布拉修斯首先引入流函数的概念，将上述偏微分方程组简化为常微分方程。

流函数与速度间的关系式为

$$u_x = \frac{\partial \psi}{\partial y} \qquad u_y = -\frac{\partial \psi}{\partial x} \qquad (5\text{-}10)$$

如以流函数 ψ 为控制变量，连续性方程将自动满足。而这时的动量方程式(5-8)化为

$$\frac{\partial \psi}{\partial y} \cdot \frac{\partial^2 \psi}{\partial x \partial y} + \left(-\frac{\partial \psi}{\partial x}\right) \cdot \frac{\partial^2 \psi}{\partial y^2} = \nu \frac{\partial^3 \psi}{\partial y^3} \qquad (5\text{-}11)$$

对于像层流边界层这样一类的流动问题的控制方程，可以找到一个耦合自变量 η，它是 x 与 y 的函数，以 η 为自变量就可以把原来是 x 与 y 的偏微分方程简化为以 η 为自变量的常微分方程。下面给出 η 所取形式的一个说明。

对层流边界层流动，当雷诺数给定时，流场内的惯性力与黏性力成比例，即

$$\mu \frac{\mathrm{d}^2 u_x}{\mathrm{d} y^2} \propto \rho u_x \frac{\mathrm{d} u_x}{\mathrm{d} x} \qquad (5\text{-}12)$$

如果认为在边界层内任何截面上流速分布都是相似的，即

$$\frac{\mathrm{d} u_x}{\mathrm{d} y} \propto \frac{u_f}{\delta}, \frac{\mathrm{d} u_x}{\mathrm{d} x} \propto \frac{u_f}{x}, \frac{\mathrm{d}^2 u_x}{\mathrm{d} y^2} \propto \frac{u_f}{\delta^2}, \rho u_x \frac{\mathrm{d} u_x}{\mathrm{d} x} \propto \rho u_f \frac{u_f}{x} \qquad (5\text{-}13)$$

式中，x 是自板端沿流动方向的距离，代入式(5-12)得

$$\delta \propto \sqrt{\frac{\nu x}{u_f}} \qquad (5\text{-}14)$$

即边界层厚度的增长与 x 的平方根成正比，其相对厚度 $\frac{\delta}{x} \propto \sqrt{\frac{1}{Re}}$，与 Re_x 的平方根成反比，这一结论已被实验证实。

由于边界层内速度相似，故 u_x/u_f 仅是 y/δ 的函数。这样就有

$$\frac{u_x}{u_f} = f\left(\frac{y}{\delta}\right) = f\left(y \sqrt{\frac{u_f}{\nu x}}\right) \qquad (5\text{-}15)$$

引入

$$\eta = y \sqrt{\frac{u_f}{\nu x}} \qquad (5\text{-}16)$$

为耦合自变量，方程式(5-11)可化为常微分方程，具体步骤如下

令

$$\frac{u_x}{u_f} = f(\eta) = f'(\eta) \qquad (5\text{-}17)$$

则
$$u_x = u_f f'(\eta) = \frac{\partial \psi}{\partial y} = \frac{\partial \psi}{\partial \eta} \frac{\partial \eta}{\partial y} = \sqrt{\frac{u_f}{\nu x}} \frac{\partial \psi}{\partial \eta}$$

则
$$\frac{\partial \psi}{\partial \eta} = \sqrt{u_f \nu x} \cdot f(\eta)$$

由于 $f(\eta)$ 仅是 η 的函数，故

$$\psi = \sqrt{u_f \nu x} \cdot f(\eta) \tag{5-18}$$

这时，我们可以把 ψ 为因变量的方程变换为以 f 为因变量的方程，为此我们先计算

$$u_x = \frac{\partial \psi}{\partial y} = u_f f'(\eta)$$

$$\frac{\partial^2 \psi}{\partial y^2} = u_f \sqrt{\frac{u_f}{\nu x}} f''(\eta) = \frac{\partial u_x}{\partial y}$$

$$\frac{\partial^3 \psi}{\partial y^3} = \frac{u_f^2}{\nu x} f'''(\eta) = \frac{\partial^2 u_x}{\partial y^2}$$

$$u_y = -\frac{\partial \psi}{\partial x} = \frac{1}{2}\sqrt{\frac{u_f \nu}{x}}\left[\eta f'(\eta) - f(\eta)\right]$$

$$\frac{\partial^2 \psi}{\partial x \partial y} = -\frac{1}{2}\frac{u_f}{x}\eta f''(\eta)$$

将上述结论代入式(5-11)可得

$$2\frac{\mathrm{d}^3 f(\eta)}{\mathrm{d}\eta^3} + f(\eta)\frac{\mathrm{d}^2 f(\eta)}{\mathrm{d}\eta^2} = 0$$

即
$$2f'''(\eta) + f(\eta)f''(\eta) = 0 \tag{5-19}$$

边界条件可相应地转换为

$$\begin{cases} u_x \Big|_{y=0} = 0 & \Rightarrow & \dfrac{\partial \psi}{\partial y}\Big|_{y=0} = 0 & \Rightarrow & f'(\eta)\Big|_{\eta=0} = 0 \\[2mm] u_y \Big|_{y=0} = 0 & \Rightarrow & \dfrac{\partial \psi}{\partial x}\Big|_{y=0} = 0 & \Rightarrow & f(\eta)\Big|_{\eta=0} = 0 \\[2mm] u_y \Big|_{y \to \infty} = u_f & & & \Rightarrow & f'(\eta)\Big|_{\eta \to \infty} = 1 \end{cases} \tag{5-20}$$

式(5-19)与式(5-20)构成了求解边界层内流动分布的常微分方程的定解问题。对该问题的求解可给出边界层内速度分布与边界层厚度的变化。

（2）布拉修斯分析解

式(5-19)为三阶非线性方程，有三个边界条件式(5-20)，因此可以确定它的解。布拉修斯设 $f(\eta)$ 是一个指数级数形式，最后求得

$$f(\eta) = \frac{A_2}{2!}\eta^2 - \frac{1}{2}\frac{A_2^2}{5!}\eta^5 + \frac{11}{4}\frac{A_2^3}{8!}\eta^8 - \frac{375}{8}\frac{A_2^4}{11!}\eta^{11} + \cdots\cdots$$

$$= \sum_{n=0}^{\infty}\left(-\frac{1}{2}\right)^n \frac{A_2^{n+1}}{(3n+2)!}C_n \eta^{3n+2} \tag{5-21}$$

其中，C_n 为二项式的系数，而 A_2 可利用第三个边界条件决定，经过计算得到 $A_2 = 0.332$。这样 $f(\eta)$、$f'(\eta)$、$f''(\eta)$、$f'''(\eta)$ 均可通过数值计算得出在不同的 η 值下的数值。豪沃斯 L. Howarth 求得 $\eta = 0 \sim 8.8$ 范围内上述各项的数值解，其结果列于表 5-1 中。

由布拉修斯的解(表 5-1)可得到下述结果：

从边界层厚度 δ 的定义，当沿壁面外法线上一点速度 $u_x = 0.99u_f$ 时，则该点的标值 $y = \delta$ 称为边界层厚度。由表 5-1 中可查得当 $\eta = 5.0$ 时，$\dfrac{u_x}{u_f} = f'(\eta) = 0.9915$。再由 $\eta = y\sqrt{\dfrac{u_f}{\nu x}}$，当

表 5-1 豪沃斯数值计算表

$\eta=y\sqrt{\dfrac{u_f}{\nu x}}$	$f(\eta)$	$f'(\eta)=\dfrac{u_x}{u_f}$	$f''(\eta)=y\dfrac{\partial u_x}{\partial y}\dfrac{1}{\eta u_f}$
0	0	0	0.33206
0.4	0.02656	0.13277	0.33147
0.8	0.10661	0.26471	0.32739
1.2	0.23795	0.39378	0.31659
1.6	0.42032	0.51676	0.29667
2.0	0.65003	0.62977	0.26675
2.4	0.92230	0.72899	0.22809
2.8	1.23099	0.81152	0.18401
3.2	1.56911	0.87609	0.13913
3.6	1.92594	0.92333	0.09809
4.0	2.30576	0.95552	0.06424
4.4	2.69238	0.97587	0.03897
4.8	3.08534	0.98779	0.02187
5.0	3.28329	0.99155	0.01591
5.2	3.48189	0.99425	0.01134
5.6	3.88031	0.99784	0.00543
6.0	4.27964	0.99898	0.00240
6.4	4.67938	0.99961	0.00098
6.8	5.07928	0.99987	0.00037
7.2	5.47925	0.99996	0.00013
7.6	5.87924	0.99999	0.00004
8.0	6.27930	1.00000	0.00001
8.4	6.67923	1.00000	0.00000
8.8	7.07923	1.00000	0.00000

$\eta=5.0$ 时，$y=\delta$，所以

$$\delta=5.0\sqrt{\frac{\nu x}{u_f}}$$

或

$$\delta=\frac{5.0x}{\sqrt{Re_x}} \tag{5-22}$$

式(5-21)与式(5-22)是边界层微分方程解的最后结论，它回答了边界层内速度分布与边界层厚度的变化。

由于流体通过淹没于其中的物体表面时会产生绕流阻力。流过平板的绕流摩擦阻力即平面层流边界层的阻力，可以通过布拉修斯解得到。

平板壁面上的切应力 $\tau_0=\mu\left.\dfrac{\partial u_x}{\partial y}\right|_{y=0}$，又知 $\left.\dfrac{\partial u_x}{\partial y}\right|_{y=0}=u_f\sqrt{\dfrac{u_f}{\nu x}}f''(0)$，由表 5-1 查得 $f''(0)=0.332$。所以

平板壁面上的摩擦阻力 $\qquad \tau_0=0.332\mu\cdot u_f\sqrt{\dfrac{u_f}{\nu x}} \tag{5-23}$

定义：当地阻力系数 C_f

$$\tau_0=C_f\cdot\frac{\rho}{2}u_\infty^2=0.332\mu\cdot u_f\sqrt{\frac{u_f}{\nu x}}$$

所以

$$C_f=0.664\sqrt{\frac{\nu}{u_f x}}=\frac{0.664}{\sqrt{Re_x}} \tag{5-24}$$

设平板的宽度为 B、长度为 L，面积为 A，则平板的总阻力 F_D（把流体对于平板的切向力之合力称为平板总阻力）

$$F_D = \int_A \tau_0 \mathrm{d}A = B \int_0^L \tau_0 \mathrm{d}x = B \int_0^L 0.332 \mu \cdot u_f \cdot \sqrt{\frac{u_f}{\nu \cdot x}} \mathrm{d}x$$

$$= 0.664 B \cdot u_f \cdot \sqrt{\rho \cdot \mu \cdot u_f \cdot L} = 0.664 \mu \cdot u_f \cdot B \sqrt{Re_L} \qquad (5\text{-}25)$$

总阻力系数 C_D 为

$$C_D = \frac{F_D}{\frac{1}{2} \rho u_f^2 A} = \frac{1.328}{\sqrt{Re_L}} \qquad (5\text{-}26)$$

宽度为 B、长度为 L 的平板的总阻力可记为：$F_D = C_D \cdot \frac{1}{2} \rho u_f^2 \cdot L \cdot B$。

式中 Re_L 为按板长 L 计算的雷诺数。以上公式适用于平板层流边界层的情况，即 Re_L $< 3 \times 10^5 \sim 5 \times 10^5$。

需要指出的是，在平板的前缘处附近，因为是小雷诺数流动，速度 u_x，u_y 的变化具有相同的数量级，所以不满足边界层微分方程式的条件，布拉修斯解不适用。

5.3　边界层内积分方程

从普朗特边界层理论的思想出发将不可压缩流体的 N-S 方程简化到普朗特边界层方程，方程的形式被大大简化，数学上求解的困难也大大减小。但无论怎样，普朗特方程的求解过程还是一件麻烦的事情，并且所得到的布拉修斯解还是一个无穷级数，使用起来也不方便。另一方面，布拉修斯解只能够用于平板表面的层流边界层，其应用也受到了很大的限制。下面我们来讨论能用于不同流动形态和不同几何形状的边界层问题的近似解法。这种方法是由冯·卡门最早提出的。此法的关键是避开复杂的 N-S 方程，直接从动量守恒定律出发，建立边界层内的动量守恒方程，然后对其求解。它是求解复杂边界层流动问题的一条非常重要的途径。

5.3.1　边界层积分方程的建立

下面以二维绕流平面流动为例来导出边界层积分方程，如图 5-6 所示。在边界层上取 $ABCD$ 控制体，高度为 l，x 方向为 Δx，垂直于纸面 z 方向为单位长度。

现在对控制体做动量平衡计算。

① 流体从 AB 面单位时间流入的动量记为 W_x。由图 5-6 知，从 AB 面单位时间流入的质量为：

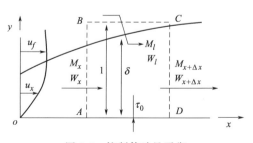

$$M_x = \int_0^l \rho u_x \mathrm{d}y$$

所以　$$W_x = \int_0^l \rho u_x u_x \mathrm{d}y = \int_0^l \rho u_x^2 \mathrm{d}y$$

$$(5\text{-}27)$$

② 流体从 CD 面单位时间流出的动量记为 $W_{x+\Delta x}$。

图 5-6　控制体动量平衡

从 CD 面单位时间流出的质量为

$$M_{x+\Delta x} = \int_0^l \rho u_x \mathrm{d}y + \frac{\mathrm{d}}{\mathrm{d}x}\left[\int_0^l \rho u_x \mathrm{d}y\right]\Delta x$$

所以
$$W_{x+\Delta x} = \int_0^l \rho u_x^2 \mathrm{d}y + \frac{\mathrm{d}}{\mathrm{d}x}\left[\int_0^l \rho u_x^2 \mathrm{d}y\right]\Delta x \qquad (5\text{-}28)$$

③ 流体从 BC 面单位时间流入的动量为 W_l。

由质量守恒可知，因为 AD 面没有流体的流入与流出，所以 BC 面流入的质量流量必须等于 CD 面及 AB 面上的质量流量之差，即

$$M_l = M_{x+\Delta x} - M_x = \frac{\mathrm{d}}{\mathrm{d}x}\left[\int_0^l \rho u_x \mathrm{d}y\right]\Delta x$$

又因为 BC 面取在边界层之外，所以流体沿 x 方向所具有的速度近似等于 u_f，由 BC 面流入的动量的 x 分量为

$$W_l = M_l \cdot u_f = u_f \frac{\mathrm{d}}{\mathrm{d}x}\left[\int_0^l \rho u_x \mathrm{d}y\right]\Delta x \qquad (5\text{-}29)$$

④ AD 面上的动量。由于 AD 是固体表面，无流体通过 AD 流入或流出，即质量通量为零，但由黏性力决定的黏性动量通量是存在的，其量值为 τ_0，所以在控制体内从 AD 面单位时间传给流体的黏性动量为 $\tau_0 \Delta x$。

沿 x 方向一般来说可能还会存在着压力梯度，所以作用在 AB 面与 CD 面上的压力差而施加给控制体的冲量为

$$W_p = \int_0^l p\mathrm{d}y - \left[\int_0^l p\mathrm{d}y + \frac{\mathrm{d}}{\mathrm{d}x}\left(\int_0^l p\mathrm{d}y\right)\Delta x\right] = -\frac{\mathrm{d}}{\mathrm{d}x}\left[\int_0^l p\mathrm{d}y\right]\Delta x$$

在讨论边界层微分方程时我们知道 $\dfrac{\partial p}{\partial y}=0$，所以： $\qquad W_p = -\dfrac{\mathrm{d}p}{\mathrm{d}x}\Delta x l \qquad (5\text{-}30)$

由动量守恒可得

$$\int_0^l \rho u_x^2 \mathrm{d}y - \left\{\int_0^l \rho u_x^2 \mathrm{d}y + \frac{\mathrm{d}}{\mathrm{d}x}\left[\int_0^l \rho u_x^2 \mathrm{d}y\right]\Delta x\right\} + u_f \frac{\mathrm{d}}{\mathrm{d}x}\left[\int_0^l \rho u_x \mathrm{d}y\right]\Delta x - \tau_0 \Delta x - \frac{\mathrm{d}p}{\mathrm{d}x}\Delta x l = 0$$

即

$$\frac{\mathrm{d}}{\mathrm{d}x}\left[\int_0^l \rho(u_f - u_x)u_x \mathrm{d}y\right] = \tau_0 + \frac{\mathrm{d}p}{\mathrm{d}x}l \qquad (5\text{-}31)$$

将积分 $\int_0^l$ 换为 $\int_0^\delta + \int_\delta^l$，且注意到 $y > \delta$ 时 $u_x \approx u_f$，得

$$\frac{\mathrm{d}}{\mathrm{d}x}\left[\int_0^\delta \rho(u_f - u_x)u_x \mathrm{d}y\right] = \tau_0 + \frac{\mathrm{d}p}{\mathrm{d}x}\delta \qquad (5\text{-}32)$$

式(5-32)为边界层积分方程，也称为冯·卡门方程。

对绕平板流动的分析 $\dfrac{\mathrm{d}p}{\mathrm{d}x}$ 是一个小量，可略去，这时方程可简化为

$$\frac{\mathrm{d}}{\mathrm{d}x}\left[\int_0^\delta \rho(u_f - u_x)u_x \mathrm{d}y\right] = \tau_0 \qquad (5\text{-}33)$$

式(5-33)称为简化的冯·卡门方程。应该说明的是，在推导冯·卡门方程时，我们没有对边界层内的流动形态加任何限制，所以这个方程可适用于不同流动形态，只要是不可压缩流体就行。冯·卡门方程是对一个小的有限控制体而得出来的，故仅是一种近似求解方案。

5.3.2　层流边界层积分方程的解

最早解出冯·卡门积分方程解的人是波尔豪森，波尔豪森分析了冯·卡门方程的特点，

假设在层流情况下速度分布曲线是 y 的三次方函数关系，即

$$u_x = a + by + cy^2 + dy^3 \tag{5-34}$$

式中，a、b、c、d 是一些特定常数，可由一些边界条件来确定，这些边界条件是：① $y=0$ 时，$u_x=0$；② $y>\delta$ 时，$u_x=u_f$；③ $y>\delta$ 时，$\dfrac{\partial u_x}{\partial y}=0$；④ $y=0$ 时，$\dfrac{\partial^2 u_x}{\partial y^2}=0$。

前三个边界条件是显然的，而第四个边界条件得出的原因是 $u_x|_{y=0}=u_y|_{y=0}=0$，再结合普朗特微分方程 $u_x \dfrac{\partial u_x}{\partial x}+u_y \dfrac{\partial u_x}{\partial y}=\nu \dfrac{\partial^2 u_x}{\partial y^2}$，并取 $y=0$ 时而得到。

利用上述边界条件而定出式(5-34) 中的系数为

$$a=0，c=0，b=\frac{3}{2}\times\frac{u_f}{\delta}，d=-\frac{u_f}{2\delta^3}$$

因此速度分布可表示为

$$\frac{u_x}{u_f}=\frac{3}{2}\left(\frac{y}{\delta}\right)-\frac{1}{2}\left(\frac{y}{\delta}\right)^3 \tag{5-35}$$

式(5-35) 为速度分布与边界层厚度之间的一个关系式，联立它与式(5-33)，可求出速度分布与边界层厚度。

故：

$$\delta = 4.64\sqrt{\frac{\nu x}{u_f}}=\frac{4.64x}{\sqrt{Re_x}} \tag{5-36}$$

式(5-36) 为边界层厚度随进流距离变化的关系，它与微分方程解出的结论基本相符，有了边界层厚度的公式，速度场就由式(5-35) 具体给出，所以式(5-35) 与式(5-36) 是边界层积分方程在层流边界层的条件下最终的解。它像边界层微分方程理论给出的结论一样，也回答了边界层内的速度变化及边界层厚度分布的问题。

由边界层积分方程的解，也可计算层流平面绕流摩擦阻力。

$$\tau_{yx}\Big|_{y=0}=\mu\left(\frac{\partial u_x}{\partial y}\right)_{y=0}=\frac{2}{3}\mu\cdot u_f\left(\frac{1}{\delta}\right)$$

所以

$$F_D = \int_0^B\int_0^L \tau_{yx}\Big|_{y=0}\mathrm{d}x\mathrm{d}y = 0.646\sqrt{\mu\cdot\rho\cdot u_f^3 B^2 L} \tag{5-37}$$

它与式(5-25) 仅在前面的系数上有微小的差别，相应的平均摩擦阻力系数为

$$C_D = \frac{F_D}{\frac{1}{2}\rho u_f^2 A}=\frac{1.292}{\sqrt{Re_L}} \tag{5-38}$$

从上述讨论可看出，无论从边界层积分方程理论出发还是从边界层微分方程理论出发，都可以求出固体壁面与流体之间的摩擦阻力，且结论相差很小。

5.3.3　湍流边界层积分方程的解

在湍流情况下，u_x 与 δ 之间的关系式，它不能由波尔豪森的三次方函数关系给出。借助于圆管内湍流速度分布的 $\dfrac{1}{7}$ 次方定律，用边界层厚度 δ 代替圆管的半径 R 得到

$$u_x = u_f\left(\frac{y}{\delta}\right)^{1/7} \tag{5-39}$$

可以解得湍流边界层的厚度为

$$\delta = \frac{0.37x}{\sqrt[5]{Re_x}} \tag{5-40}$$

从此式还可以看出，湍流边界层厚度 $\delta\propto x^{\frac{4}{5}}$ 与层流时 $\delta\propto x^{\frac{1}{2}}$ 相比边界层厚度随 x 的增加要快得多。这也是湍流边界层区分于层流边界层的一个显著特点。

湍流摩擦阻力系数可由下式给出（对湍流边界层，当板长 $L\gg x_{cr}$ 时，可以近似认为整个平板为湍流边界层）

$$C_D=\frac{0.074}{\sqrt[5]{Re_L}} \tag{5-41}$$

其中 $Re_L=\dfrac{u_fL}{\nu}$，$Re_x=\dfrac{u_fx}{\nu}$。

对于平板前段为层流边界层、后段为紊流边界层，勃朗特建议采用的平均摩擦系数为

$$C_D=\frac{0.074}{Re_L^{1/5}}-\frac{1700}{Re_L} \tag{5-42}$$

5.4　绕流阻力和颗粒沉降速度

一定厚度的物体在黏性流体中运动时，除了表面受到摩擦阻力外，还受到物体前后流体的压差阻力，总称为绕流阻力（D_w），其通用公式为

$$D_w=C_wA\,\frac{\rho}{2}u_f^2 \tag{5-43}$$

式中，A 为绕流体在相对运动方向的投影面积；C_w 为绕流阻力系数，由试验确定，其值与绕流体形状有关也和雷诺 $Re_d=\dfrac{u_0d}{\nu}$ 有关；d 为绕流体的特性长度。

常见的三元轴对称绕流体和二元对称绕流体的绕流阻力系数值可查图。

球形绕流体的绕流阻力系数可按以下公式计算。

斯托克司公式（$Re_d<1$ 时）

$$C_w=\frac{24}{Re_d}\,;D_w=3\pi\cdot\mu\cdot u_f\cdot d \tag{5-44}$$

阿连公式（$1<Re_d<500$ 时）

$$C_w=\frac{10}{\sqrt{Re_d}} \tag{5-45}$$

牛顿公式（$500<Re_d<2\times10^5$ 时）

$$C_w=0.44 \tag{5-46}$$

非对称绕流体在和流体作相对运动时所受正交于流动方向的力称为升力，升力的通用公式为

$$F_L=C_LA\,\frac{\rho}{2}u_f^2 \tag{5-47}$$

式中，C_L 为升力系数。

颗粒在流体中等速沉降的速度是由颗粒所受重力、浮力和绕流阻力三者平衡决定的，其一般公式为

$$u=\sqrt{\frac{4}{3C_w}\cdot\frac{\rho'-\rho}{\rho}gd} \tag{5-48}$$

式中，ρ' 为颗粒密度，kg/m^3；ρ 为流体密度。

对非球形颗粒，沉降公式应作适当修正

$$u = \sqrt{\frac{4\psi}{3C_w} \frac{\rho' - \rho}{\rho} g d_e} \tag{5-49}$$

式中，d_e 为体积当量直径；ψ 为圆球度。

$$d_e = \sqrt[3]{\frac{6V}{\pi}} \ (V \text{ 为颗粒体积}), \quad \psi = \frac{\text{体积为 } V \text{ 的圆球表面积}}{\text{同体积的实际颗粒表面积}}$$

圆球度可参考以下经验数据：立方体 $\psi = 0.806$，圆柱体 $\psi = 0.860$，煤粉 $\psi = 0.7$，砂 $\psi = 0.53 \sim 0.63$。

离心容器中颗粒的分离速度，也可利用以上的沉速公式，但应将公式中的重力加速度 g 改为离心加速度 a。

例 5-1　设空气从宽为 40cm 的平板表面平行流过，空气的流动速度 $u_f = 2.6 \text{m/s}$，空气在当时温度下的运动黏度 $\nu = 1.47 \times 10^{-5} \text{ m}^2/\text{s}$，试求流入深度 $x = 30 \text{cm}$ 处的边界层厚度，距板面高 $y = 4.0 \text{mm}$ 和 8.0mm 处的空气流速及板面上的总阻力。

解： ① Re_x（$x = 30 \text{cm}$）

$$Re_x = \frac{u_f x}{\nu} = \frac{2.6 \times 0.3}{1.47 \times 10^{-5}} = 0.53 \times 10^5$$

② 边界层厚度，按 Re 数为层流区，则

$$\delta = \frac{4.64x}{\sqrt{Re_x}} = \frac{4.64 \times 0.3}{\sqrt{0.53 \times 10^5}} = 0.00605 \text{m} = 6.05 \text{mm}$$

③ 当 $y = 4.0 \text{mm}$ 处的流速 u_x

按边界层内的速度场

$$\frac{u_x}{u_f} = \frac{3}{2} \left(\frac{y}{\delta}\right) - \frac{1}{2} \left(\frac{y}{\delta}\right)^3 = \frac{3}{2} \times \frac{4.0}{6.05} - \frac{1}{2} \times \left(\frac{4.0}{6.05}\right)^3 = 0.846$$

$$u_x = 0.846 \times 2.6 = 2.2 \text{m/s}$$

当 $y = 8.0 \text{mm}$ 处时，已在边界层外 $u_x = u_f = 2.6 \text{m/s}$

④ 平板上的总阻力 F_D

$$\begin{aligned}
F_D &= 0.646 \sqrt{\nu \rho^2 u_f^3 B^2 L} \\
&= 0.646 \sqrt{1.47 \times 10^{-5} \times 1.293^2 \times 2.6^3 \times 0.4^2 \times 0.3} \\
&= 2.94 \times 10^{-3} N
\end{aligned}$$

例 5-2　某船体以速度 $u_f = 1.0 \text{m/s}$ 在河中航行。已知船底长度 $L = 30 \text{m}$，宽度 $B = 10 \text{m}$，试求船底摩擦阻力 F_D 及为克服这部分阻力所应付出的功率。水的运动黏性系数为 $\nu = 1.00 \times 10^{-6} \text{m}^2/\text{s}$，密度 $\rho = 998 \text{kg/m}^3$。

解： 船底面的雷诺数为

$$Re_L = \frac{u_f L}{\nu} = \frac{1.0 \times 30}{10^{-6}} = 3 \times 10^7$$

可近似地认为前段为层流边界层，后段为湍流边界层，则

$$C_D = \frac{0.074}{Re_L^{0.2}} - \frac{1700}{Re_L} = 0.002365 - 0.000057 = 0.002308$$

底部摩擦阻力为

$$F_D = C_D \frac{1}{2} \rho u_f^2 (BL) = 0.002308 \times \frac{1}{2} \times 998 \times 1.0^2 \times 300 = 345.5 N$$

为克服这部分摩擦阻力而应付出的推进功率为

$$N = F_D u_f = 345.5 \times 1.0 = 345.5 \mathrm{W}$$

例 5-3　速度 $u_f = 10 \mathrm{m/s}$ 的风吹过直径为 $D = 1.25 \mathrm{m}$ 的柱形烟筒，试确定烟筒单位高度上所受的气体的阻力。设烟筒的高度远大于其直径，取 $\nu = 1.4 \times 10^{-5} \mathrm{m^2/s}$，$\rho = 1.25 \mathrm{kg/m^3}$。

解：$Re = \dfrac{u_f D}{\nu} = \dfrac{1.0 \times 1.25}{1.4 \times 10^{-5}} = 8.929 \times 10^5$

查圆柱绕流阻力系数图，得出 $C_D = 0.6$

则烟筒单位高度上的气体阻力为

$$F_D = C_D \frac{1}{2} \rho u_f^2 \left(D \times 1 \right) = 0.6 \times \frac{1}{2} \times 1.25 \times 10^2 \times 1.25$$
$$= 46.88 \mathrm{N/m}$$

例 5-4　在烧粉煤的炉膛内，混有煤粉颗粒的烟气流速 $u_0 = 0.5 \mathrm{m/s}$，烟气的运动黏度 $\nu = 223 \times 10^{-6} \mathrm{m^2/s}$，烟气的密度 $\rho = 0.2 \mathrm{kg/m^3}$，煤粉颗粒的密度 $\rho_s = 1.1 \times 10^3 \mathrm{kg/m^3}$，试计算烟气中直径 $D = 9 \times 10^{-5} \mathrm{m}$ 的煤粉颗粒是否沉降？悬浮的颗粒直径为多大？

解：① 根据颗粒沉降的概念知,当气流速度 u_0 大于颗粒自由沉降速度 u_s 时，颗粒被气流带走；两速度相等时，颗粒处于悬浮状态；当气流速度小于颗粒沉降速度时，则沉降下降。

在 $D = 9 \times 10^{-5} \mathrm{m}$ 及 $u_0 = 0.5 \mathrm{m/s}$ 下的 Re_D 数为

$$Re_D = \frac{u_0 D}{\nu} = \frac{0.5 \times 9 \times 10^{-5}}{223 \times 10^{-6}} = 0.2 < 1$$

沉降速度 $u_s = \dfrac{1}{18}(\rho_s - \rho)\dfrac{gD^2}{\mu}$　　　　　　$(\mu = \nu\rho)$

$$= \frac{1}{18}(1.1 \times 10^3 - 0.2)\frac{9.81 \times (9 \times 10^{-5})^2}{223 \times 10^{-6} \times 0.2}$$
$$= 0.11 \mathrm{m/s}$$

由于气流速度 $0.5 > 0.11 \mathrm{m/s}$，则颗粒为烟气带走。

② 当 $u_s = u_0 = 0.5 \mathrm{m/s}$ 时的颗粒直径

$$D = \sqrt{\frac{18 u_s \nu \rho}{(\rho_s - \rho)g}} = \sqrt{\frac{18 \times 0.5 \times 223 \times 10^{-6} \times 0.2}{(1.1 \times 10^3 - 0.2) \times 9.81}}$$
$$= 19.3 \times 10^{-5} \mathrm{m}$$

即在气流中能悬浮的颗粒直径 $D = 0.19 \mathrm{mm}$，再大的颗粒将下沉。因上式的应用条件为 $Re_D < 1$，则经验算在 $D = 19.2 \times 10^{-5} \mathrm{m}$ 时的 Re_D 为

$$Re_D = \frac{u_0 D}{\nu} = \frac{0.5 \times 1.93 \times 10^{-5}}{223 \times 10^{-6}} = 0.43 < 1$$

故计算结果正确。

本　章　小　结

本章重点叙述边界层概念、边界层的特点、边界层厚度，建立边界层的微分方程，并给出求解方法，得到平板层流边界层速度分布、边界层的厚度计算、平板壁面上的摩擦阻力的计算公式，介绍了边界层的积分关系式、绕流阻力和颗粒沉降速度。

在传输原理中，边界层理论不仅对流体动力学产生巨大的影响，而且和热量传输、质量传输有密切的关系。

习　题

5-1　飞机模型在空气中以 1.5m/s 速度滑翔，若将机翼视为宽为 10cm、长为 25cm 的平板，试估算平板后缘上的边界层厚度 δ 及平板阻力。已知空气温度为 10℃，大气的运动黏性系数为 $\nu = 1.42 \times 10^{-5} \mathrm{m^2/s}$，$\rho = 1.247 \mathrm{kg/m^3}$。

（答：4.866mm，9.063×10^{-4}N）

5-2　光滑平板宽 1.2m，长 3m，潜没在静水中以速度 $u = 1.2$m/s 沿水平方向拖曳，水温为 10℃，求：①层流边界层的长度（$Re_K = 5 \times 10^5$）；②平板末端的边界层厚度；③所需水平拖拽力。

答：（0.55m，57.2mm，16.57N）

5-3　飞机以速度 100m/s 在大气中飞行，若视机翼为平板，并认为机翼前缘开始均为湍流边界层，试计算边界层厚度 δ 以及平板总阻力。已知机翼长度为 $L = 15$m，宽度为 $b = 2$m，空气温度为 $t = 10$℃。

（答：2.751cm，1.631kN）

5-4　速度为 30m/s 的风，平行地流过广告板。广告板长 10m，高 5m，空气温度为 10℃，试求广告板所承受的摩擦力。

（答 137.9N）

5-5　跳伞者的质量 $m = 80$kg，降落时的迎流面积为 $A = 0.20\mathrm{m^2}$，设其阻力系数 $C_D = 0.8$，气温为 $t = 0$℃，试确定降落过程中的末端速度 V_e。（为简单起见不考虑空气浮力作用。当跳伞者的重力与阻力相平衡时，此时的速度即为末端速度）

（答：87.14m/s）

5-6　压差阻力是汽车气动阻力的主要部分，有两辆迎风面积均为 $A = 2.0\mathrm{m^2}$ 的汽车，其一为敞篷的老式车，其阻力系数为 $C_{D1} = 0.9$，另一为有良好外形的新式汽车，其阻力系数为 $C_{D2} = 0.4$，若它们均以 $u_f = 90$km/h 速度行驶。试求它们为克服气动阻力所应付出的功率，已知气温为 $t = 10$℃。

（答：17.54kW，7.80kW）

5-7　已知煤粉炉炉膛上升烟气流的最小流速为 0.5m/s，烟气密度为 0.2kg/m³，运动黏性系数为 $230 \times 10^{-6} \mathrm{m^2/s}$，煤粉密度为 1.3×10^3，问直径为 0.1mm 的煤粉将沉降下来还是会被上升气流带走？

（答：将被带走）

5-8　某气力输送管道，为了输送一定数量的悬浮固体颗粒，要求流速为颗粒沉速的 5 倍。已知悬浮颗粒直径 $d = 0.3$mm，密度 $\rho' = 2650$kg/m³，空气温度为 20℃，求管内流速。

（答：10.5m/s）

5-9　铅球的相对密度为 11.42，直径为 25mm，在相对密度为 0.93 的油中以 0.357m/s 的速度等速沉降，求油的动力黏性系数 μ。

（答：10.0Pa·s）

5-10　钢水密度 $\rho = 7000$kg/m³，内含直径 $d = 0.4$mm，$\rho' = 4500$kg/m³ 的杂质，若杂质在钢水中等速上浮，求在钢水中上升 200mm 所需的时间。

（答：2.56s）

5-11　一圆柱形烟囱，高 $H = 20$m，直径 $D = 0.6$m，水平风速 $u = 18$m/s，空气密度 $\rho = 1.293$kg/m³，运动黏性系数 $\nu = 13 \times 10^{-6} \mathrm{m^2/s}$，求烟囱所受的水平推力。

（答：612N）

第6章　可压缩气体的流动

以上讲的是不可压缩流体的流动问题。当气体的速度接近或超过音速流动时，其流动参数的变化规律与不可压缩流体的流动有本质的差别。根本原因是流场中气体的密度变化很大，此时就必须考虑气体的可压缩性。

6.1　可压缩气体的概念

6.1.1　压缩性与音速

由于气体运动速度变化（从而压强变化）所引起的气体的密度变化不能被忽略时，此时的气体被看做可压缩流体。

在可压缩气体流动时，我们要注意气流速度的大小和气流内微小扰动的传播速度。因为气流速度的大小与气流内微小扰动的传播速度之比值，对流动有很大影响。

所谓微小扰动是指压力扰动使压力发生了微小的变化，从而引起介质的密度也发生了微小的变化。

微小扰动在流体中的传播速度就是声音在流体中的传播速度。音速通常以 a 表示。

微小扰动在可压缩气体中传播的机理如下。

一充满静止状态的可压缩气体的等截面圆管，一端装一活塞。如图 6-1(a) 所示。

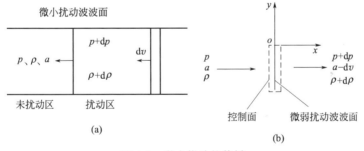

图 6-1　微小扰动的传播

活塞以微小速度 dv 向左运动，则紧挨着活塞左侧的气体也随之以微小速度 dv 向左运动，并产生微小的压力增量 dp，向左运动的气体又推动它左侧的气体运动……这个过程以平面波的形式且以音速 a 向左传播。这就是微小扰动波的传播机理，亦即声波的传播过程。

微小扰动的波面就是受扰动区与未受扰动区的分界面。显然，在波面未达到的气体仍处于静止状态，其压强为 p，密度为 ρ，而波面已通过的气体，其速度由零变为 dv，压强由 p 变为 $(p+dp)$，密度由 ρ 变为 $\rho+d\rho$。如果把坐标放在波面上，并取一与波面同步运动的控制面 [如图 6-1(b) 所示]，就相对坐标而言，波面是静止不动的，这样站在坐标上观察之，气流则以音速 a 流向波面，其压强为 p，密度为 ρ；又以速度 $(a-dv)$ 离开波面，其压强为 $(p+dp)$，密度为 $(\rho+d\rho)$。设截面积为 A，由连续性方程有

$$\rho aA = (\rho + d\rho)(a - dv)A$$

忽略二阶微量后，可得

$$dv = \frac{a}{\rho}d\rho \tag{6-1}$$

由动量方程有（忽略黏性影响）

$$pA - (p + dp)A = \rho aA[(a - dv) - a]$$

整理后得

$$dv = \frac{1}{\rho a}dp \tag{6-2}$$

由式(6-1) 和式(6-2) 可得

$$dp = a^2 d\rho$$

或

$$a = \sqrt{\frac{dp}{d\rho}} \tag{6-3}$$

由上面推导过程中可知，给定的条件是微小扰动，所以被扰动的气体压强和温度的变化很小，因此接近于可逆过程；此外，扰动的传播很迅速，并且开口体系两边的温度差趋于零，因而整个过程又是绝热的。过程既绝热又可逆，因此是等熵的。这样，式(6-3) 更确切地写为

$$a = \sqrt{\left(\frac{dp}{d\rho}\right)_s} \tag{6-4}$$

由式(6-4) 可以看出，在相同 dp 作用下，如果气体的密度变化 $d\rho$ 较大，则在该气体中的音速较小，说明容易被压缩；反之，如果气体的密度变化 $d\rho$ 较小，则在该气体中的音速较大，说明不容易被压缩。依照定义，不可压缩流体是密度不变的流体，由式(6-4)，在这种流体中，音速 a 应为无限大。实际上这种流体并不存在。就是液体受压后，其密度也要改变，只是相对于气体来说变化很小。

由于等熵过程有（气体）： $\qquad \dfrac{p}{\rho^k} = 常数$

所以 $\qquad d\left(\dfrac{p}{\rho^k}\right) = 0 \longrightarrow \dfrac{dp}{d\rho} = k\dfrac{p}{\rho} = kRT$

音速 $\qquad a = \sqrt{\dfrac{dp}{d\rho}} = \sqrt{k\dfrac{p}{\rho}} = \sqrt{kRT} \tag{6-5}$

式中，绝热指数 $k = \dfrac{C_P}{C_V}$；

气体常数 $R = \dfrac{8313}{M}$ （$m^2/s^2 \cdot K$），其中 M 是气体的分子量；

定压比热 C_P 是每千克气体在定压条件下温度升高 1K 所需的能量；

定容比热 C_V 是每千克气体在定容条件下温度升高 1K 所需的能量；

热焓 $i = C_P T = \dfrac{k}{k-1} \cdot \dfrac{p}{\rho}$ 是每千克气体所含的热能。

对于空气：$k = 1.4$，$R = 287J/kg \cdot K$；对过热水蒸气：$k = 1.33$，$R = 461J/kg \cdot K$；其它气体的 C_P、C_V、R、k 均可查表。

以上各式中，p 为绝对压强，T 为绝对温度。

由式(6-5) 可以看出，对于不同的气体，其音速是不同的。如在常压下，15℃空气中的音速为 341m/s，而同样条件下氢气中的音速为 1295m/s。对于同一种气体，其音速与气体

绝对温度的平方根成正比。

6.1.2　马赫数

先考察一个运动的点扰源在气体中产生的扰动场，如图 6-2。当点扰源是静止的，它所产生的微小扰动是以球面波的形式向四周传播，传播的速度为音速，如图 6-2(a)；如果点扰源在气体中以相对速度 u 从右向左运动，而点扰源在运动中每一瞬时都产生微小扰动，并以音速 a 按球面波形式传播。若 $u<a$，则扰动总是走在点扰源的前面，如图 6-2(b) 所示。如果 $u=a$，则在同时刻，微小扰动的球面半径正好与点扰源运动的距离相等，如图 6-2(c) 所示。由图可见，与各球面波相切的平面是一分界面，其右侧是受扰动的气体，而左侧的气体则没有被扰动。

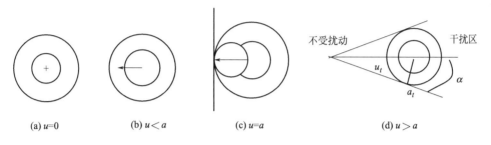

(a) $u=0$　　　(b) $u<a$　　　(c) $u=a$　　　(d) $u>a$

图 6-2　点扰源的运动

如果 $u>a$，如图 6-2(d) 所示。在这种情况下，点扰源总是走在扰动的前面，并形成一个以点扰源为顶点的圆锥区域，在圆锥内的气体才受扰动，圆锥以外的气体不受扰动。从图 6-2(d) 还可以看出，圆锥角的一半 α 满足下面的方程

$$\sin\alpha = \frac{a_t}{u_t} = \frac{1}{M} \tag{6-6}$$

式中，α 称为马赫角，M 称为马赫数。马赫数是气体动力学中一个很重要的无量纲数，它和雷诺数一样，也是确定气体流动状况的特征数。即

$$\text{马赫数 } M = \frac{u}{a} \tag{6-7}$$

式(6-7) 中 u 是点扰源运动的速度；a 是当地音速。

根据马赫数的大小，气体流动可分为

$M \ll 1$，为不可压缩流动；

$M < 1$，为亚音速流动；

$M \approx 1$，为音速流动；

$M > 1$，为超音速流动。

6.2　可压缩气体一元稳定等熵流动的基本方程

工程中常见的是可压缩气体一元稳定等熵流动。所谓一元是指在与流动方向垂直的截面上流动的参数是均匀的，对稳定流动，则流动的参数仅是一个坐标的函数。当高速气流通过一很短的喷管时，过程进行的时间很短，可以看作是绝热流动。又因为摩擦影响很小，可以近似地认为流动过程是可逆的，因而流动很接近于等熵流动。如图 6-3 所示，在一元稳定等熵气流中取出控制体，设截面 1 和 2 上的参数分别为 v_1、p_1、ρ_1、T_1、A_1 和 v_2、p_2、ρ_2、T_2、A_2。

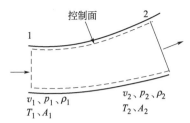

连续方程有 $\qquad d(\rho \cdot v \cdot A) = 0$

取对数进行微分，则有

$$\frac{\mathrm{d}\rho}{\rho} + \frac{\mathrm{d}v}{v} + \frac{\mathrm{d}A}{A} = 0 \tag{6-8}$$

写成积分形式为

$$\rho \cdot v \cdot A = 常数 \tag{6-9}$$

或

$$\rho_1 \cdot v_1 \cdot A_1 = \rho_2 \cdot v_2 \cdot A_2$$

图 6-3　建立连续方程所取控制体

动量方程：由第 3 章可知，理想流体沿流线作稳定流动的欧拉方程的微分形式为（忽略重力的影响）。

$$\frac{\mathrm{d}p}{\rho} + v\mathrm{d}v = 0 \tag{6-10}$$

写成积分形式为

$$\int \frac{\mathrm{d}p}{\rho} + \frac{v^2}{2} = 常数 \tag{6-11}$$

只要知道 ρ 与 p 的关系，即可求得上式中的积分。

在绝热下积分，可得

$$\frac{k}{k-1}\frac{p_1}{\rho_1} + \frac{v_1^2}{2} = \frac{k}{k-1}\frac{p_2}{\rho_2} + \frac{v_2^2}{2} \tag{6-12}$$

一元稳定等熵流动的基本方程有

$$\rho \cdot v \cdot A = 常数 \tag{6-13}$$

$$\frac{k}{k-1}\frac{p}{\rho} + \frac{v^2}{2} = 常数 \tag{6-14}$$

$$p = \rho RT \tag{6-15}$$

$$\frac{p}{\rho^k} = 常数 \tag{6-16}$$

6.3　一元稳定等熵流动的基本特性

建立起一元稳定等熵气流的基本方程之后，就可以进一步研究当它的速度变化时，其压强、密度和温度是如何变化的。这些参数之间相互变化的关系就是一元稳定等熵气流的基本特性。首先，引入在整个运动过程中不变的三种参考状态。

① 滞止状态　如果在流动中某一截面上的速度等于零（处于静止或滞止），则该截面上的其它参数被称为滞止参数。滞止参数用下标"0"表示。

在滞止状态下：$v_0 = 0$

从方程(6-14) 得：$\dfrac{p_0}{\rho_0} = 常数$；代入（6-15）中，得 $T_0 = 常数$；

代入（6-16）中，得 $p_0 = 常数$；则：$\rho_0 = 常数$。

所以，在滞止状态下，T_0、p_0、ρ_0 在整个运动中均是不变的。滞止参数很有实际意义，如果气体从大容器中流出，那么容器中的气体参数就可以认为是滞止参数。又如气体绕流物体时，其驻点的速度为零，驻点处的流动参数就是滞止参数。

② 临界状态　当一元稳定等熵气流中其一截面上的气流速度等于当地音速时，该截面

上的参数称为临界参数。临界参数用下标"＊"表示。临界参数在整个运动过程中不变，所以可作为另一种参考状态。

由公式(6-14) $\dfrac{k}{k-1}\dfrac{p}{\rho}+\dfrac{v^2}{2}=$ 常数和 $a=\sqrt{\dfrac{\mathrm{d}p}{\mathrm{d}\rho}}=\sqrt{k\dfrac{p}{\rho}}=\sqrt{kRT}$

得到滞止参数和临界参数的关系

$$\frac{a_*^2}{k-1}+\frac{v_*^2}{2}=\frac{a_0^2}{k-1}$$

因为 $v_*=a_*$　　所以 $a_*=\sqrt{\dfrac{2}{k+1}}a_0$　　又因 $a_0=$ 常数　　所以 $a_*=$ 常数

$$\frac{T_*}{T_0}=\frac{2}{k+1} \tag{6-17}$$

$$\frac{p_*}{p_0}=\left(\frac{2}{k+1}\right)^{\frac{k}{k-1}} \tag{6-18}$$

$$\frac{\rho_*}{\rho_0}=\left(\frac{2}{k+1}\right)^{\frac{1}{k-1}} \tag{6-19}$$

当 $k=1.4$（空气、氧气、双原子气体）代入上式，得到

$$\frac{T_*}{T_0}=0.833 \qquad \frac{p_*}{p_0}=0.528 \qquad \frac{\rho_*}{\rho_0}=0.634$$

③ 极限状态　如果一元稳定等熵气流某一截面 $T=0$，则该截面上的气流速度达到最大值 $v_{\max}$。因为 $T=0$ 时，p、ρ、a 的值均等于零，分子热运动停止了。当然极限状态实际上是达不到的。但在理论上是有意义的。由于 $v_{\max}$ 在整个运动过程中不变，故而可作为又一种参考状态。

从方程(6-15) 得，当 $T=0$ 时，有 $\dfrac{p}{\rho}=0$，由方程(6-14) 得到

$$\frac{v_{\max}^2}{2}=\frac{k}{k-1}\frac{p_0}{\rho_0} \tag{6-20}$$

上式表明，一元稳定等熵气流中的总能量全部转化为动能时所能达到的最大速度值。

需要指出，这三种参考状态下所得到的公式不受等熵条件的限制，它们对理想气体的绝热不等熵流动也是适用的。

这三种参考状态中，滞止状态和临界状态很有实用价值，在工程计算时，通常选择这两个特殊的截面作为基准截面，其中只要有一个截面上的参数确定了，那么其它截面的参数就可以计算出来了。三种参考状态下参数之间的关系如下。

① 理想气体绝热过程的滞止参数（用角标 0 代表），与其它断面的参数有如下关系

$$\frac{k}{k-1}\frac{p}{\rho}+\frac{v^2}{2}=\frac{k}{k-1}\frac{p_0}{\rho_0}=\frac{k}{k-1}RT_0=i_0=\frac{a_0^2}{k-1}=C_P T_0$$

或

$$\frac{T_0}{T}=1+\frac{k-1}{2}M^2$$

$$\frac{p_0}{p}=\left(1+\frac{k-1}{2}M^2\right)^{\frac{k}{k-1}} \tag{6-21}$$

$$\frac{\rho_0}{\rho}=\left(1+\frac{k-1}{2}M^2\right)^{\frac{1}{k-1}}$$

② 式(6-22) 为任意截面上的参数与临界参数的关系

$$\frac{T_*}{T} = \frac{1 + \frac{k-1}{2}M^2}{\frac{k+1}{2}}$$

$$\frac{p_*}{p} = \left(\frac{1 + \frac{k-1}{2}M^2}{\frac{k+1}{2}}\right)^{\frac{k}{k-1}} \tag{6-22}$$

$$\frac{\rho_*}{\rho} = \left(\frac{1 + \frac{k-1}{2}M^2}{\frac{k+1}{2}}\right)^{\frac{1}{k-1}}$$

为了工程计算方便起见，将以上各式制成了函数表。利用函数表可简便地进行一元稳定等熵气流的计算。

在上述各式中，都用 M 数作为无量纲自变量。这虽然大大简化了问题，但也有它的缺点。其一，随着截面的变化，截面上的气流速度 v 与当地音速 a 都发生变化；其二，当气流速度非常高时，因气流温度降低而音速减小，故 M 数非常高以致趋于无穷大。为克服上述缺点，引入无量纲速度 λ 会更加方便。λ 的定义为

$$\lambda = \frac{v}{v_*} = \frac{v}{a_*} \tag{6-23}$$

式中，v 是任意截面上气流速度，v_* 是临界截面上的速度。

可以计算出

$$\lambda^2 = \frac{\frac{k+1}{2}M^2}{1 + \frac{k-1}{2}M^2} \tag{6-24}$$

从上式可得出

$M = 0$ 时，$\qquad \lambda = 0$；

$M < 1$ 时，$\qquad \lambda < 1$；

$M = 1$ 时，$\qquad \lambda = 1$；

$M > 1$ 时，$\qquad \lambda > 1$；

$M = \infty$ 时，$\qquad \lambda = \sqrt{\frac{k+1}{k-1}}$

可见，λ 与 M 之间具有一一对应的关系。

因此，用 λ 值的大小与用 M 数的大小判断理想流体绝热流动的状态是一样的。用 λ 代替 M 数，变换公式(6-21)、公式(6-22)，可得出以 λ 为自变量的一元稳定等熵气流的关系式

$$\frac{T}{T_0} = 1 - \frac{k-1}{k+1}\lambda^2$$

$$\frac{p}{p_0} = \left(1 - \frac{k-1}{k+1}\lambda^2\right)^{\frac{k}{k-1}} \tag{6-25}$$

$$\frac{\rho}{\rho_0} = \left(1 - \frac{k-1}{k+1}\lambda^2\right)^{\frac{1}{k-1}}$$

$$\frac{T}{T_*} = \frac{k+1}{2} - \frac{k-1}{2}\lambda^2$$

$$\frac{p}{p_*} = \left(\frac{k+1}{2} - \frac{k-1}{2}\lambda^2\right)^{\frac{k}{k-1}} \tag{6-26}$$

$$\frac{\rho_*}{\rho} = \left(\frac{k+1}{2} - \frac{k-1}{2}\lambda^2\right)^{\frac{1}{k-1}}$$

例 6-1　输送氩气的管路中装有一毕托管，测得某点的全压为 158kN/m^2，静压为 104kN/m^2，管中气体温度为 20℃，求流速。

① 不计气体的可压缩特性，

② 按绝热压缩计算。

解：① 查表氩气的 $R = 208\text{J/kg·K}$，$k = 1.67$

气体密度 $\rho = \dfrac{p}{RT} = \dfrac{104 \times 10^3}{208 \times 293} = 1.706\text{kg/m}^3$

根据气体能量方程式 $p_0 = p + \rho\dfrac{v^2}{2}$，得

$$v = \sqrt{\frac{2(p_0 - p)}{\rho}} = \sqrt{\frac{2(158 - 104) \times 10^3}{1.706}} = 252\text{m/s}$$

② 根据绝热流动关系

由 $\dfrac{p_0}{p} = \left(1 + \dfrac{k-1}{2}M^2\right)^{\frac{k}{k-1}}$ 得

$$M = \sqrt{\frac{2}{k-1}\left[\left(\frac{p_0}{p}\right)^{\frac{k-1}{k}} - 1\right]}$$

$$= \sqrt{\frac{2}{0.67}\left[\left(\frac{158}{104}\right)^{0.4} - 1\right]}$$

$$= 0.737$$

$$a = \sqrt{kRT} = \sqrt{1.67 \times 208 \times 293} = 319\text{m/s}$$

$$v = aM = 319 \times 0.737 = 235\text{m/s}$$

比较，不计气体压缩性计算的流速相对误差为：$\dfrac{252 - 235}{235} = 7.2\%$

6.4　气流参数与流通截面的关系

压缩性气体自孔口的流出与不可压缩流体相比具有一系列不同的特点。这里我们将讨论气流速度 v、压强 p、密度 ρ 与流通截面 A 的变化关系以及如何获得超音速气流。

由连续方程 $\dfrac{\text{d}\rho}{\rho} + \dfrac{\text{d}v}{v} + \dfrac{\text{d}A}{A} = 0$ 和动量方程 $\dfrac{\text{d}v}{v} = -\dfrac{\text{d}p}{v^2\rho}$ 可推导出

$$\frac{\text{d}A}{A} = -\frac{\text{d}\rho}{\rho} - \frac{\text{d}v}{v} = -\frac{\text{d}\rho}{\rho} + \frac{\text{d}p}{v^2\rho} = \frac{\text{d}p}{v^2\rho}\left(1 - \frac{v^2}{a^2}\right) = \frac{\text{d}p}{v^2\rho}\left(1 - M^2\right) \tag{6-27}$$

将 $\dfrac{\text{d}v}{v} = -\dfrac{\text{d}p}{v^2\rho}$ 代入式(6-27)，可得

$$\frac{\text{d}A}{A} = -\frac{\text{d}v}{v}\left(1 - M^2\right) \tag{6-28}$$

① $M<1$，即 $v<a$。此时（$1-M^2$）>0，从式(6-27)和式(6-28)可以看出，dA 与 dp 同号而与 dv 异号。说明在亚音速等熵流动中，气体在截面逐渐变小的管道（渐缩管）中速度增加，而压强减小；在截面逐渐变大的管道（渐扩管）中速度减小，而压强增加。

② $M>1$，即 $v>a$。此时（$1-M^2$）<0，从式(6-27)和式(6-28)可以看出，dA 与 dp 异号而与 dv 同号。说明气体在渐缩管中速度减小，而压强增加；在渐扩管中速度增加，而压强减小。

上面两种情况可表示在图 6-4 上。不难看出，在亚音速（$M<1$）的情况下其面积变化与速度、压强变化的关系，是和不可压缩流体流动情况相同的。在超音速（$M>1$）的情况下，其面积变化与速度、压强变化的关系，是和不可压缩流体流动情况相反。这是由于在超音速情况下，当速度增加时，密度的下降比速度增加还快，气体的膨胀非常显著，因而截面面积沿流动方向只有不断增大，才能保证气流的连续性。

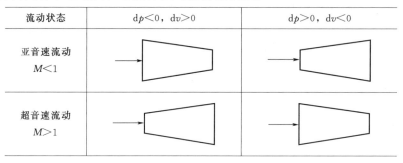

流动状态	$dp<0$, $dv>0$	$dp>0$, $dv<0$
亚音速流动 $M<1$		
超音速流动 $M>1$		

图 6-4　气流参数与流通截面的关系

从连续方程及公式(6-28)可推知

$$\frac{d\rho}{\rho}=-\frac{dv}{v}-\frac{dA}{A}=-\frac{dv}{v}+\frac{dv}{v}\left(1-M^2\right)=-M^2\frac{dv}{v} \tag{6-29}$$

可见，密度变化的方向与速度变化的方向相反。当 $M<1$ 时，$\left|\dfrac{d\rho}{\rho}\right|<\left|\dfrac{dv}{v}\right|$，即密度的相对变化比速度的相对变化慢。若气流加速（$dv>0$），则根据连续方程，必须截面积减小（$dA<0$），才能使三者的相对变化相平衡。若气流减速（$dv<0$），截面积就必须增大（$dA>0$）。当 $M>1$ 时，$\left|\dfrac{d\rho}{\rho}\right|>\left|\dfrac{dv}{v}\right|$，即密度的相对变化比速度的相对变化快。若气流加速（$dv>0$），必须使截面积增大（$dA>0$），才能保证各截面上的质量流量相等。若气流减速（$dv<0$），则截面积就应减小（$dA<0$）。

③ $M=1$，即 $v=a$。此时 $\dfrac{d\rho}{\rho}=-\dfrac{dv}{v}$，由连续方程可知，必定有 $\dfrac{dA}{A}=0$。这意味着流通截面面积必有极值。

从上面分析可知，为使气体从静止状态加速到超音速要满足下面 2 个条件。

① 气体首先在一个渐缩管里加速，然后在最小截面上（即喉部）达到音速，再在最小截面的下游加一渐扩管，使气体加速到超音速。这种先收缩后扩张的喷管称为拉瓦尔喷管。

② 从静止 $v=0$（"滞止状态"）到 $v=a$（"临界状态"）的能量条件如下

$$\frac{T_*}{T_0}=\frac{2}{k+1}, \quad \frac{p_*}{p_0}=\left(\frac{2}{k+1}\right)^{\frac{k}{k-1}}, \quad \frac{\rho_*}{\rho_0}=\left(\frac{2}{k+1}\right)^{\frac{1}{k-1}}$$

如果是空气或 O_2 （$k=1.4$），有 $\frac{p_*}{p_0}=0.528$（一般常见气体，可粗略地认为 $p_*\cong\frac{1}{2}p_0$），此时达到音速 a。若要继续提高速度即达到音速，必须 $p<p_*$。即 $\frac{p}{p_0}<0.528$。

综上所述，获得超音速流出的基本条件有二：一是容器内气体的原始压力，在不计阻损时应大于介质压力的两倍以上（$p_0>2p_B$）；其次，按压缩性气体流出的特征设置拉瓦尔管。

6.5　渐缩喷管与拉瓦尔喷管

（1）渐缩喷管

在一很大容器上装一渐缩喷管，如图 6-5 所示。容器内（0-0 截面）的气流速度可认为零，其参数为滞止参数 p_0、ρ_0、T_0。喷管出口截面上的参数为 v_e、p_e、ρ_e、T_e、A_e，外界压强（或称背压）为 p_B。现计算喷管出口截面上的流速、流量。

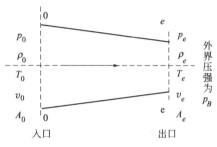

图 6-5　渐缩喷管

对 $o\text{-}o$，$e\text{-}e$ 截面列连续方程、动量方程、状态方程和绝热方程

$$G=\rho_e v_e A_e$$

$$\frac{k}{k-1}\frac{p_0}{\rho_0}=\frac{k}{k-1}\frac{p_e}{\rho_e}+\frac{v_e^2}{2}$$

$$\frac{p_e}{\rho_e}=RT_e$$

$$\frac{p_0}{\rho_0^k}=\frac{p_e}{\rho_e^k}$$

联立求解

$$v_e=\sqrt{\frac{2k}{k-1}\frac{p_0}{\rho_0}\left[1-\left(\frac{p_e}{p_0}\right)^{(k-1)/k}\right]} \tag{6-30}$$

$$\rho_e=\rho_0\left(\frac{p_e}{p_0}\right)^{\frac{1}{k}} \tag{6-31}$$

$$T_e=\frac{p_e}{\rho_e R}=\frac{p_0^{\frac{1}{k}}p_e^{\frac{k-1}{k}}}{\rho_0 R} \tag{6-32}$$

$$G=\rho_e v_e A_e=\rho_0 A_e\sqrt{\frac{2k}{k-1}\cdot\frac{p_0}{\rho_0}\left[\left(\frac{p_e}{p_0}\right)^{2/k}-\left(\frac{p_e}{p_0}\right)^{(k+1)/k}\right]} \tag{6-33}$$

从流速公式(6-30)可看到，气体流出速度随其本身压力下降而增加，在不受介质或其它因素干扰时，则直到与介质压力 p_B 平衡为止。

对于减缩喷管的最大速度和最大质量流量为（当 $v_e=v_*=a_*$ 时喷管流量为最大值）

$$v_{\max}=v_*=a_*=\sqrt{\frac{2k}{k-1}\frac{p_0}{\rho_0}\left[1-\left(\frac{p_*}{p_0}\right)^{(k-1)/k}\right]}=\sqrt{\frac{2k}{k+1}\cdot\frac{p_0}{\rho_0}} \tag{6-34}$$

$$G_{\max}=A_e\left(\frac{2}{k+1}\right)^{\frac{k+1}{2(k-1)}}\sqrt{k\rho_0 p_0}\qquad \text{kg/s} \tag{6-35}$$

喷管流量达到最大值的条件为：

$$p_e \leqslant \left(\frac{2}{k+1}\right)^{\frac{k}{k-1}} p_0 = p_* \qquad (6\text{-}36)$$

对于空气 $k=1.4$，$p_*=0.528p_0$；对过热水蒸气 $k=1.33$，$p_*=0.54p_0$；对于干饱和蒸汽 $k=1.135$，$p_*=0.577p_0$，式（6-30）、式（6-33）~式（6-35）只适用于 $p_e \geqslant p_*$ 的情况，当 $p_e < p_*$ 时，应按公式（6-30）计算喷管流量。

（2）拉瓦尔喷管

由于拉瓦尔喷管的结构是由先收缩后扩张的喷管组成的，如图 6-6。当 $p_B=p_0$ 时（即介质的压力等于滞止压力），喷管内无气体流动。当 p_B 略小于 p_0 时，喷管内有气体流过，

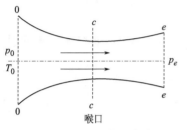

图 6-6　拉瓦尔喷管工作特性分析

在喷管的收缩段气体作增速减压运动，喉部的 M<1，在扩张段气体作减速增压运动，喷管出口截面上的压强 $p_e=p_B$。继续降低 p_B，直到喉部 M=1，即喉部气体达到了临界状态。这时喷管内的气体流量达到最大值。气体流过喉部进入扩张段后，压强逐步稳定地升高至出口截面的压强 p_e 等于 p_B。上述情况下，拉瓦尔喷管的计算与渐缩喷管的计算完全一样。

进一步降低 p_B，这时气体流过喉部后就可能在扩张段中全部变成超音速气流。此时出口截面上的压强 $p_e=p_B$，这时称为拉瓦尔喷管的设计工况（即喷管出口的压强与外界压强相等）。

若 $p_B < p_e$，由于喷管出口气流的速度大于当地音速，故 p_B 的减小不可能传播到上游，因而喷管中的流动工况与 $p_e=p_B$ 时相同，只是气流离开出口后，还要继续膨胀。

若出口压强小于外界压强，但是超过了达到临界状态所需时的压强，这时，喷管的扩张段中前一部分是超音速流，而在某一截面前后很小一个厚度内超音速流突然变成亚音速流，气流的压强和密度同时出现突然的跳跃，形成一个压强和密度为不连续的间断面，即所谓"激波"。

拉瓦尔喷管的计算包括根据要求的气体流量和流出速度确定流出前的原始压力；按流出的特征和条件计算喷嘴的主要尺寸。

（1）气体流出前的原始压力

在拉瓦尔管出口，流出气体的压力与介质压力相平衡，即 $p_e=p_B$ 时，已知气体出口马赫数 M_e，按式（6-25）计算原始压力 p_0 的计算式为

$$\frac{p_0}{p_e} = \left(1 + \frac{k-1}{2} M_e^2\right)^{\frac{k}{k-1}} \qquad (6\text{-}37)$$

（2）流量计算

由亚音速过渡至超音速必须通过拉瓦尔喷管，拉瓦尔喷管的流量由喉部断面 A_c 控制，采用公式（6-35）计算，式中 A_e 用 A_c 取代如下。喉口处气体质量流量为

$$G_{\max} = A_c \left(\frac{2}{k+1}\right)^{\frac{k+1}{2(k-1)}} \sqrt{k\rho_0 p_0} \qquad \text{kg/s} \qquad (6\text{-}38)$$

喷嘴出口处气体质量流量采用公式（6-33）计算：

$$G = A_e \sqrt{\frac{2k}{k-1} p_0 \rho_0 \left(\frac{p_e}{p_0}\right)^{\frac{2}{k}} \left[1 - \left(\frac{p_e}{p_0}\right)^{\frac{k-1}{k}}\right]} \qquad \text{kg/s} \qquad (6\text{-}39)$$

当出口压力与介质压力平衡为 $p_e=p_B$，则式（6-39）中的 p_e 写为 p_B。

（3）喷嘴尺寸

对喷嘴结构尺寸，主要是计算拉瓦尔管喉口（即临界截面）和喷出口的直径。其它如扩张管长度及扩张角等一般均由经验确定。喷嘴的各结构参数，示于图 6-7。

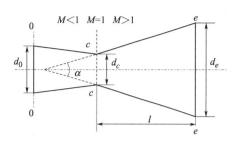

图 6-7　喷嘴的结构参数

对一定的气体，当流量与原始压力为已知时，则由式（6-38）确定喉口面积 A_c

$$A_c = G_{max} \Big/ \left[\left(\frac{2}{k+1} \right)^{\frac{k+1}{2(k-1)}} \sqrt{k\rho_0 p_0} \right] \qquad (6\text{-}40)$$

喉口与出口的截面比

$$\frac{A_c}{A_e} = \sqrt{ \left[\left(\frac{p_e}{p_0} \right)^{\frac{2}{k}} - \left(\frac{p_e}{p_0} \right)^{\frac{k+1}{k}} \right] \Big/ \left[\frac{k-1}{k+1} \left(\frac{2}{k+1} \right)^{\frac{2}{k-1}} \right] } \qquad (6\text{-}41)$$

由式（6-40）确定喉口面积 A_c 之后，再由（6-41）式计算出口截面 A_e。当喉口及出口直径已知时，可按下式确定扩张段的长度 l

$$l = \frac{d_e - d_c}{2 \mathrm{tg} \frac{\alpha}{2}} \qquad (6\text{-}42)$$

式中，d_e、d_c 为出口及喉口直径，m；α 为扩张管的张角，一般推荐取 6°～8°为宜。收缩段的长度以 d_0 代 d_e 也可按式（6-42）确定，根据实测收缩角可取 30°～45°。

注意：如喷管出口的 A_e 和背压 p_B 均已知，先按 A_e 已知算出应有的 p_e 值，这个 p_e 值大于实际背压 p_B 时，计算有效，气流在离开喷管出口后继续膨胀压；这个 p_e 值小于实际背压 p_B 时，将在扩张管路内产生正激波，但对流量仍不发生影响；如果背压大于某一极限值，激波将进到喉部，喉部不再能保持临界流速，整个喷管内为亚音速气流，这时应由公式（6-39）计算流量。

例 6-2　设有转炉氧气喷枪，要求氧气体积流量 $v = 10\mathrm{m}^3/\mathrm{s}$（标态），喷出速度 $M_e = 2$。已知氧气密度 $\rho = 1.429\mathrm{kg/m}^3$（标态），$k = 1.4$，$R = 260\mathrm{N \cdot m/(kg \cdot K)}$，$T_0 = 300\mathrm{K}$；喷射空间的压力 $p_B = 1.01 \times 10^5 \mathrm{N/m}^2$。试计算：①氧气在枪内的原始压力 p_0（不计阻损）；②拉瓦尔管喉口和出口截面积。

解：① 氧气的原始压力 p_0

按式（6-37）$\dfrac{p_0}{p_e} = \left(1 + \dfrac{k-1}{2} M_e^2 \right)^{\frac{k}{k-1}}$，得到

$$p_0 = 7.9 \times 10^5 \mathrm{N/m}^2 \quad (8.06 \text{ 工程大气压})$$

② 喷枪喉口及出口截面积

按式（6-38）计算喉口截面积

$$G_{max} = v\rho = 14.29 \mathrm{kg/s}$$

由 $p_0 v_0 = RT_0$，$v_0 = \dfrac{RT_0}{p_0} = \dfrac{260 \times 300}{7.9 \times 10^5} = 0.0987 \mathrm{m}^3/\mathrm{kg}$

$$\rho_0 = \frac{1}{v_0} = \frac{1}{0.0987} = 10.13 \mathrm{kg/m}^3$$

代入式（6-40）中，所以喉口面积 $A_c = 0.00747\mathrm{m}^2$，喉口直径 $d_c = 9.75\mathrm{cm}$

按式（6-41）求截面比

$$\frac{A_c}{A_e} = 0.592$$

所以出口截面积 $A_e = 126.2\text{cm}^2$，出口直径 $d_e = 12.68\text{cm}$。

例 6-3 已知氧气喷枪出口直径 $d_e = 5.0\text{cm}$；枪内氧气压力 $p_0 = 9.8 \times 10^5 \text{N/m}^2$，温度 $T = 300\text{K}$，$R = 260 \text{N} \cdot \text{m/(kg} \cdot \text{K)}$；枪外介质压力 $p_B = 1.01 \times 10^5 \text{N/m}^2$。试求：① 喷枪出口氧气的马赫数；② 氧气流量。

解：① 出口马赫数

由式(6-37)，计算 M_e

$$M_e = 2.14$$

② 氧气流量

按式(6-39)，$G = A_e \sqrt{\dfrac{2k}{k-1} p_0 \rho_0 \left(\dfrac{p_e}{p_0}\right)^{\frac{2}{k}} \left[1 - \left(\dfrac{p_e}{p_0}\right)^{\frac{k-1}{k}}\right]} \text{kg/s}$

计算 $A_e = 0.00196\text{m}^2$

$$p_0 \rho_0 = \frac{p_0}{\upsilon_0} = \frac{p_0}{RT_0 / p_0} = \frac{(9.8 \times 10^5)^2}{260 \times 300} = 12.3 \times 10^6$$

$$p_e = p_B$$

所以得到：$G = 2.48\text{kg/s}$

标准状态下的体积流量为

$$V = G/\rho_0 = \frac{2.48}{1.429} = 1.74\text{m}^3/\text{s}$$

例 6-4 空气缸中的绝对压强 $p_0 = 700\text{kN/m}^2$，$t_0 = 40^\circ\text{C}$，通过一喉部直径 $d_c = 25\text{mm}$ 的拉瓦喷管向大气中喷射，大气压强 $p_B = 98.1\text{kN/m}^2$，求：

① 质量流量 G；

② 喷管出口断面直径 d_e；

③ 喷管出口的马赫数 M_e。

解：由于 $p_2 < 0.528 p_0$，喷管喉部可达到音速，由已知喉部条件，决定质量流量。

① $\rho_0 = \dfrac{p_0}{RT_0} = \dfrac{700 \times 10^3}{287 \times 313} = 7.793\text{kg/m}^3$

由式(6-38)

$$G = A_c \left(\frac{2}{k+1}\right)^{\frac{k+1}{2(k-1)}} \sqrt{k p_0 \rho_0}$$

$$= \frac{\pi}{4} \times 2.5^2 \times 10^{-4} \left(\frac{2}{2.4}\right)^3 \sqrt{1.4 \times 700 \times 10^3 \times 7.792}$$

$$= 0.785\text{kg/s}$$

② 由公式(6-39) 计算喷管出口断面直径

$$G = \frac{\pi}{4} d_e^2 \sqrt{\frac{2k}{k-1} p_0 \rho_0 \left(\frac{p_2}{p_0}\right)^{\frac{2}{k}} \left[1 - \left(\frac{p_2}{p_0}\right)^{\frac{k-1}{k}}\right]}$$

$$d_e^2 = \frac{4G}{\pi \sqrt{\dfrac{2k}{k-1} p_0 \rho_0 \left(\dfrac{p_2}{p_0}\right)^{\frac{2}{k}} \left[1 - \left(\dfrac{p_2}{p_0}\right)^{\frac{k-1}{k}}\right]}}$$

$$= \frac{4 \times 0.785}{\pi \sqrt{7 \times 700 \times 10^3 \times 7.792 \times \left(\dfrac{98.1}{700}\right)^{1.43} \left[1 - \left(\dfrac{98.1}{700}\right)^{0.286}\right]}}$$

$$=1.0037\times10^{-3}$$

$$d_e=0.0317\text{m}=31.7\text{mm}$$

③ $\rho_e=\rho_0\left(\dfrac{p_e}{p_0}\right)^{\frac{1}{k}}=7.792\times\left(\dfrac{98.1}{700}\right)^{0.7143}=1.914\text{kg/m}^3$

$$a_e=\sqrt{k\frac{p_e}{\rho_e}}=\sqrt{\frac{1.4\times98.1\times10^3}{1.914}}=268\text{m/s}$$

$$v_e=\frac{G}{\rho_e A_e}=\frac{4\times0.785}{\pi\times1.914\times3.17^2\times10^{-4}}=520\text{m/s}$$

$$M_e=\frac{V_e}{a_e}=\frac{520}{268}=1.94$$

本 章 小 结

当气体的速度接近或超过音速流动时，其流动参数的变化规律与不可压缩流体的流动有本质的差别。本章介绍可压缩气体的一些基本概念；一维稳定等熵（绝热可逆过程）流动的基本方程；流动参数的变化规律以及渐缩喷管与拉瓦尔喷管的特性。应当指出，本章所讨论的内容仅是可压缩气体的流动的最简单情况。这些内容对氧气炼钢中喷枪的设计，提供了理论依据。

习　　题

6-1　氢气温度为 45℃，求其音速。

（答：1354m/s）

6-2　已知水的弹性系数 $E=\rho\dfrac{\mathrm{d}p}{\mathrm{d}\rho}$，要使水以音速从喷管射出，则喷管前水的压强应为多大？

（答：10^6kN/m^2）

6-3　已知标准大气层沿高程的空气温度递减率为 0.0065℃/m，若地面温度为 20℃，求高程为 2000m，5000m，10000m 处的音速。

（答：335m/s，323m/s，302m/s）

6-4　空气在直径 $d=102\text{mm}$ 的管路中流动，重量流量 $G=9.8\text{N/s}$，滞止温度 $t_0=38$℃，某断面的绝对压强 $p=41360\text{N/m}^2$，求该处的流速 v 及马赫数 M。

（答：$v=239\text{m/s}$，$M=0.71$）

6-5　飞机在 20000m 的高空飞行，航速为 2400km/h，空气温度为 -56.5℃，求飞行的马赫数。

（答：2.25）

6-6　过热蒸汽的温度为 430℃，压强为 5000kN/m²，速度为 525m/s，求蒸汽的滞止参数。

（答：$p_0=7493\text{kN/m}^2$，$T_0=777\text{K}$，$\rho_0=20.9\text{kg/m}^3$）

6-7　绝热气流的滞止压强 $p_0=490\text{kN/m}^2$，滞止温度 $T_0=293\text{K}$，求滞止音速 a_0 及 $M=0.8$ 处的音速、流速和压强值。

（答：$a_0=343\text{m/s}$，$a=322\text{m/s}$，$v=257.6\text{m/s}$，$p=321.8\text{kN/m}^2$）

6-8　空气从温度为 70℃、压强为 686kN/m² 的密闭容器中绝热排出，求 $M=0.6$ 处的速度、温度、压强和密度值。

（答：$T=320\text{K}$，$v=215\text{m/s}$，$p=538\text{kN/m}^2$，$\rho=5.86\text{kg/m}^3$）

6-9　大容器中的空气经渐缩喷管流向外界空间，容器中空气压力为 $p_0=200\text{kPa}$，温度为 $T_0=300\text{K}$，喷管出口截面为 $A_e=50\text{cm}^2$，出口空间压力分别为 $p_B=0\text{kPa}$，100kPa，150kPa，试求质量流量。

（答：2.334kg/s，2.059kg/s）

6-10　空气在容器中的状态为 $p_0=6.91\text{bar}$，$t_0=325℃$，经喷管流到压力为 $p_b=0.96\text{bar}$ 的空间，已知流量为 $Q_m=3600\text{kg/h}$，流动为等熵，试确定：

①　出口段截面面积及马赫数。

②　喉部截面压力及速度。

（答：①$13.96\text{cm}^2$，1.93；②$3.65\text{bar}$，447.46m/s）

6-11　收缩-扩张型喷管的出口面积为 $A_e=100\text{cm}^2$，喉部截面面积为 $A_t=50\text{cm}^2$，前室足够大，其中压力为 $p_0=400\text{kPa}$，温度为 $t_0=100℃$。试求：①使喷管产生堵塞现象的最大出口背压；②背压分别为 $p_b=0\text{kPa}$，200kPa，300kPa 条件下的流量；③使喷管气体由亚音速膨胀到超音速所对应的背压 p_b。

（答：①$374.4\text{kPa}$；②$4.184\text{kg/s}$；③$37.4\text{kPa}$）

第7章 相似原理与模型研究方法

自然界及工程中各种物理现象的规律性常常表现为描述该现象特征的物理量之间存在着一定的联系，揭示这种联系的方法通常有直接实验法、理论分析法和模型研究法。直接实验法往往受到实际问题恶劣环境与实验测试手段的限制有很大的局限性；理论分析法则受实际问题多因素的复杂影响，很难给出准确的数学描述，即使能给出来也有许多问题难以给出它的解；而模型研究方法是在相似理论指导下，建立与研究对象相似的研究模型，在实验室对模型进行研究，再把所得结论推广到实际问题中去。这种研究方法越来越多地被广大工程技术人员应用，取得了许多重要的研究成果。

本章将主要介绍相似的概念，引入相似特征数，分别从相似原理与量纲分析的方法出发导出相似特征数的结果，最后指出实际问题与实验模型相似的条件与相似模型设计的方案。

7.1 相似的概念

相似的概念是来自于几何学，三角形相似是最古老而典型的相似问题。

物理现象相似则是一种较为复杂的相似现象，它除了要求几何相似外，还必须引入其它的一些条件，为此引入一些新的概念：相似常数、相似指标、相似特征数等。下面先以三角形相似为例，引入相似常数的概念，并进一步讨论给出相似指标、相似特征数等。

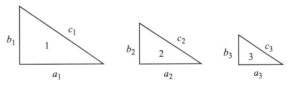

图 7-1　相似的基本概念

如图 7-1 所示，三个彼此相似的三角形 1，2，3，各自的边长分别为 a_1、b_1、c_1 和 a_2、b_2、c_2 及 a_3、b_3、c_3，由几何相似的性质可知，彼此相似的三角形，其对应边长成比例，因此对 1 和 2 有

$$\frac{a_1}{a_2}=\frac{b_1}{b_2}=\frac{c_1}{c_2}=C_{L12} \tag{7-1}$$

对 1 和 3 有

$$\frac{a_1}{a_3}=\frac{b_1}{b_3}=\frac{c_1}{c_3}=C_{L13} \tag{7-2}$$

由此可知，如果以三角形 1 作为标准，将各边缩小相同的倍数 C_{L12}，就可得到相似的三角形 2；同样如果缩小相同的倍数 C_{L13}，就可到三角形 3。C_L 的数值不同，所对应的三角形的大小就不一样，但对所有的 C_L，所得到的三角形都与原来的相似，这里的 C_L 称为相似常数。由于相似常数是同类量之比值，因此相似常数无量纲。

仿照上述三角形相似的情况，对于一组物理现象，也可以引入相似常数的概念。当两个物理现象相似时，在空间相对应的点与时间相对应的瞬间，表征该现象特征的所有物理量必然各自保持一定的比例关系。即

$$x_i''=C_{xi}x_i' \tag{7-3}$$

式 (7-3) 常被称为相似变换。以 w_1'，w_2'，w_3' 和 w_1''，w_2''，w_3'' 分别表示两个相似系统在

各个对应时空点上的某一物理量，则

$$\frac{w_1'}{w_1''}=\frac{w_2'}{w_2''}=\frac{w_3'}{w_3''}=\cdots=C_w \tag{7-4}$$

C_w 称为物理量 w 的相似常数，w 可以为任何有物理意义的物理量，这样就可以把表征物理现象特征的各种物理量抽象为多维空间的坐标，从而把现象的相似简化为一般的几何相似。如时间相似指时间间隔互相成比例，见式(7-4a)。速度相似指速度场的几何相似，各对应点时刻上速度的方向一致，大小互相成比例，见式(7-4b)。温度相似指温度场的几何相似，各对应点对应时刻上温度大小互相成比例，见式(7-4c)。还有力相似、浓度相似等。

$$\frac{\tau_1''}{\tau_1'}=\frac{\tau_2''}{\tau_2'}=\frac{\tau_3''}{\tau_3'}=\cdots=C_\tau \qquad \text{比例常数（相似常数）} \tag{7-4a}$$

$$\frac{u_1''}{u_1'}=\frac{u_2''}{u_2'}=\frac{u_3''}{u_3'}=\cdots=C_u \qquad \text{比例常数（相似常数）} \tag{7-4b}$$

$$\frac{T_1''}{T_1'}=\frac{T_2''}{T_2'}=\frac{T_3''}{T_3'}=\cdots=C_T \qquad \text{比例常数（相似常数）} \tag{7-4c}$$

以上这些物理量相似是指这些量的场相似。对矢量场，在流动空间上，各对应点、对应时刻，矢量的方向一致，大小互成比例。对标量场，在流动空间上，各对应点、对应时刻，量的大小互成比例。

7.2 对现象的一般数学描述及单值条件

任何一种物理量，都可依据基本定律，把表征该现象的各种物理量写成一组方程式，这组方程式反映出上述各物理量之间的依赖关系，是用数学形式对该现象的一种描述。如描述物体运动和力之间的关系有 $F=ma$，对不可压缩黏性流体的不稳定等温流动有连续方程及N-S方程。

$$\frac{\partial u_x}{\partial x}+\frac{\partial u_y}{\partial y}+\frac{\partial u_z}{\partial z}=0 \tag{7-5}$$

$$\rho\left(\frac{\partial u_x}{\partial \tau}+u_x\frac{\partial u_x}{\partial x}+u_y\frac{\partial u_x}{\partial y}+u_z\frac{\partial u_x}{\partial z}\right)=\mu\left(\frac{\partial^2 u_x}{\partial x^2}+\frac{\partial^2 u_x}{\partial y^2}+\frac{\partial^2 u_x}{\partial z^2}\right)-\frac{\partial p}{\partial x}+\rho g_x$$

$$\rho\left(\frac{\partial u_y}{\partial \tau}+u_x\frac{\partial u_y}{\partial x}+u_y\frac{\partial u_y}{\partial y}+u_z\frac{\partial u_y}{\partial z}\right)=\mu\left(\frac{\partial^2 u_y}{\partial x^2}+\frac{\partial^2 u_y}{\partial y^2}+\frac{\partial^2 u_y}{\partial z^2}\right)-\frac{\partial p}{\partial y}+\rho g_y$$

$$\rho\left(\frac{\partial u_z}{\partial \tau}+u_x\frac{\partial u_z}{\partial x}+u_y\frac{\partial u_z}{\partial y}+u_z\frac{\partial u_z}{\partial z}\right)=\mu\left(\frac{\partial^2 u_z}{\partial x^2}+\frac{\partial^2 u_z}{\partial y^2}+\frac{\partial^2 u_z}{\partial z^2}\right)-\frac{\partial p}{\partial z}+\rho g_z \tag{7-6}$$

在上述运动方程中，等号左侧为惯性力项，等号右侧第一项为黏滞力项，第二项为压力项，第三项为质量力项。

在上述四个方程式中，x、y、z、τ 是自变量，u_x、u_y、u_z 及 p 是因变量，而 ρ、μ 对于等温流动是常量，g_x、g_y、g_z 是单位质量的质量力，对于质量力只是重力的情况亦是常量。因此，含有四个未知量的四个独立方程构成一个完整的方程组。这一方程组全面地描述了不可压缩黏性流体不稳定等温流动现象中各物理量之间的依赖关系。这一方程组所描述的是普遍的流体流动现象。如地球表层大气的流动，海洋中水的流动，管道中流体的流动，钢水在熔池内的流动等，而不是某一具体的流体流动现象。所以求解上述一组方程式所得的是通解。为求得某一具体的流动现象的特解，还必须给出称之为"单值条件"的附加条件。因此，完整方程组反映了同一类现象普遍的共性，而"单值条件"则反映了具有普遍共性的各具体现象特殊的个性。单值条件是把同一类的许多现象互相区别开来的标志。所以描述流体流动的完整方程组加上单值条件才能描述某一具体的流动。

单值条件有以下 4 种。

（1）几何条件

因具体现象都发生在一定的几何空间内，因此，参与过程的物体的几何形状大小是应给出的单值条件。如管内流动时，应给出直径 d 和管长 L 的值。

（2）物理条件

因具体现象都是由一定的物理性质的介质参加的，因此，介质的物理性质也是单值条件。例如，不可压缩黏性流体的等温流动，应给出介质密度 ρ、黏度 μ 的具体数值；若温度不同，则应给出物性参数随温度变化的函数；另外，由于密度 ρ 与重力加速度 g 有关，即 g 是伴随 ρ 出现的一个物理量，故 g 也属于单值条件。

（3）边界条件

所有具体现象都必然受到与其直接相邻的边界情况的影响，因此，发生在边界的情况也是单值条件。例如，管道内的流体流动现象直接受进口、出口及壁面处流速的大小及其分布的影响，因此，应给出进口或出口处流速的平均值及其分布规律，而壁面处的流速应为零。另外，也应给出进口或出口处压强的平均值及其分布规律。如流动的是不等温流体，还应给出进口或出口处温度的平均值及其分布规律以及壁面处的流体温度。

（4）初始条件

任何过程的发展都直接受初始状态的影响。例如，流速、温度等在初始时的分布规律直接影响以后的过程。因此，初始条件也属于单值条件。对于稳定流动，则不存在此条件。

应该指出，当流体各点的流速及物性参数确定以后，各点的压强分布规律（指任意两点间的压差）即被决定，因此，研究流体压差值时，边界处及起始时刻的压力值不属于单值条件。

由于流速及物性参数与压差之间有上述从属的关系，故将流速及物性参数称为"定性量"，而压差称为"被决定量"。

当上述单值条件给定以后，一个特定的、具体的流动状态就确定了。就是说，流体的速度场（各点速度的大小、方向）、流动状态（层流或湍流）、压力场（各点的压力大小或任意两点的压差值）、温度场（不等温流动的情况下）就完全确定了。

7.3 相似定理——相似三定理

前面我们已经介绍了有关两现象相似的一些基本知识，但到底怎样判断两个现象是相似的，两个彼此相似的现象又有什么性质？这些是相似三定理解决的问题，相似三定理是相似理论的主要内容，也是模型实验研究的主要理论基础。

7.3.1 相似第一定理（正定理）

相似第一定理或相似正定理认为：彼此相似的现象必定具有数值相同的相似特征数。这一结论是由分析相似现象的相似性质后得出的。这些相似性质包括以下四个。

① 性质 1 由于相似现象都属于同一类现象，因此，它们都为文字完全相同的完整方程组来描述。包括描述现象的基本方程及描述单值条件的方程。

② 性质 2 当两个同类物理过程相似时，表征过程的各同类物理量之间彼此相似，即每

一对应的同类物理量存在有相似常数。

例：对相似的不可压缩黏性流体的不稳定等温流动，有

$$\frac{u''_x}{u'_x} = \frac{u''_y}{u'_y} = \frac{u''_z}{u'_z} = C_u \quad \frac{p''}{p'} = C_p \quad \frac{\rho''}{\rho'} = C_\rho \quad \frac{\mu''}{\mu'} = C_\mu \quad \frac{\tau''}{\tau'} = C_\tau$$

$$\frac{x''}{x'} = \frac{y''}{y'} = \frac{z''}{z'} = C_l \qquad \frac{g''_x}{g'_x} = \frac{g''_y}{g'_y} = \frac{g''_z}{g'_z} = C_g \qquad (7\text{-}7)$$

③ 性质3　相似现象必然发生在几何相似的空间中，所以几何的边界条件必定相似。

$$\frac{x''_b}{x'_b} = \frac{y''_b}{y'_b} = \frac{z''_b}{z'_b} = C_l \qquad (7\text{-}8)$$

式中，下标 b 表示边界的意思。

④ 性质4　各物理量的比值，不能是任意的，而是彼此既有联系又相互约束的，它们之间的约束关系表现为某些相似常数组成的相似指标为1。

例：有一流体质点沿 x 轴作直线运动，运动方程如式（a），另一流体质点的运动与之相似，所以有性质1，其运动方程如式（b）

$$u' = \frac{\mathrm{d}x'}{\mathrm{d}\tau'} \cdots\cdots \text{（a）} \qquad u'' = \frac{\mathrm{d}x''}{\mathrm{d}\tau''} \cdots\cdots \text{（b）}$$

由性质2、3　　　　　　$$\frac{u''}{u'} = C_u, \quad \frac{x''}{x'} = C_l, \quad \frac{\tau''}{\tau'} = C_\tau$$

得：　　　　　　$u'' = C_v u'$，$x'' = C_l x'$，$\tau'' = C_\tau \tau'$ 代入式（b）中

$$C_u u' = \frac{C_l \mathrm{d}x'}{C_\tau \mathrm{d}\tau'} \rightarrow \frac{C_u C_\tau}{C_l} u' = \frac{\mathrm{d}x'}{\mathrm{d}\tau'}$$

显然只有 $\dfrac{C_u C_\tau}{C_l} = 1$ 时，两个流体质点的运动方程才完全相同。用 C 表示 $\dfrac{C_u C_\tau}{C_l}$。C 为相似指标。对于相似现象，相似指标为1。

$$\frac{\frac{u''}{u'} \cdot \frac{\tau''}{\tau'}}{\frac{x''}{x'}} = 1 \Rightarrow \frac{u'' \tau''}{x''} = \frac{u' \tau'}{x'} \quad \text{即无量纲的综合量。}$$

无量纲的综合量在相似原理中称为相似特征数或相似判据，是用来判断现象是否相似的根据。

$$Ho = \frac{u \cdot \tau}{x} \quad \text{即均时性数}$$

相似第一定理是对相似性质的总概括，它阐明了相似现象中各物理量之间存在的关系。

对于复杂的现象，常常有几个相似特征数。例如，不可压缩黏性流体的不稳定等温流动，共有4个相似特征数：均时性数 $Ho = \dfrac{u \cdot \tau}{L}$；雷诺数 $Re = \dfrac{\rho u L}{\mu}$；付鲁德数 $Fr = \dfrac{gL}{u^2}$；欧拉数 $Eu = \dfrac{p}{\rho u^2}$。

相似特征数中所包含的物理量，一般都按同一截面的平均值来取，如 $Re = \dfrac{\rho u L}{\mu}$ 中的 ρ、u、μ 取该截面上各量的平均值。L 取截面的当量直径。

显然

① 同一系统中，在某一时刻的不同点或不同截面上的相似特征数有不同值；

② 相似的两个系统中，在对应时刻的对应点或对应截面上相似特征数是相等的。

7.3.2　相似第二定理（逆定理）

相似第二定理或相似逆定理认为：凡同一种类的现象，若单值性条件相似，而且由单值性条件的物理量所组成的相似特征数在数值上相等，则这些现象必定相似。相似第二定理讨论的是现象相似的充分必要条件，即相似条件的问题。这对进行模型研究十分重要。表征现象相似的相似条件有以下三条。

相似条件 1：由于彼此相似的现象是服从于同一自然规律的现象，故都可用文字完全相同的基本方程组来描述。因此，现象相似的第一个必要条件是描述现象的基本方程组完全相同。对于同一类的现象，自然满足这个条件。

相似条件 2：单值条件相似是现象相似的第二个必要条件。前已述及，单值条件能够从服从同一自然规律的无数现象中划分出某一具体现象。对于描述的流动现象，若其中两个流动现象的单值条件完全相同，则二者是同一流动现象；若两个流动现象的单值条件相似，则这两个流动现象是相似的；若两个流动现象的单值条件既不相同也不相似，那么这两个流动现象也是既不相同也不相似。所以，要使上述两流动现象相似，就必须保证单值条件相似。

相似条件 3：由单值条件的物理量所组成的相似特征数在数值上相等是相似的第三个必要条件。就是说，要保证两流动相似，单值条件的相似常数不能取任意的数值，它们之间存在着相互约束的关系，这种关系表现为由单值条件物理量（即定性量）组成的相似特征数在数值上相等。从前述相似性质可以清楚理解这一点。

由定性量组成的相似特征数称为"定性特征数"；那些包含被决定量的相似特征称为"非定性特征数"。例如，对不可压缩黏性流体的不稳定等温流动，定性特征数有 Ho、Re、Fr，它们都由定性量 τ、u、l、ρ、μ、g 的某几个量组成，而 Eu 中的压强 p 是被决定量，所以是非定性特征数。

7.3.3　相似第三定理（π 定理）

相似第三定理（π 定理）：描述某现象的各种量之间的关系可表示成相似特征数 π_1、π_2、$\cdots$、π_n 之间的函数关系。

$$F(\pi_1、\pi_2、\cdots、\pi_n)=0 \tag{7-9}$$

称为特征数关系式或特征数方程式。

根据相似第一定律，彼此相似的现象，相似特征数保持同样的数值，所以它们的特征数方程式也是相同的，如果能把模型流动的实验结果整理成特征数方程式，那么这种特征数方程式就可以推广到所有与之相似的实物流动中去。这样，在无法用分析法求解流动的基本方程组的情况下，就可以用实验的方法得到基本方程组在某具体条件下的特解，特解的形式就是从实验结果整理成的特征数方程式。

在相似特征数 π_1、π_2、$\cdots$、π_m 中，定性特征数是决定现象的特征数，当它们确定之后，现象即被决定，非定性特征数也随之被决定。这种因果关系使特征数方程式可表示成任一非定性特征数与定性特征数之间的函数关系。

$$\pi_{\text{非}i}=f_i(\pi_{\text{决}1},\pi_{\text{决}2},\cdots,\pi_{\text{决}m}) \tag{7-10}$$
$$(i=1,2,\cdots,n-m)$$

式中，$\pi_{\text{非}i}$ 是第 i 个非决定性特征数；$\pi_{\text{决}m}$ 是第 m 个定性特征数。

例：对不可压缩黏性流体的不稳定等温流动 $Eu=f(Ho,Re,Fr)$；对稳定流 $Eu=f(Re,Fr)$。

注意：

① 在 Ho，Re，Fr 中几何尺寸 l——定性尺寸，取参与流动过程的物体形状的某一特性尺寸，如圆管取直径 d，平板取板长 L 等。

② 流体的物性 ρ、μ 是随温度变化的，通常按介质的平均温度来计算，这时称介质的平均温度为定性温度；

③ 定性尺寸与定性温度的取法不同，特征数方程式也会不同。

7.4　相似特征数

7.4.1　相似特征数的导出方法

导出相似特征数的基本方法主要有二，一是方程分析法（包括相似转换法和积分类比法），二是量纲分析法。

方程分析法是利用描述现象的基本微分方程组和全部单位条件来导出相似特征数。这表明，即使微分方程组不能解，但能列出微分方程式和单值条件也是非常有用的。

（1）相似转换法

用相似转换法导出相似特征数的具体步骤如下。

① 写出现象的基本微分方程组和全部单值条件；

② 写出相似常数的表示式；

③ 将相似常数表示式代入微分方程组进行相似转换，从而得到相似特征数；

④ 用相同的办法，从单值条件方程中得到相似特征数；

下面以不可压缩黏性流体的不稳定等温流动为例，用相似转换法来导出其相似特征数。

① 基本微分方程组：见式（7-5）、式（7-6）。

单值条件如下。

几何条件——流动边界形状及特性尺寸 1 的数值；

物理条件——介质的密度 ρ、黏度 μ 的数值；

边界条件——进、出口的速度分布情况（或平均流速大小），及壁面上的流动速度；

初始条件——初始时刻各未知量的数值。

② 写出各物理量的相似常数表示式：见式（7-7）。

③ 相似转换：设有两个彼此相似的流动体系，凡属第二体系的各量皆标以记号"″"，而第一体系的各量皆标以记号"′"。因 x、y、z 三个坐标方向上的运动方程形式完全一样，故只对 x 坐标方向的方程进行相似转换即可。

第一体系有

$$\rho'\left(\frac{\partial u_x'}{\partial \tau'}+u_x'\frac{\partial u_x'}{\partial x'}+u_y'\frac{\partial u_x'}{\partial y'}+u_z'\frac{\partial u_x'}{\partial z'}\right)=\mu'\left(\frac{\partial^2 u_x'}{\partial x'^2}+\frac{\partial^2 u_x'}{\partial y'^2}+\frac{\partial^2 u_x'}{\partial z'^2}\right)-\frac{\partial p'}{\partial x'}+\rho' g_x' \tag{7-11}$$

$$\frac{\partial u_x'}{\partial x'}+\frac{\partial u_y'}{\partial y'}+\frac{\partial u_z'}{\partial z'}=0 \tag{7-12}$$

第二体系

$$\rho''\left(\frac{\partial u_x''}{\partial \tau''}+u_x''\frac{\partial u_x''}{\partial x''}+u_y''\frac{\partial u_x''}{\partial y''}+u_z''\frac{\partial u_x''}{\partial z''}\right)=\mu''\left(\frac{\partial^2 u_x''}{\partial x''^2}+\frac{\partial^2 u_x''}{\partial y''^2}+\frac{\partial^2 u_x''}{\partial z''^2}\right)-\frac{\partial p''}{\partial x''}+\rho'' g_x'' \tag{7-13}$$

$$\frac{\partial u_x''}{\partial x''}+\frac{\partial u_y''}{\partial y''}+\frac{\partial u_z''}{\partial z''}=0 \tag{7-14}$$

根据式（7-7）的关系，有

$$u''_x = C_u u'_x, \quad p'' = C_p p', \quad x'' = C_l x', \cdots \tag{7-15}$$

将式(7-15)代入式(7-13)、式(7-14)，则得

$$\frac{C_u}{C_\tau}\frac{\partial u'_x}{\partial \tau'} + \frac{C_u^2}{C_l}\left(u'_x\frac{\partial u'_x}{\partial x'} + u'_y\frac{\partial u'_x}{\partial y'} + u'_z\frac{\partial u'_x}{\partial z'}\right) = \frac{C_\mu C_u \mu'}{C_\rho C_l^2 \rho'}\left(\frac{\partial^2 u'_x}{\partial x'^2} + \frac{\partial^2 u'_x}{\partial y'^2} + \frac{\partial^2 u'_x}{\partial z'^2}\right) - \frac{C_p}{C_\rho C_l}\frac{1}{\rho'}\frac{\partial p'}{\partial x'} + C_g g'_x$$
$$\tag{7-16}$$

$$\frac{C_u}{C_l}\left(\frac{\partial u'_x}{\partial x'} + \frac{\partial u'_y}{\partial y'} + \frac{\partial u'_z}{\partial z'}\right) = 0 \tag{7-17}$$

比较式(7-11)与式(7-16)及式(7-12)与式(7-17)，因两个流动体系相似，所以它们的运动方程和连续方程完全相同，于是得

$$\frac{C_u}{C_l} = \frac{C_u^2}{C_l} = C_g = \frac{C_p}{C_\rho C_l} = \frac{C_\mu C_u}{C_\rho C_l^2} \tag{7-18}$$

$$\frac{C_u}{C_l} = \text{任意数} \tag{7-19}$$

由式(7-18)可得出一组等式，并进一步整理成相似指标式，再得到如下四个相似特征数。均时性数 $Ho = \dfrac{u \cdot \tau}{L}$；雷诺数 $Re = \dfrac{\rho u L}{\mu}$；付鲁德数 $Fr = \dfrac{gL}{u^2}$；欧拉数 $Eu = \dfrac{p}{\rho u^2}$。

由式(7-19)得不出相似常数之间的任何限制，故导不出相似特征数。

④ 因单值条件均给出各量的数值，没有方程式，故导不出相似特征数。

由此可见，对于不可压缩黏性流体的不稳定等温流动，共有四个独立的相似特征数 Ho、Fr、Eu、Re。

（2）量纲分析法

在许多情况下，写不出描述现象的微分方程式，就无法用方程分析法，而采用量纲分析法。其依据是量纲和谐原理：凡是正确的物理方程，其因次关系必然和谐。

在动量传输中，常用的基本量纲为：长度 $[L]$、质量 $[M]$、时间 $[\tau]$、温度 $[T]$。

例：不可压缩黏性流体的不稳定等温流动

① 确定影响某一现象的各个因素

速度 u，几何 L，压力 p，密度 ρ，黏度 μ，重力加速度 g，时间 t

$$f(u, L, p, \rho, \mu, g, \tau) = 0 \tag{7-20}$$

② 从几个物理量中选择 m 个物理量作为 m 个基本量纲的代表。

对 m 的要求：m 个物理量在量纲上是独立的，其中任何一个物理量的量纲不能从其它的物理量的量纲诱导出来。对流动现象，$m=3$，即 $[L]$、$[M]$、$[\tau]$（不等温时有 $[T]$）。

所以，可选 u　　　L　　　ρ

$$[L\tau^{-1}] \quad [L] \quad [ML^{-3}]$$

③ 从这三个物理量以外的物理量中，每次取一个物理量，与它们组成一个无量纲的 π，所以有 $(n-3)$ 个 π。

$$\pi_1 = \frac{p}{u^{a_1} L^{b_1} \rho^{c_1}}, \quad \pi_2 = \frac{\mu}{u^{a_2} L^{b_2} \rho^{c_2}},$$

$$\pi_3 = \frac{g}{u^{a_3} L^{b_3} \rho^{c_3}} \quad \pi_4 = \frac{\tau}{u^{a_4} L^{b_4} \rho^{c_4}}$$

④ 根据相似特征数的量纲为 0，确定 a_i、b_i、c_i，

$$\pi_1 = \frac{[ML^{-1}\tau^{-2}]}{[L\tau^{-1}]^{a1}[L]^{b1}[ML^{-3}]^{c1}}$$

89

对 L：$-1 = a_1 + b_1 - 3c_1$

对 M：$1 = c_1$

对 τ：$-2 = a_1$

解出　$a_1 = 2$，$c_1 = 1$，$b_1 = 0$

于是有：$\pi_1 = \dfrac{p}{\rho u^2} = Eu$

同理：$\pi_2 = \dfrac{\mu}{\rho u L} = Re$，$\pi_3 = \dfrac{gL}{u^2} = Fr$，$\pi_4 = \dfrac{u\tau}{L} = Ho$

⑤ 写出特征数方程式

$$f(Ho, Re, Fr, Eu) = 0 \tag{7-21}$$

从上例的分析中我们可以看出，描述该流动的所有物理量有 7 个，基本量纲有 3 个，得到的独立相似特征数有 $7 - 3 = 4$ 个。该结论有着普遍的意义，常称为量纲分析的 π 定理。

7.4.2　相似特征数的物理意义

目前，我们学习的相似特征数有均时性数 $Ho = \dfrac{u\tau}{L}$、雷诺数 $Re = \dfrac{\rho u L}{\mu}$、付鲁德数 $Fr = \dfrac{gL}{u^2}$、欧拉数 $Eu = \dfrac{p}{\rho u^2}$。各特征数的物理意义如下。

①
$$Ho = \frac{u\tau}{L} = \frac{\tau}{\dfrac{L}{u}} \quad \frac{\text{整个系统流动过程进行的时间}}{\text{可看成速度为 } u \text{ 的流体质点通过路程 } L \text{ 的时间}} \tag{7-22}$$

若两个不稳定流动系统的 Ho 相等，说明速度场随时间变化特征相似。

②
$$Re = \frac{\rho u L}{\mu} = \frac{\rho u^2}{\mu \dfrac{u}{L}} \cdots\cdots \frac{\text{惯性力}}{\text{黏性力}} \tag{7-23}$$

代表流体流动中惯性力与黏性力同时作用的相似特征。另外，$Re = \dfrac{u}{\dfrac{\nu}{L}}$（无因次速度的相似特征），当两个流动系统的 Re 数相等，则说明它们的流动状态及相应的速度分布相似，即 Re 数为流体流动状态的相似条件。

③
$$Eu = \frac{p}{\rho u^2} \cdots\cdots \frac{\text{压力}}{\text{惯性力}} \tag{7-24}$$

流体压力与惯性力同时作用的相似特征。

当两个流动系统的 Eu 数相同，说明压力场相似，Eu 为流体在强制流动下压力与惯性力作用状态的相似条件。

④
$$Fr = \frac{gL}{u^2} = \frac{\rho g L}{\rho u^2} \cdots\cdots \frac{\text{单位体积流体的重力}}{\text{惯性力}} \tag{7-25}$$

代表流体流动中惯性力与重力同时作用的相似特征。它是流体在自然流动下有关作用力的相似条件。

Ho、Re、Fr、Eu 为流体动量传输过程的基本特征数。

为解析某些物理过程的需要，可由基本特征数或与有关物理量组合导出其它形式的派生特征数。

7.4.3　相似特征数的转换

相似特征数的形式是可以改变的。如在用相似转换法时，从式(7-18) 一组等式中，可以随意写出一些等式组，从而写出不同形式的特征数。又如在量纲分析法举例中，得到的特征数 π_2 就是雷诺数的倒数。虽然相似特征数的形式有许多，但其中独立的相似特征数的数目却是固定的。方程分析法得出的独立特征数数目等于方程式中不同类型的项数减 1；量纲分析法得出的独立特征数数目是描述现象的物理量个数 n 减基本量纲数 m。

独立的相似特征数称为"原始特征数"（基本特征数），其它特征数都是原始特征数形式的改变。

① 相似特征数的 n 次方也是相似特征数。

$$\left(\frac{\mu}{\rho u L}\right)^{-1} = \frac{\rho u L}{\mu} \text{ 都称为 } Re \text{ 数}$$

② 相似特征数的幂次乘积 $\pi_1^{n1} \pi_2^{n2} \cdots \pi_k^{nk}$ 仍是相似特征数。

$$Fr \cdot Re^2 = \frac{gL}{u^2} \cdot \left(\frac{\rho u L}{\mu}\right)^2 = \frac{g\rho^2 L^3}{\mu^2} = Ga \tag{7-26}$$

$$\text{称为 Galileo（伽利略）数}$$

其物理意义为重力与黏性力的比值。

③ 相似特征数乘无量纲的数，仍是相似特征数。

$$Ga \cdot \left(\frac{\rho - \rho_0}{\rho}\right) = \frac{gL^3}{\nu^2} \cdot \frac{\rho - \rho_0}{\rho} = Ar \tag{7-27}$$

称为 Archimedes 数（阿基米德），其物理意义为由于流体密度差引起的浮力与黏性力的比值。

若气体密度差取决于温度差 ΔT，β 代表气体的温度膨胀系数，则 $\frac{\rho - \rho_0}{\rho} = \beta \Delta T$，有

$$\frac{gL^3}{\nu^2} \beta \Delta T = Gr \qquad Gr \text{ 称为格拉晓夫（Grasshof）数} \tag{7-28}$$

其物理意义：表示气体上升力与黏滞力的比值。

④ 相似特征数的和或差仍是相似特征数。

⑤ 相似特征数中的任一物理量用其差值代替仍是相似特征数。

7.5　相似模型研究方法

相似理论提供了模型研究的理论基础，模型研究方法其实质就是在相似理论的指导下，建立与实际问题相似的模型，并对模型进行实验研究，把所得的结论推广到实际问题中去。也就是运用相似理论解决实际问题的具体方法。

7.5.1　模型相似条件

模型研究法的关键就是首先要建立与实际问题相似的实验室模型。要想保证所建模型与实际相似，必须满足如下条件。

① 几何相似　所建立的模型是实际模型按一定比例缩小的模型，即模型与实际各部分的比例应为同一常数。

② 物理相似　模型与实际过程中所进行的应为同一类过程，即两过程服从同一自然规律，有形式相同的控制方程，并且在过程发展的任一时空点上同名相似特征数必须存在且有相同的数值。

③ 定解条件相似　在过程开始时两过程应有完全相似的状态，并且在边界处应始终保

持相似。

应该指出，在实际的模型设计中要做到完全相似是非常困难的，几乎是不可能的，所以模型研究方法一般是将次要的因素忽略，仅保证主要因素作用下相似即可。例如不可压缩黏性流体的稳定流动，要想同时保证模型与实际中的 Re 与 Fr 相等，当模型与实物的几何尺寸不是 1∶1 时是很难实现的。

因为要 $Re' = Re''$，即

$$\frac{u'L'}{\nu'} = \frac{u''L''}{\nu''} \tag{7-29}$$

故

$$C_u = \frac{u''}{u'} = \frac{\nu''L'}{\nu'L''} = \frac{C_\nu}{C_l} \tag{7-30}$$

同时要求 $Fr' = Fr''$，即

$$\frac{g''L''}{u''^2} = \frac{g'L'}{u'^2} \tag{7-31}$$

$C_g = 1$，故

$$C_u^2 = \frac{u''^2}{u'^2} = \frac{g''L''}{g'L'} = \frac{L''}{L'} = C_l$$

即

$$C_u = \sqrt{C_l} \tag{7-32}$$

联立式(7-30) 和式(7-32) 得：

$$C_\nu = \sqrt{C_l^3} \tag{7-33}$$

式(7-33) 表明模拟介质与实际介质的黏性之比强烈地依赖于模拟与实物的尺寸比，当模型与实物不是 1∶1 时，模拟介质有时是找不到的。如取 $C_l = \dfrac{1}{10}$，则 $C_\nu = \dfrac{1}{31.6}$，这几乎是办不到的。上述说明当定性特征数有两个时，模型中的介质选择都已是很困难的了。当定性特征数更多时，介质的选取就更加困难了，除受模型几何比例的影响之外，还将受到运动相似特征数的制约，所以建立近似相似模型是模型研究法得以实用的前提。

7.5.2　近似模型法

所谓近似模型法就是在进行模型研究时，分析在相似条件中哪些因素对过程是主要的，起决定作用的，哪些是次要的，所起作用不大。对前者要尽量加以保证，而对后者只做近似的保证，甚至忽略不计。这样一方面使相似研究能够进行，另一方面又不致引起较大的误差，例如管道内流动，人们常取 Re 为决定性特征数，而略去 Fr，对自然流动常常取 Fr 为决定性特征数，略去其它特征数的影响。

（1）流体流动的稳定性与自模化

对于黏性流体流动过程往往存在着稳定性与自模化的特征，它使得近似模型建立易于实现，并取得较理想的效果。

① 稳定性　大量实验表明，黏性流体在管道中流动时，不管入口处速度分布如何，流经一段距离后，速度分布的形状就固定下来，这种特殊性称为稳定性。黏性流体在复杂形状的通道中流动，也具有稳定性的特征。所以在进行模型实验时，只要在模型入口前一段为几何相似的稳定段，就能保证进口速度分布相似。同样出口速度分布的相似也不用专门考虑，只要保证出口通道几何相似即可。

② 自模化　在管道流动中，决定流体流动状态的特征数是 Re，当 Re 小于某一定值（称为第一临界值）时，流动呈层流，其速度分布彼此相似，与 Re 的大小无关。对管道流

动，无论流速如何，沿截面的速度分布形状总是一轴对称的旋转抛物面，这种特性称为"自模化性"。当 Re 大于第一临界值，流动处于从层流到湍流的过渡状态。流动进入湍流状态后，如 Re 继续增加，它对湍流程度及速度分布的影响逐渐减小，当达到某一定值（称为第二临界值）以后，流动又一次进入自模化状态，即不管 Re 多大，流动状态与速度分布不再变化，都彼此相似。通常将 Re 小于第一临界值的范围叫"第一自模化区"，而将 Re 大于第二临界值的范围叫"第二自模化区"。在进行模型研究时，只要模型与实物中的流体流动处于同一自模化区，模型与实物中的 Re 即使不相等，也能做到速度分布相似，这给模型研究带来很大方便。当实物中的 Re 值远大于第二临界值时，模型中的 Re 稍大于第二临界值即可，就能做到流动相似。在模型实际设计时，选用容量较小的泵或风机就能满足要求。理论分析与实验结果都表明，流动进入第二自模化区后，阻力系数（或 Eu）不再变化，为一定数，这可作为检验模型中的流动是否进入第二自模化区的一个标志。

③ 近似模拟 在实际中，流体的温度和相应的物性是变化和不均匀的。因此，模型设计也必须考虑流体流动中的温度场相似，有关温度场相似的特征数是 Pr（$Pr = v/a$，v 为运动黏性，也即动量扩散系数，a 为热扩散系数），即模型与实物应具有相同的 Pr，这就使得问题更加困难。在某些情况下可实现近似的冷态等温模拟，即"冷模拟"，它与热态模拟有一定的偏差，要进行必要的修正。但实践表明，冷模拟的结果对工程问题也有着相当大的指导意义，所以现在人们还常常用冷模拟去研究实际问题。

（2）模型设计

① 选择决定性特征数 物理过程的相似是以几何相似为前提条件，而模型的几何相似一般易于做到。对于复杂结构的模拟现象，除了出口和入口及主要考查区域以外，几何相似还可以略有放宽。

完全的物理相似不易做到，需要按照所研究过程的特点选择决定性相似特征数，这样的选择需根据具体问题做具体分析。如研究黏性流体在强制下的流动性质及阻力的问题，起决定性作用的因素为黏性力和惯性力，故 Re 可选为决定性特征数。如这一流动中重力也起着不可忽略的作用，Fr 也就是决定性特征数；如该流动在某一自模化区域内，仅取 Fr 为决定性特征数即可。

② 模型尺寸及实验介质的选取 模型与实际设备形状及主要部位应按同一比例缩小，才能保证几何相似。模型尺寸及实验介质的物性常常相互制约，这一制约关系决定于定性特征数。对仅有一个决定性特征数的近似相似，模型尺寸的比例方程较为简单。

③ 定型尺寸及定性温度 在决定性特征数（如 Re、Fr）中一般包含有几何尺寸，它为参与过程的物体或空间有决定性意义的几何特征量，可为流体流过物体的空间路程，也可为管道直径等。不同的定型尺寸当然会有不同的特征数值。而决定性特征数中的物性参数（如 ρ、v）一般为温度的函数，这一温度称为定性温度。一般常取流体的平均温度。

（3）实验结果处理

模型实验数据常常要整理成特征数方程式，一般的特征数方程取如下具体形式

$$\pi_{\text{非}i} = C\pi_{\text{决}1}^{n_1}\pi_{\text{决}2}^{n_2}\cdots\pi_{\text{决}m}^{n_m} \tag{7-34}$$

式中，$\pi_{\text{非}i}$ 为任意非定性特征数；$\pi_{\text{决}1}$、$\pi_{\text{决}2}\cdots$、$\pi_{\text{决}m}$ 为定性特征数；C、n_1、$n_2\cdots$、n_m 为待定常数。

式中各特征数可以由实验数据整理出来，只要能确定各常数，特征数方程式就求出来了。

例 7-1 试将稳态的不可压缩黏性流体运动微分方程无量纲化。

解： 稳态的不可压缩黏性流体运动方程在直角坐标系中 x 方向分量式为

$$u_x\frac{\partial u_x}{\partial x}+u_y\frac{\partial u_x}{\partial y}+u_z\frac{\partial u_x}{\partial z}=g_x-\frac{1}{\rho}\frac{\partial p}{\partial x}+\nu\left(\frac{\partial^2 u_x}{\partial x^2}+\frac{\partial^2 u_x}{\partial y^2}+\frac{\partial^2 u_x}{\partial z^2}\right)$$

取特征量 v（特征速度）、l（特征长度）、Δp（特征压差），g（重力加速度），各量可化为无量纲量。

$$u_x^*=\frac{u_x}{V},u_y^*=\frac{u_y}{V},u_z^*=\frac{u_z}{V},x^*=\frac{x}{l},y^*=\frac{y}{l},z^*=\frac{z}{l}$$

$$p^*=\frac{p}{\Delta p},g_x^*=\frac{g_x}{g}$$

带入方程中，整理后得

$$u_x^*\frac{\partial u_x^*}{\partial x^*}+u_y^*\frac{\partial u_x^*}{\partial y^*}+u_z^*\frac{\partial u_x^*}{\partial z^*}=g_x^*\frac{gl}{u^2}-\frac{\Delta p}{\rho u^2}\frac{\partial p^*}{\partial x^*}+\frac{\nu}{ul}\left(\frac{\partial^2 u_x^*}{\partial x^{*2}}+\frac{\partial^2 u_x^*}{\partial y^{*2}}+\frac{\partial^2 u_x^*}{\partial z^{*2}}\right)$$

即为无量纲化的稳态不可压缩黏性流体运动方程。其中出现的无量纲系数分别表示为：

$$\frac{gl}{u^2}=\frac{1}{Fr},\quad\frac{\Delta P}{\rho V^2}=Eu,\quad\frac{\nu}{ul}=\frac{1}{Re}$$

y、z 方向的分量式可按相同方法无量纲化，出现的无量纲数相同。

例 7-2　设圆管中黏性流动的管壁切应力 τ 与管径 d，粗糙度 ε，流体密度 ρ，黏度 μ，流速 u 有关，试用量纲分析法求它们的关系式。

解： 根据题意，切应力与有关量的关系式为

$$f(\tau,\rho,u,d,\mu,\varepsilon)=0$$

取基本量：ρ，u，d

切应力的量纲可表示为

$$[\tau]=[\rho]^{x_1}[u]^{y_1}[d]^{z_1}$$
$$ML^{-1}T^{-2}=[ML^{-3}]^{x_1}[LT^{-1}]^{y_1}[L]^{z_1}$$

对 M：$1=x_1$

对 L：$-1=-3x_1+y_1+z_1$

对 T：$-2=-y_1$

解得：$x_1=1$，$y_1=2$，$z_1=0$；所以 $\pi_1=\dfrac{\tau}{\frac{1}{2}\rho u^2}$

同理，再由 $[\mu]=[\rho]^{x_2}[u]^{y_2}[d]^{z_2}$

解出：$x_2=1$，$y_2=1$，$z_2=1$；所以 $\pi_2=\dfrac{\rho ud}{\mu}=Re$（雷诺数）

再由 $[\varepsilon]=[d]$　　　　得：$\pi_3=\dfrac{\varepsilon}{d}$（相对粗糙度）

由 π 定理可得无量纲方程　　　　$f(\pi_1，\pi_2，\pi_3)=0$

或写成　　　　$\dfrac{\tau}{\frac{1}{2}\rho u^2}=F\left(\dfrac{\rho ud}{\mu},\dfrac{\varepsilon}{d}\right)$

所求的关系式为　　　　$\tau=\dfrac{1}{2}\rho u^2 F\left(Re,\dfrac{\varepsilon}{d}\right)$

例 7-3　按 1：30 比例制成一根与空气管道几何相似的模型管，用黏性为空气的 50 倍，而密度为 800 倍的水做模型实验。

① 若空气管道中流速为 $6m/s$，问模型管中水速应多大才能与原型相似？

② 若在模型中测得压降为 $226.8kPa$，试求原型中相应的压降为多少？

解：①根据相似原理，对几何相似管（包括相对粗糙度 $\frac{\varepsilon}{d}$ 相等），当流动 Re 数相等时，流动达到力学相似，（P 表示原型，m 表示模型）。则

$$\left(\frac{\rho l u}{\mu}\right)_P = \left(\frac{\rho l u}{\mu}\right)_m$$

模型管水速应为

$$u_m = u_P\left(\frac{\rho_P}{\rho_m}\right) \cdot \left(\frac{l_P}{l_m}\right) \cdot \left(\frac{\mu_m}{\mu_P}\right) = 6 \times \frac{1}{800} \times \frac{30}{1} \times \frac{50}{1}$$

$$= 6 \times \frac{15}{8} = 11.25 m/s$$

② 由 Eu 数相等

$$\left(\frac{\Delta p}{\frac{1}{2}\rho u^2}\right)_P = \left(\frac{\Delta p}{\frac{1}{2}\rho u^2}\right)_m$$

原型压降

$$\Delta p_P = \Delta p_m \cdot \left(\frac{\rho_P}{\rho_m}\right) \cdot \left(\frac{u_P}{u_m}\right)^2 = 226.8 \times 10^3 \times \frac{1}{800} \times \left(\frac{8}{15}\right)^2 = 80.64 Pa$$

对本例，若在模型管中仍以空气为介质，由 Re 数相等，得到模型管中的空气流速应达到 $u_m = 180m/s$，这时空气压缩性就不能忽视，则与原型的流动不同了，但用介质水后，$u_m = 11.25m/s$，便达到了动力相似。

例 7-4　一油池通过直径 $d = 250mm$ 的管路以 $140L/s$ 的流量输送运动黏性系数 $\nu = 0.75cm^2/s$ 的石油，为了确定避免油面发生旋涡将空气卷入管道的最小油深 h_{min}，在 $1:5$ 的模型中做实验。问：

① 模型中液体的 ν_m 和流量 Q_m 为多少？

② 模型中观察到的 h_{min} 为 $60mm$ 时，原型中的 h_{min} 应为多少？

解：本问题涉及黏性流动与液面运动，相应的相似准则为 Re 数和 Fr 数，通过选取模型中液体适当的 ν_m 值，实现 Re 数与 Fr 数均相等的力学相似

① 由 Fr 数相等

$$\left(\frac{u^2}{gh}\right)_P = \left(\frac{u^2}{gh}\right)_m \qquad 得 \frac{u_m}{u_P} = \sqrt{\frac{h_m}{h_P}}$$

由 Re 数相等

$$\left(\frac{ud}{\nu}\right)_P = \left(\frac{ud}{\nu}\right)_m$$

几何关系

$$\frac{h_m}{h_P} = \frac{d_m}{d_P} = \frac{1}{5}$$

所以

$$\nu_m = \nu_P\left(\frac{u_m}{u_P}\right) \cdot \left(\frac{d_m}{d_P}\right) = \nu_P\sqrt{\frac{h_m}{h_P}} \cdot \left(\frac{d_m}{d_P}\right)$$

$$= \nu_P \cdot \left(\frac{1}{5}\right)^{3/2} = 0.75 \times \left(\frac{1}{5}\right)^{3/2} = 0.067 cm^2/s$$

因为
$$Q = u \cdot \frac{\pi}{4} d^2$$

所以
$$Q_m = Q_P \cdot \frac{u_m}{u_P} \cdot \frac{d_m^2}{d_P^2} = Q_P \cdot \sqrt{\frac{h_m}{h_P}} \cdot \left(\frac{d_m}{d_P}\right)^2$$
$$= 140 \times \left(\frac{1}{5}\right)^{5/2} = 2.5 \text{L/s}$$

② 由几何关系相似，便可获得原型中的最小油深
$$(h_{\min})_P = (h_{\min})_P \times 5 = 60 \times 5 = 300 \text{mm}$$

例 7-5　已知光滑管中不可压缩流动的沿程水头损失 h_f 决定于管路直径 d、长度 l、流体密度 ρ、动力黏性系数 μ、平均流速 u 和重力加速度 g。试用因次分析法建立 h_f 的物理方程式形式。

解：因次分析法　　　　$h_f = f(\rho, u, d, \mu, g, l)$

取 ρ、u、d 三个物理量为基本量，推导无因次 π 项

$$[\mu] = [\rho]^{\alpha_1} [u]^{\alpha_2} [d]^{\alpha_3}$$
$$[ML^{-1}\tau^{-1}] = [ML^3]^{\alpha_1} [L\tau^{-1}]^{\alpha_2} [L]^{\alpha_3}$$

$$M: 1 = \alpha_1 \qquad\qquad \alpha_1 = 1$$
$$\tau: -1 = -\alpha_2 \qquad\qquad \alpha_2 = 1$$
$$L: -1 = 3\alpha_1 - \alpha_2 + \alpha_3 \qquad \alpha_3 = 1$$

$$\pi_1 = \frac{\rho u d}{\mu} = Re$$

$$[g] = [\rho]^{\beta_1} [u]^{\beta_2} [d]^{\beta_3}$$
$$[L\tau^{-2}] = [ML^3]^{\beta_1} [L\tau^{-1}]^{\beta_2} [L]^{\beta_3}$$

$$M: 0 = \beta_1 \qquad\qquad \therefore \beta_1 = 0$$
$$\tau: -2 = -\beta_2 \qquad\qquad \therefore \beta_2 = 2$$
$$L: 1 = 3\beta_1 + \beta_2 + \beta_3 \qquad \therefore \beta_3 = -1$$

$$\pi_2 = \frac{u^2}{gd}$$

由于 h_f 是和 l 成正比，则写成

$$\frac{h_f}{l} = f\left(Re \cdot \frac{u^2}{gd}\right)$$

其实，$\dfrac{h_f}{l}$ 也是一个 π 项。

试验证明：$\dfrac{h_f}{l}$ 和 $\dfrac{u^2}{gd}$ 成正比，故　$h_f = \lambda \dfrac{L}{d} \dfrac{u^2}{2g}$
$$\lambda = f(Re)$$

本　章　小　结

本章详细叙述了相似的概念，相似原理的相似三个定理，推导相似特征数的方法，相似特征数的物理意义。

介绍相似原理指导下的模型研究方法，是指不直接在实物中研究现象或过程本身，而是用与实物相似的模型来进行研究的一种方法，这为复杂的冶金过程的研究提供了有效的方法。

习　题

7-1　已知光滑管中不可压缩流动的沿程水头损失 h_f 决定于管路直径 d、长度 l、流体密度 ρ、动力黏性系数 μ、平均流速 u 和重力加速度 g。试用因次分析法建立 h_f 的物理方程式形式。

$$\left[\text{答：} \frac{h_f}{l} = f\left(Re \cdot \frac{u^2}{gd}\right)\right]$$

7-2　直径为 600mm 的光滑风管，平均流速为 10m/s，现用直径为 50mm 的光滑水管进行模型试验，为了动力相似，水管中的流速应为多大？若在水管中测得压差为 500mm 水柱，则在原型风管中将产生多大的压差？设水和空气的温度均为 20℃。

（答：$u_m = 7.9\text{m/s}$，$\Delta P_n = 9.5\text{N/m}^2$）

7-3　某建筑物的模型，在风速为 8m/s 时，迎风面压强为 $+40\text{N/m}^2$，背风面压强为 -24N/m^2。若温度不变，风速增至 10m/s，则迎风面和背风面的压强将为多少？

（答：$+62.5\text{N/m}^2$，-37.5N/m^2）

7-4　测定水管阀门的局部阻力系数，拟用同一管道通过空气的办法进行。水和空气的温度均为 20℃，管路直径 $d = 50\text{mm}$，水速为 $u_n = 2.5\text{m/s}$，风速 u_m 应为多大？通过空气时测得的压差应扩大多少倍方为通过水时的压差？

（答：$u_m = 39\text{m/s}$，$C_{\Delta P} = 3.40$）

7-5　汽车高 $h_n = 1.5\text{m}$，最大行速 $u_n = 108\text{km/h}$，拟在风洞中测定其阻力系数：

① 已知风洞的最大风速 $u_m = 45\text{m/s}$，求模型的最小高度；

② 模型中测得阻力 $P_m = 1.50\text{kN}$，求原型汽车所受的阻力。

（答：$h_m = 1.0\text{m}$，$P_n = 0.67\text{kN}$）

7-6　油的运动黏性系数为 $4.645 \times 10^{-5}\text{m}^2/\text{s}$，用于黏滞阻力和重力都起主要作用的现象中，若模型几何比尺 $C_L = 5$，求模型液体所应有的运动黏性系数值。

（答：$\nu_m = 4.15 \times 10^{-6}\text{m}^2/\text{s}$）

7-7　直径为 0.3m 的水管中，流速为 1m/s，水温为 20℃，某段压降为 70kN/m²，现用几何比尺为 3 的小型风管作模型试验，空气温度也为 20℃，两管流动均为水力光滑，求

① 模型中的风速；

② 模型相应管段的压降。

（答：46.8m/s，185kN/m²）

7-8　某蓄水库几何比尺 $C_l = 225$ 的小模型，在开闸后 4min 可放空库水，问原型中放空库水需多长时间？

（答：60min）

7-9　氢气球在大气中上升的速度用几何比尺 $C_l = 50$ 的小氢气球在水中上浮的现象来模拟，已知氢气球连同球壁的平均容重为 6N/m³，水和空气均为 20℃，求模型速度和原型速度的换算关系。

（答：$u_n = 0.0315 u_m$）

7-10　机翼弦长为 1m，在空气中以 41.0m/s 的速度飞行，模型翼弦长 83mm，放在速度为 48.2m/s 的风洞中做试验，二者的空气温度相同，为保证动力相似，风洞中的压强应为多大？如测得模型机翼的绕流阻力为 10N，则原型中的阻力将为多大？

（答：10.2 个大气压，102N）

7-11　在温度为 20℃ 的水中有一潜体模型，长 1.5m，以 3m/s 的速度拖曳时阻力为 14kN，若在 15℃ 的大气中运动，速度为 18m/s，则潜体长度应为多大才能达到动力相似？并估算其阻力。

（答：3.75m，3.88kN）

7-12　小型船只所受的主要作用力为重力、摩擦阻力和表面张力，为了同时满足这三种物理力的相似，流体的物性参数 ρ、σ 和 ν 之间应满足怎样的比尺关系式？

（答：$C_\nu^{8/3} = \dfrac{C_\sigma}{C_\rho}$）

第二篇　热　量　传　输

热量传输，是自然界的普遍现象。根据物理化学的观点，宏观上体系和环境之间通过做功传递能量，而从微观角度来说，由于温度差的存在，体系和环境之间能通过分子的互动传递能量，这种能量的传递即热传递。需要注意的是体系和环境均不具有热量而只具有能量，热是能量的传递。因此，热和功一样均为过程函数而非状态函数，与其路径有关，热量也不是物质的一种性质。传热，其根本驱动力在于温度差，或者温度梯度的存在，正如动量传输内容中所提到的速度梯度。

第8章　传热基本概念与方程

热量的传递方式有三种：导热（传导）、对流、辐射，这一点和中学物理所提到的说法无异。作为更深入的理解，对流是一种涉及流体质量迁移的传热过程，与其说对流传热，倒不如讲具有流体质量对流的传热来得贴切，但从惯例出发，我们仍沿用传统说法称之为对流传热。

实际工程传热问题的复杂性在于三种传递方式往往是耦合起作用的，即传热不是由单一的方式进行，而是由三种或其中两种任意组合的。例如钢水连铸过程，在钢水进入结晶器形成初坯到完全凝固的铸坯切割这一段距离内，就是一个三种传热方式耦合作用的过程：在结晶器内，冷却水起强制冷却作用，钢水在弯月面形成初生坯壳。结晶器内的传热包括钢水与铜壁、钢水与气隙层、气隙层与铜壁、铜壁与冷却水、冷却水与周围环境等方面的传热，其机理与过程都相当复杂。铸坯出结晶器后，在二冷区之间喷水冷却或者气雾冷却，此时冷却介质和铸坯的对流换热，铸坯内部的潜热释放造成铸坯温度的反复变化，在空冷段则主要考虑辐射散热。从整个连铸过程来看，涉及的传热方式包括了我们所讲的三种方式，而且很多情况下三种传热方式同时发生，这种工程上的复杂性为问题的求解带来极大的挑战。但是，遵循从简单到复杂的原则，我们往往将复杂问题分解，找到最基本的单元与模块，再找出它们之间的耦合规律，逐步地解决实际问题。

8.1　热量传输的基本概念

（1）温度场、等温面和温度梯度

关于场、等值面、梯度的概念在动量传输篇中已有较详细的介绍，现在把这些概念用于热量传输。

发生热量传输时，物体各点温度一般地说是不同的，而且随时间而变。物体温度随空间坐标的分布和随时间而变化的规律叫温度场。以直角坐标为例，温度 t 对空间坐标和时间的函数可表示为

$$t = f(x, y, z, \tau) \tag{8-1}$$

式中，x、y、z 为空间某点的坐标；τ 为时间。

式(8-1) 表示空间任意点（x，y，z）在任意时刻 τ 的温度为 t，也可表示为其它坐标的函数，如柱坐标等。同时，在研究热量传输时，也将研究的对象看成连续介质，认为温度场是连续的，是连续函数。

$$dt = \frac{\partial t}{\partial \tau}d\tau + \frac{\partial t}{\partial x}dx + \frac{\partial t}{\partial y}dy + \frac{\partial t}{\partial z}dz \tag{8-2}$$

若一温度场仅是空间坐标的函数，与时间无关，这个温度场就是稳定的或定态的温度场，如果一温度场既是空间坐标的函数，也是时间的函数，该温度场就是不稳定的或不定态温度场。

温度场可以是一维的，也可以是多维的。直角坐标系下的各温度场及其特点见表 8-1。

表 8-1　温度场的类别及特点

温度场	一维	二维	三维	特点
稳定	$t = f(x)$	$t = f(x, y)$	$t = f(x, y, z)$	$\frac{\partial t}{\partial \tau} = 0$
不稳定	$t = f(x, \tau)$	$t = f(x, y, \tau)$	$t = f(x, y, z, \tau)$	$\frac{\partial t}{\partial \tau} \neq 0$

温度场中，同一时刻，由温度相同的点所构成的面为等温面。一平面和一系列等温面相交，得一族等温线。等温面（线）就是温度场中的等值面（线）。下面直接引用方向导数和梯度的概念，定义

$$\lim_{\Delta l \to 0} \frac{\Delta t}{\Delta l} = \frac{\partial t}{\partial l} \tag{8-3}$$

为温度场中 l 方向的温度的方向导数。定义

$$grad\, t = \frac{\partial t}{\partial n} \tag{8-4}$$

即等温面的法线方向的方向导数为温度梯度。温度梯度就是取值最大的方向导数。同样，温度梯度为向量，由低温到高温为正。温度梯度的概念示意于图 8-1。

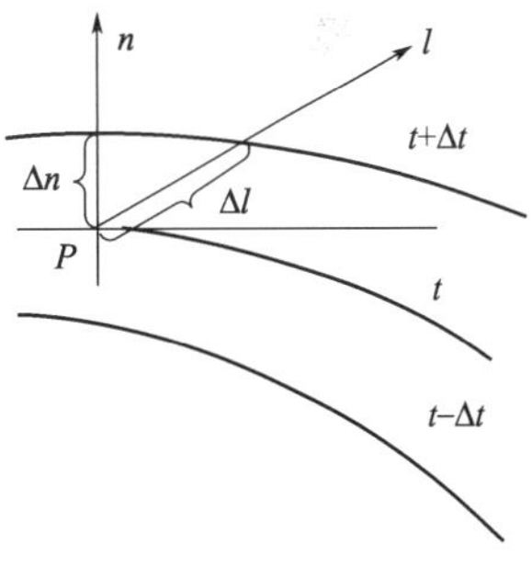

温度梯度是单位距离上的最大温度差，它更深刻地表征了温度差的相对大小，故此可以说温度梯度是热量传输的推动力或根本条件。凡涉及传热的有关问题，从根本上说，都要涉及温度场和温度梯度的求解。

（2）稳定态传热与不稳定态传热

稳定温度场下发生的传热称稳定态传热，简称定态传热或稳态传热。以导热为例，定态传热时，物体各处温度不随时间变化，物体不吸热，也不放热，没有热量的蓄积，仅起导热的作用。通过物体的导热量为常数。

图 8-1　温度梯度的概念

不定态温度场下发生的传热为不稳定态传热或称不定态传热，非稳态传热。例如，不定态导热时，物体因温度不断变化。随时都在吸收热量（或放出热量），有热量的蓄积，通过物体的导热量则不是常数。

定态传热可看作不定态传热的特例。一些传热过程，开始多具有明显的不定态特征。随

时间的推移，最终可转化为定态传热过程。以炉子炉墙为例，刚点火时，炉子逐渐升温，炉墙各处温度每时每刻都在变化，这一阶段炉墙的导热即属不定态导热；经足够长的时间后，炉子进入正常工作状况，炉墙温度不再变化，就进入了定态导热的阶段。

（3）传热系数与热阻

实践证明，各种传热过程的传热量都和温度差 Δt，传热面积 A，以及传热时间成正比，其计算式为

$$Q = K\Delta t A\tau \quad (J) \quad 或 \quad Q = K\Delta t A \quad W \tag{8-5}$$

或

$$q = K\Delta t \quad W/m^2 \tag{8-6}$$

式中，Q 为总传热量（J）或热流量（W）；q 为传热通量，W/m^2；Δt 为温度差，℃；A 为传热面积，m^2；τ 为传热时间 s；K 为比例系数，称传热系数，$W/(m^2 \cdot ℃)$。传热系数具有单位传热量的含意，在数值上等于 $\Delta t = 1℃$，$A = 1m^2$，$\tau = 1s$ 时的传热量。

式(8-5) 和式(8-6) 可以改写为

$$Q = \frac{\Delta t}{\dfrac{1}{KA}} = \frac{\Delta t}{R_f} \tag{8-7}$$

$$q = \frac{\Delta t}{\dfrac{1}{K}} = \frac{\Delta t}{R} \tag{8-8}$$

式(8-7) 中的 $R_f = \dfrac{1}{KA}$（℃/W），称为总传热面积上的热阻。式(8-7) 中的 $R = \dfrac{1}{K}$（$m^2 \cdot ℃/W$），为单位传热面积的热阻。上两式和电学中欧姆定律相类似。基于这一点，有研究和计算传热问题的电模拟法。

传热系数和热阻是传热中的两个极为重要的概念。对传热过程的解析，首要或核心的问题多是如何确定传热系数或热阻。

8.2　传热的基本方式

（1）导热

导热是一种最基本的传热方式，冬天握着盛着热水的茶杯会感到暖和，这份热量就是传导传递的。因此传导是针对接触而言的，发生在彼此接触的两物体之间或者同一物体温度不同的两个部分之间。这是对导热这一宏观物理现象的描述性定义。从微观机理角度而言，导热是依靠分子的热运动来进行传递的。

导热的宏观定律或者基本规律是傅里叶定律

$$Q = -\lambda \frac{\partial t}{\partial x} \cdot A \quad W$$

或

$$q = -\lambda \frac{\partial t}{\partial x} \quad W/m^2 \tag{8-9}$$

式中　Q——热流量，即单位时间传递的热量，W。

　　q——热通量（热流密度），即单位时间通过单位面积传递的热量，W/m^2。

　　λ——热导率，$W/(m \cdot ℃)$，是傅里叶定律表达式中的比例系数，其定义为

$$\lambda = \frac{q}{-\dfrac{\partial t}{\partial x}} \quad W/(m \cdot ℃)$$

即热导率等于沿导热方向的单位长度上，温度降低 1℃，单位时间通过单位面积的导热量。

热导率反映了物体导热能力的大小，它是物质的一个重要的热物性参数。

λ 大则导热能力强，例如钢的热导率比铝小，合金钢的热导率往往比低碳钢的小，因此在浇注成型时会带来更多困难。影响 λ 大小的因素最主要的是物质种类，其次还有温度、压力、密度、湿度等，相比较而言温度是更重要的因素。固体的热导率 [2.2～420 W/(m·℃)] 大于液体 [0.07～0.7W/(m·℃)]，气体的最小 [0.006～0.6W/(m·℃)]，但是对金属液一般在 1.75～87W/(m·℃)。工程上把室温下 λ＜0.2W/(m·℃) 的材料称为绝热材料。一般它是多孔的，就是利用气体热导率小。

一般工程材料热导率和温度的关系可简化为

$$\lambda = \lambda_0(1 + bt) \tag{8-10}$$

傅里叶定律可以改写为

$$q = -\lambda\frac{\partial t}{\partial x} = -\frac{\lambda}{\rho c_p}\frac{\partial(\rho c_p t)}{\partial x} = a\frac{\partial(\rho c_p t)}{\partial x} \tag{8-11}$$

式中

$$a = \frac{\lambda}{\rho c_p} \qquad (m^2/s) \tag{8-12}$$

是与导热系数相对应的一个概念，称导温系数（热扩散系数）。c_p 为比热容，kJ/(kg·℃)；ρ 为物体的密度，kg/m³。

从式(8-11) 中看 $\dfrac{\partial(\rho c_p t)}{\partial x}$ 的单位

$$\frac{\partial(C_p\rho t)}{\partial y} \rightarrow \frac{J/kg·℃\times kg/m^3\times℃}{m} = \frac{J/m}{m^3}$$

即是单位体积物体的热量梯度。

再来讨论一下导温系数 a 的物理意义。c_p 为比热容 [kJ/(kg·℃)]，其物理意义是单位质量物质升高或降低 1℃ 所吸收或放出的热量，所以 ρc_p 表征了单位体积物质的蓄热或放热能力。因此 a 表示物质的导热能力和蓄热（放热）能力的比值，a 数值大则导热能力比蓄热（放热）能力大，物体传播热量的能力就强，或传播热量的速度快。反之 a 小则热量传播能力就弱，或热量传播的速度就慢。

比较牛顿黏性定律中的 $\dfrac{d(\rho u_x)}{dy}$ 为单位体积流体的动量梯度。傅里叶定律反应了热量传递（导热）的最基本规律，因此它和牛顿黏性定律具有类似的作用和地位。

（2）对流

流体流过表面时与该表面之间所发生的热量传输过程，即有流体存在，并有流体宏观运动情况下所发生的传热叫对流。根本驱动力在于温度梯度的存在，前提条件是有流体流动发生。当流体流过一热表面时，热量首先通过导热方式从壁面传递给邻近的流体，然后由于流动作用将受热流体带到低温区域并与其它流体混合（发生了质量传输），从而把热量传给了低温流体部分。因此可见，对流发生的地方必然发生导热，反之则未必。

按照流动的起因分类有强制对流和自然对流两类。高炉鼓风冶炼、氧枪吹氧炼钢、钢包底吹氩搅拌等是强制对流的典型代表。因此强制对流的定义是：由于外力作用而引起的流动。在冶金生产中存在另外一种现象，例如中间包、钢包内各部位由于温度不均匀而引起的钢水的自发流动，各种高温炉衬或炉盖向空气中散热而引起的空气流运动，这些是无外力推动的。因此，由于流体各部分温度不同导致各部分密度不同而引起的流动称为自然流动。

需要注意的是由于出发点的不同，对流有很多另外的分类法。如从运动状态分可有层流对流和紊流对流之分；从传热机理出发，有层流边界层对流和紊流边界层对流之分。但不管哪种对流形式，它们的热流量或者传热速率都可以按照牛顿（Newton）公式计算

$$Q = \alpha F(t_W - t_f) \qquad \text{W} \tag{8-13}$$

或

$$q = \alpha(t_W - t_f) \qquad \text{W/m}^2 \tag{8-14}$$

式中，α 为对流给热系数 $[\text{W}/(\text{m}^2 \cdot ℃)]$；$t_f$ 为流体介质温度，℃；t_W 为固体温度，℃；F 为传热的面积，m^2。

α 的大小反映对流给热过程的强弱，牛顿公式并没有揭示对流给热过程各因素的内在联系，而是仅仅把所有影响因素都集中到对流给热系数 α 中。所以，研究和确定 α 值是对流传热研究的重点和核心所在。

（3）辐射传热

辐射是依靠电磁波的发射与吸收传递能量的过程，除了和物体自身的性质、表面状况和温度有关外，还和物体的空间几何关系密切相关。

热辐射是由于物体的温度原因产生的热效应。辐射的机理与传导及对流完全不同，因此其基本规律也不同。传导与对流的驱动力在于温度梯度，而具有温度的物体都向外热辐射。

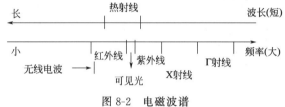

图 8-2　电磁波谱

任何物体，只要其温度在绝对零度以上，由于原子中电子激化的结果，将以电磁波的形式向外发射能量，物体温度越高，发射的能量越多。

电磁波按波长分无线电波、红外线、可见光、紫外线、X 射线、γ 射线、宇宙射线七类，见图 8-2。

热射线的波长范围是 $0.1 \sim 100 \mu\text{m}$，包括红外线、可见光、少量的紫外线。

热辐射是自然界中一切物体的固有属性。温度高的物体在发生热辐射，温度低的物体也在发射热辐射，任何物体在发生热辐射的同时，也在不断地吸收来自其它物体的热辐射，并将其转化为自身的内能。两个互不接触物体表面间互相辐射与吸收，就形成辐射传热过程。若两物体辐射和吸收相抵，辐射热交换量为 0，这时称为动态平衡。

辐射传热的最基本定律是斯蒂芬-波尔茨曼定律（J. Stefan-D. Boltzman）。

$$E_b = \sigma_b T^4 \tag{8-15}$$

式中　E_b——黑体的辐射力，W/m^2；

　　　σ_b——黑体的辐射常数，$\sigma_b = 5.67 \times 10^{-8}$，$\text{W}/(\text{m}^2 \cdot \text{K}^4)$；

　　　T——温度，K。

又称四次方定律

$$E_b = C_0 \left(\frac{T}{100}\right)^4 \qquad \text{W/m}^2 \tag{8-16}$$

式中，$C_0 = 5.67 \text{W}/(\text{m}^2 \cdot \text{K}^4)$，为黑体的辐射系数。

例 8-1　13cm 厚的玻璃纤维 $[\lambda = 0.035 \text{W}/(\text{m} \cdot ℃)]$，两面的温度差为 85℃，求每小时每单位面积流过的热量。

解：

$$q = \frac{Q}{A} = -\lambda \frac{\Delta T}{\Delta x}$$

$$q = \lambda \frac{\Delta T}{\Delta x} = 0.035 \times \frac{85}{0.13} \, \mathrm{W/m^2}$$

$$= 22.88 \, \mathrm{W/m^2} \times \frac{\mathrm{J}}{\mathrm{W \cdot sec}} \cdot \frac{3600 \mathrm{sec}}{\mathrm{h}}$$

$$= 82.4 \times 10^3 \, \mathrm{J/(m^2 \cdot h)}$$

例 8-2　一大垂直表面保持一固定温度 100℃，以自由对流方式散热至温度为 40℃的周围大气中，对流给热系数 α 为 0.8W/(m² · ℃)，求单位面积的传热量。

解：

$$q = \alpha(T_f - T_w) = 0.8(40 - 100) = -48 \, \mathrm{W/m^2}$$

"－"表示热量是由表面传给大气的。

例 8-3　计算 1000℃的黑体所放射的能量。

解：

$$q = \sigma \cdot T^4 = 5.67 \times 10^{-8} \times 1273^4 = 1.49 \times 10^5 \, \mathrm{W/m^2}$$

8.3　热量传输微分方程

在分析导热和对流给热时，都要求确定物体（固体或流体）内的温度场，这就需要建立一个描述物体内各点温度与空间和时间内在联系的微分方程，即能量微分方程，或称热量传输微分方程。

描述物体内的温度场的方程可以表示为：$t = f(X, Y, Z, \tau)$。方程具体形式，就是傅里叶-克希荷夫传热微分方程式。

8.3.1　傅里叶-克希荷夫传热微分方程式的推导

推导热量传输微分方程的依据是能量守恒定律，即热力学第一定律：系统从外界吸收的热量，一部分使系统的内能增加，另一部分使系统对外界做功。可以表示为

$$Q_{\text{吸}} = \Delta U_{\text{增}} + W_{\text{外}} \tag{8-17a}$$

推导方法与动量传输中推导纳维-斯托克斯方程相类似，采用微元体分析法。现在讨论从流动流体中取出的一微元体，其体积 $\mathrm{d}V = \mathrm{d}x\mathrm{d}y\mathrm{d}z$，如图 8-3 所示。

现将热力学第一定律形式写为

$$\Delta U_{\text{增}} = Q_{\text{吸}} + W_{\text{内}} \tag{8-17b}$$

我们讨论这一微元体如何从外界得到热量及对内做功。

对 $Q_{\text{吸}}$：通过微元体界面从外界以对流和导热的方式得到的热量；微元体内部的热源（化学反应热）；通过辐射的热量。

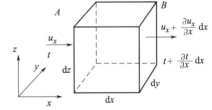

图 8-3　微元体热量平衡分析

对 $W_{\text{内}}$：压缩膨胀功（体积的变化）；由于黏性力做功产生的摩擦热。为简单起见，做以下假设。

① 对不可压缩流体，不作膨胀功；

② 忽略体系摩擦产生的热；

③ 没有内热源；

④ 不考虑辐射热（因为它与对流和导热有本质的区别）；

⑤ 常物性，即 λ、ρ、C_p 为常数。

对体系中任意取得的微元体，其热量平衡关系式(8-17b) 化简为

[微元体内能的增量]=[微元体的界面从外界以对流和导热的方式得到的热量] (8-18)

(1) 微元体的界面从外界以对流和导热方式得到的热量

① 微元体的界面从外界以对流方式得到的热量　对 x 方向，设通过微元体 A 面的流体的流速为 u_x，温度为 t。由于流体流动，单位时间内从 A 面对流传入的热量为

$$\mathrm{d}Q_{xA}=C_p \cdot t \cdot \rho \cdot u_x \cdot \mathrm{d}y \cdot \mathrm{d}z \tag{8-19a}$$

对 B 面流体的流速为 $u_x+\dfrac{\partial u_x}{\partial x}\mathrm{d}x$，流体的温度为 $t+\dfrac{\partial t}{\partial x}\mathrm{d}x$，通过 B 面以对流的方式带出的热量为

$$\mathrm{d}Q_{xB}=C_p \cdot \rho \cdot \left(t+\frac{\partial t}{\partial x}\mathrm{d}x\right)\left(u_x+\frac{\partial u_x}{\partial x}\mathrm{d}x\right) \cdot \mathrm{d}y \cdot \mathrm{d}z$$

展开，忽略高阶微量 $\mathrm{d}x^2$，得

$$\mathrm{d}Q_{xB}=C_p \cdot \rho \cdot \left(tu_x+t\frac{\partial u_x}{\partial x}\mathrm{d}x+u_x\frac{\partial t}{\partial x}\mathrm{d}x\right) \cdot \mathrm{d}y \cdot \mathrm{d}z \tag{8-19b}$$

x 方向微元体的对流热流量收入量为

A 面-B 面：
$$\mathrm{d}Q_{x-conv}=-c_p\rho\left(t\frac{\partial u_x}{\partial x}+u_x\frac{\partial t}{\partial x}\right)\mathrm{d}x\mathrm{d}y\mathrm{d}z \tag{8-19c}$$

同理

y 方向元体的对流热流量收入量

$$\mathrm{d}Q_{y-conv}=-c_p\rho\left(t\frac{\partial u_y}{\partial y}+u_y\frac{\partial t}{\partial y}\right)\mathrm{d}x\mathrm{d}y\mathrm{d}z \tag{8-19d}$$

z 方向元体的对流热流量收入量

$$\mathrm{d}Q_{z-conv}=-c_p\rho\left(t\frac{\partial u_z}{\partial z}+u_z\frac{\partial t}{\partial z}\right)\mathrm{d}x\mathrm{d}y\mathrm{d}z \tag{8-19e}$$

② 微元体的界面从外界以导热的方式得到的热量　对 x 方向，经 A 面导入的热量由傅里叶定律

$$\mathrm{d}Q_{xA}=-\lambda\frac{\partial t}{\partial x}\mathrm{d}y\mathrm{d}z$$

经 B 面导出

$$\mathrm{d}Q_{xB}=-\lambda\frac{\partial}{\partial x}\left(t+\frac{\partial t}{\partial x}\mathrm{d}x\right)\mathrm{d}y\mathrm{d}z$$

A 面$-$$B$ 面$=x$ 方向元体的导热收入量

$$\mathrm{d}Q_{x-cond}=\lambda\frac{\partial^2 t}{\partial x^2}\mathrm{d}x\mathrm{d}y\mathrm{d}z \tag{8-19f}$$

同理 y 方向元体的导热收入量：$\mathrm{d}Q_{y-cond}=\lambda\dfrac{\partial^2 t}{\partial y^2}\mathrm{d}x\mathrm{d}y\mathrm{d}z$ (8-19g)

z 方向元体的导热收入量：$\mathrm{d}Q_{z-cond}=\lambda\dfrac{\partial^2 t}{\partial z^2}\mathrm{d}x\mathrm{d}y\mathrm{d}z$ (8-19h)

③ 微元体从外界得到的总热量为

$$\mathrm{d}Q=\mathrm{d}Q_{x-conv}+\mathrm{d}Q_{x-cond}+\mathrm{d}Q_{y-conv}+\mathrm{d}Q_{y-cond}+\mathrm{d}Q_{z-conv}+\mathrm{d}Q_{z-cond} \tag{8-20}$$

将 (8-19c) ～ (8-19h) 到代入 (8-20)，得到

$$\mathrm{d}Q=\left[\lambda\left(\frac{\partial^2 t}{\partial x^2}+\frac{\partial^2 t}{\partial y^2}+\frac{\partial^2 t}{\partial z^2}\right)-c_p\rho t\left(\frac{\partial u_x}{\partial x}+\frac{\partial u_y}{\partial y}+\frac{\partial u_z}{\partial z}\right)-c_p\rho\left(u_x\frac{\partial t}{\partial x}+u_y\frac{\partial t}{\partial y}+u_z\frac{\partial t}{\partial z}\right)\right]\mathrm{d}x\mathrm{d}y\mathrm{d}z$$

$$\therefore \qquad \frac{\partial u_x}{\partial x} + \frac{\partial u_y}{\partial y} + \frac{\partial u_z}{\partial z} = 0 \qquad （不可压缩流体）$$

故有

$$\mathrm{d}Q = \left[\lambda \left(\frac{\partial^2 t}{\partial x^2} + \frac{\partial^2 t}{\partial y^2} + \frac{\partial^2 t}{\partial z^2} \right) - c_p \rho \left(u_x \frac{\partial t}{\partial x} + u_y \frac{\partial t}{\partial y} + u_z \frac{\partial t}{\partial z} \right) \right] \mathrm{d}x\mathrm{d}y\mathrm{d}z \qquad (8\text{-}21)$$

（2）微元体内能的增量

对不可压缩流体或固体，有 $C_v = C_p$，所以 $\mathrm{d}U = \mathrm{d}H$。微元体内能的增量即微元体热量蓄积就是微元体热焓的变化，1g 分子的焓变化 $C_p \dfrac{\partial t}{\partial \tau}$，对微元体质量有 $\rho \mathrm{d}V = \rho \mathrm{d}x\mathrm{d}y\mathrm{d}z$，所以

$$\mathrm{d}Q_\tau = c_p \cdot \rho \frac{\partial t}{\partial \tau} \mathrm{d}x\mathrm{d}y\mathrm{d}z \qquad (8\text{-}22)$$

（3）热量平衡关系式

令式(8-21) 等于式(8-22) 整理后得

$$\frac{\partial t}{\partial \tau} + u_x \frac{\partial t}{\partial x} + u_y \frac{\partial t}{\partial y} + u_z \frac{\partial t}{\partial z} = a \left(\frac{\partial^2 t}{\partial x^2} + \frac{\partial^2 t}{\partial y^2} + \frac{\partial^2 t}{\partial z^2} \right) \qquad (8\text{-}23)$$

式(8-23) 为元体热量平衡微分方程，又称为傅里叶-克希荷夫方程（F-K 方程）。

（4）方程式的讨论

① 方程(8-23) 的物理意义　该方程是表征包括导热和对流在内的，稳定与不稳定传热的一般性规律。根据假设只能用于无内热源的、不计摩擦热的、常物性物体内流动体系，是流体在流动过程中的热量平衡关系。其中，$\dfrac{\partial t}{\partial \tau}$ 项以温度对时间变率的形式表现了元体的热量蓄积，即元体的热焓变化。$u_x \dfrac{\partial t}{\partial x} + u_y \dfrac{\partial t}{\partial y} + u_z \dfrac{\partial t}{\partial z}$ 项中有流体流速这一物理量，并与温度梯度之积表现为元体的对流热量传输差量。$a \left(\dfrac{\partial^2 t}{\partial x^2} + \dfrac{\partial^2 t}{\partial y^2} + \dfrac{\partial^2 t}{\partial z^2} \right)$ 项则以热量传输系数 a 与温度对坐标二阶变率之积表现了元体的导热热传输差量。

求解式(8-23) 可得到具体的温度场的函数式。但式中有各速度分量，必须同纳维-斯托克斯方程(3-15) 和连续性方程(3-2) 一起联解。可见，温度场与速度场有关，或对流热量传输和动量传输有关。这将在以后的章节中进一步讨论。

② 柱坐标系和球坐标系中的热量传输微分方程　若在柱坐标系或球坐标系下取微元体，并对微元体作能量平衡，或对式(8-23) 进行坐标变换，就可得柱坐标系和球坐标系中的热量传输微分方程。

对柱坐标系

$$\frac{\partial t}{\partial \tau} + u_r \frac{\partial t}{\partial r} + \frac{u_\phi}{r} \frac{\partial t}{\partial \phi} + u_z \frac{\partial t}{\partial z} = a \left[\frac{1}{r} \frac{\partial}{\partial r} \left(r \frac{\partial t}{\partial r} \right) + \frac{1}{r^2} \frac{\partial^2 t}{\partial \theta^2} + \frac{\partial^2 t}{\partial z^2} \right] \qquad (8\text{-}24)$$

式中　　　ϕ——方位角；

u_r，u_ϕ，u_z——流体速度在柱坐标系（r，ϕ，z）方向上的分量。

对球坐标系

$$\frac{\partial t}{\partial \tau} + u_r \frac{\partial t}{\partial r} + \frac{u_\theta}{r} \frac{\partial t}{\partial \theta} + \frac{u_\phi}{r\sin\theta} \frac{\partial t}{\partial \phi} = a \left[\frac{1}{r^2} \frac{\partial}{\partial r} \left(r^2 \frac{\partial t}{\partial r} \right) + \frac{1}{r^2 \sin\theta} \frac{\partial}{\partial \theta} \left(\sin\theta \frac{\partial t}{\partial \theta} \right) + \frac{1}{r^2 \sin^2\theta} \frac{\partial^2 t}{\partial \phi^2} \right]$$

$$(8\text{-}25)$$

式中　　　ϕ——方位角或称经角；

θ——纬角；

u_r，u_ϕ，u_θ——流体速度在球坐标系（r，ϕ，θ）方向上的分量。

③ 对固体导热 因为是固体导热，物体内速度为零，式（8-23）、式（8-24）、式（8-25）简化为

$$\frac{\partial t}{\partial \tau} = a \left(\frac{\partial^2 t}{\partial x^2} + \frac{\partial^2 t}{\partial y^2} + \frac{\partial^2 t}{\partial z^2} \right) \tag{8-23a}$$

$$\frac{\partial t}{\partial \tau} = a \left[\frac{1}{r} \frac{\partial}{\partial r} \left(r \frac{\partial t}{\partial r} \right) + \frac{1}{r^2} \frac{\partial^2 t}{\partial \theta^2} + \frac{\partial^2 t}{\partial z^2} \right] \tag{8-24a}$$

$$\frac{\partial t}{\partial \tau} = a \left[\frac{1}{r^2} \frac{\partial}{\partial r} \left(r^2 \frac{\partial t}{\partial r} \right) + \frac{1}{r^2 \sin\theta} \frac{\partial}{\partial \theta} \left(\sin\theta \frac{\partial t}{\partial \theta} \right) + \frac{1}{r^2 \sin^2\theta} \frac{\partial^2 t}{\partial \phi^2} \right] \tag{8-25a}$$

用于固体稳态导热时，再简化为

$$\frac{\partial^2 t}{\partial x^2} + \frac{\partial^2 t}{\partial y^2} + \frac{\partial^2 t}{\partial z^2} = 0 \tag{8-23b}$$

$$\frac{1}{r} \frac{\partial}{\partial r} \left(r \frac{\partial t}{\partial r} \right) + \frac{1}{r^2} \frac{\partial^2 t}{\partial \theta^2} + \frac{\partial^2 t}{\partial z^2} = 0 \tag{8-24b}$$

$$\left[\frac{1}{r^2} \frac{\partial}{\partial r} \left(r^2 \frac{\partial t}{\partial r} \right) + \frac{1}{r^2 \sin\theta} \frac{\partial}{\partial \theta} \left(\sin\theta \frac{\partial t}{\partial \theta} \right) + \frac{1}{r^2 \sin^2\theta} \frac{\partial^2 t}{\partial \phi^2} \right] = 0 \tag{8-25b}$$

固体一维稳态导热，则得

直角坐标

$$\frac{\mathrm{d}^2 t}{\mathrm{d}x^2} = 0 \tag{8-23c}$$

柱坐标

$$\frac{\mathrm{d}}{\mathrm{d}r} \left(r \frac{\mathrm{d}t}{\mathrm{d}r} \right) = 0 \tag{8-24c}$$

球坐标

$$\frac{\mathrm{d}}{\mathrm{d}r} \left(r^2 \frac{\mathrm{d}t}{\mathrm{d}r} \right) = 0 \tag{8-25c}$$

一维稳态无内热源导热通式记为

$$\frac{\mathrm{d}}{\mathrm{d}x} \left(x^i \frac{\mathrm{d}t}{\mathrm{d}x} \right) = 0$$

$i = 0$ 直角坐标；

$i = 1$ $x = r$ 柱坐标；

$i = 2$ $x = r$ 球坐标。

④ 对有内热源、有摩擦热、λ 不为常数时的物体内流动体系，在直角坐标系中，不可压缩流体的能量微分方程为

$$\rho C_p \left(\frac{\partial t}{\partial \tau} + u_x \frac{\partial t}{\partial x} + u_y \frac{\partial t}{\partial y} + u_z \frac{\partial t}{\partial z} \right)$$

$$= \left[\frac{\partial}{\partial x} \left(\lambda \frac{\partial t}{\partial x} \right) + \frac{\partial}{\partial y} \left(\lambda \frac{\partial t}{\partial y} \right) + \frac{\partial}{\partial z} \left(\lambda \frac{\partial t}{\partial z} \right) \right] + q_V + \phi \tag{8-26}$$

或

$$\rho C_p \frac{Dt}{D\tau} = \nabla (\lambda \nabla t) + q_V + \phi \tag{8-27}$$

式中 q_V——内热源强度，W/m^3；

ϕ——耗散热（体系摩擦产生的热），J/m^3·s（一般工程问题可忽略）。

如果 λ 为常数，则可以表示为

$$\rho c_p \left(\frac{\partial t}{\partial \tau} + u_x \frac{\partial t}{\partial x} + u_y \frac{\partial t}{\partial y} + u_z \frac{\partial t}{\partial z} \right) = \lambda \left(\frac{\partial^2 t}{\partial x^2} + \frac{\partial^2 t}{\partial y^2} + \frac{\partial^2 t}{\partial z^2} \right) + q_V + \phi \tag{8-28}$$

8.3.2　定解条件

热量传输微分方程是描述物体内温度随时间和空间变化的一般关系式。为了使导热微分方程具有确定的解，还必须根据所研究的具体问题给出如动量传输中所述的单值性条件，这就构成了传热的定解问题，这里只介绍初始条件和常见的边界条件。

（1）初始条件

初始条件是指过程开始时刻物体内的温度分布，即

$$t|_{\tau=0}=f(x,y,z,0) \tag{8-29}$$

最简单的初始条件是开始时刻物体内各点具有相同的温度，即

$$t|_{\tau=0}=t_0=常数$$

对于稳态导热，温度分布与时间无关，因而就不存在初始条件。

（2）边界条件

温度边界条件是指物体边界上的温度特征和换热情况。常见的温度边界条件可分为以下三类。

① 第一类温度边界条件是已知任何时刻边界面上的温度分布。最简单的情况是边界面上的温度为常数，即

$$t|_w=t_w=常数 \tag{8-30}$$

式中，下标 W 表示边界面；t 是给定的边界面温度。

② 第二类温度边界条件是已知任何时刻物体边界面上的热通量，即

$$-\lambda\frac{\partial t}{\partial n}\Big|_w=q_w \tag{8-31}$$

式中，n 为边界面的法线方向。物体边界面上的热通量 q_w 可以是常数，也可以是函数。当 $q_w=0$ 时，为绝热边界。根据傅里叶定律，该边界面上的温度梯度为 0，即

$$\frac{\partial t}{\partial n}\Big|_w=0 \tag{8-32}$$

③ 第三类温度边界条件也称对流边界条件。它是已知物体周围介质的温度 t_f 和边界面与周围介质之间的对流给热系数 α，即

$$-\lambda\frac{\partial t}{\partial n}\Big|_w=\alpha(t|_w-t_f) \tag{8-33}$$

式中，α，t_f 为已知值（可以为常数，也可以随时间而变化），但是 $\dfrac{\partial t}{\partial n}\Big|_w$ 和 $t\Big|_w$ 都是未知的。

例 8-4　一厚度为 S 的无限大的平板，其热导率 λ 为常数，平板内具有均匀的内热源 q_V（W/m³），平板 $x=0$ 的一侧绝热，$x=S$ 的一侧与温度为 t_f 的流体直接接触，已知平板与流体间的对流给热系数为 α，写出这一稳态导热过程的微分方程和边界条件。

解：由方程 $\rho c_p\left(\dfrac{\partial t}{\partial\tau}+\mu_x\dfrac{\partial t}{\partial x}+\mu_y\dfrac{\partial t}{\partial y}+\mu_z\dfrac{\partial t}{\partial z}\right)=\lambda\left[\dfrac{\partial^2 t}{\partial x^2}+\dfrac{\partial^2 t}{\partial y^2}+\dfrac{\partial^2 t}{\partial z^2}\right]+q_V+\phi$ 化简为

$$\lambda\frac{d^2 t}{dx^2}+q_V=0$$

$x=0$ 的一侧是绝热

$$\frac{dt}{dx}\Big|_{x=0}=0$$

$x=S$ 的一侧对流边界

$$-\lambda \left.\frac{\mathrm{d}t}{\mathrm{d}x}\right|_{x=S}=\alpha(t|_{x=S}-t_f)$$

例 8-5　厚为 S，λ 为常数的大平板，开始平板的平均温度为 t_0，突然有电流通过，板内均匀产生热量 $q_V(\mathrm{W/m^3})$。假使平板 $x=0$ 的一侧保持 t_0，$x=S$ 的一侧与温度为 t_f 的流体直接接触，流体与平板间的给热系数为 α，写出这一导热过程的微分方程和边界条件。

解： 由方程 $\rho c_p \left(\dfrac{\partial t}{\partial \tau}+U_x \dfrac{\partial t}{\partial x}+U_y \dfrac{\partial t}{\partial y}+U_z \dfrac{\partial t}{\partial z}\right)=\lambda \left(\dfrac{\partial^2 t}{\partial x^2}+\dfrac{\partial^2 t}{\partial y^2}+\dfrac{\partial^2 t}{\partial z^2}\right)+q_V+\phi$ 化简为

$$\rho c_p \frac{\partial t}{\partial \tau}=\lambda \frac{\partial^2 t}{\partial x^2}+q_V$$

初始条件　$\tau=0$　$t(x,0)=t_0$
通电后　$\tau>0$
$\qquad x=0$　$t(0,\tau)=t_0$
$\qquad x=S$　$-\lambda \left.\dfrac{\partial t}{\partial x}\right|_{x=S}=\alpha[t(S,\tau)-t_f]$

本 章 小 结

本章叙述了传热的基本概念，傅里叶导热定律，牛顿公式及四次方定律。依据热力学第一定律，采用微元体分析方法，推导了热量传输的微分方程。介绍了初始条件和边界条件，重点讲述了三类温度边界条件。

习　　题

8-1　定义热导率和对流给热系数。

$$\left(\text{答}：\lambda=-\frac{Q}{\left(A \dfrac{\partial t}{\partial x}\right)}；\ \alpha=\frac{Q}{A\ (t_W-t_\infty)}\right)$$

8-2　讨论气相和固相的导热原理及对流给热原理。

［答：a. 气相：在气体中，分子不规则地运动。因此高速（即高温）的分子会跑到低温的地方，而低能量（低温）的分子亦会跑到高温地方，这样就造成能量的转移，即热的传递。b. 固体：在固体中，一是靠晶体格子的振动传热，二是靠自由电子传热。对流与传导很有关联。在物体表面上。因流速为 0，此附近的现象可视为单纯的传导，但离开表面较远的地方的传热现象包含传导和湍流流动。］

8-3　有人说真空中的热量无法传递，你会有什么样的看法？

（答：在传导对流中，能量传递需由物质媒介，但在真空中热量可通过辐射来传递。）

8-4　定义（a）热；（b）内能；（c）功；（d）焓

［答：（a）热（Q）：当有温度差时，系统与其环境间转移的是热。（b）内能（U）：物体整个系统内部所具有的能量，包括大量分子无规则运动的动能、分子的转动动能、分子之间相互作用的势能、原子及原子核的能量。系统的内能通常是指全部分子的动能以及分子间相互作用势能之和，前者包括分子平动、转动、振动的动能（以及分子内原子振动的势能），后者是所有可能的分子对之间相互作用势能的总和。内能是状态函数，真实气体的内能是温度和体积的函数，理想气体的分子间无相互作用，其内能只是温度的函数。（c）功（W）：在力学中有机械功，在电学中有电功。通过做功，势能、动能、内能、电能等可以互相转换，从这个角度可定义功为能量转换的一种量度。（d）焓（H）：焓是状态系数，若将（$U+pV$）合并起来考虑，则其数值也应只由体系的状态决定（因为 U、p 和 V 都是由状态决定的）。在热力学上我们把 $(U+pV)$ 叫做焓或热函，并用符号 H 表示。对不可压缩流体或固体，有 $\mathrm{d}U=\mathrm{d}H$。］

8-5　一面平坦的墙表面以一热导率为 $1.4\mathrm{W/m℃}$，厚 $2.5\mathrm{cm}$ 的绝缘材料覆盖，外界温度为 $38℃$，而绝缘内面的温度为 $315℃$，其所传出的热量以对流方式散于外界中，试问对流的热传系数需为多少才能使得表面温度不会超过 41℃。

（答：5114.67W/m² · ℃）

8-6　二平行板，一保持固定温度 1000℃，而另一板为 2000℃。假设平板为黑体，计算此二平板间每平方米表面的净辐射热交换。

（答：1.36×10⁶ W/m²）

8-7　有一墙在一面以对流方式加热，另一面以对流方式冷却，证明通过墙的热流

$$q=\frac{T_1-T_2}{\dfrac{1}{h_1A}+\dfrac{\Delta x}{KA}+\dfrac{1}{h_2A}}$$

其中，T_1、T_2 分别为两面液体的温度；h_1，h_2 为其对应的热传系数；λ 为墙的热导率。

8-8　假设太阳的辐射热量 700W/m² 全由一背面完全绝热的金属板吸收，其四周空气的温度为 30℃，对流给热系数为 11W/m² · ℃，试求在此平衡状态下的金属板温度。

（答：93.64℃）

8-9　傅里叶方程在圆柱坐标系的表达式是 $\dfrac{\partial t}{\partial \tau}=a\left(\dfrac{\partial^2 t}{\partial r^2}+\dfrac{1}{r}\dfrac{\partial t}{\partial r}+\dfrac{1}{r^2}\dfrac{\partial^2 t}{\partial \theta^2}+\dfrac{\partial^2 t}{\partial z^2}\right)$

（a）对于稳态下的经向传热，这个方程可简化成什么形式？

（b）若给出边界条件：在 $r=r_i$ 时，$t=t_i$；在 $r=r_0$ 时，$t=t_0$。从（a）的结果出发，求温度分布曲线的方程式。

（c）根据（b）的结果，求出热流量 Q_r 的表达式。

$$\left[\text{答：（a）}\ \frac{\mathrm{d}}{\mathrm{d}r}\left(r\frac{\mathrm{d}t}{\mathrm{d}r}\right)=0;\ \text{（b）}\ t=t_i+\frac{t_0-t_i}{\ln\dfrac{r_0}{r_i}}\ln\frac{r}{r_i};\ \text{（c）}\ Q_r=\frac{t_i-t_0}{\dfrac{1}{2\pi L\lambda}\ln\dfrac{r_0}{r_i}}W\right]$$

8-10　具有内热源并均匀分布的平壁，厚 $2S$，且长度远大于宽度，平壁两表面的温度恒定为温度 t_w，内热源强度 q_V，$\lambda=$ 常数，请列出稳态导热时，平壁导热的微分方程和边界条件。

第9章 导 热

如前所述，导热指物体内的不同温度的各部分之间或不同温度的物体相接触时发生的热量传输现象。导热的物体各部分之间不发生相对位移。

导热机理从傅里叶导热定律 $q = -\lambda \dfrac{\partial t}{\partial n}$ 可知，只要有温度梯度就有导热发生。因此在有温度梯度的情况下，导热在气固液三态中均可能发生，但气体和液体在发生导热的同时，由于温差的作用必然伴随对流现象，也就是说液体和气体中，导热不是热量传输的惟一形式。因此严格来说只有在密实的固体中导热才是传热的惟一形式。

本章的重点就是讨论固体的导热问题，一是不同情况下物体中的温度场的研究；二是相对应的导热速率 q（或热流量 Q）的确定。

我们知道，描述固体中温度场的数学表达式（控制方程）是固体导热微分方程（傅里叶-克希荷夫定律），而反映导热速率的表达式是傅里叶定律。因此求解上述两个主要问题的思路是：首先求解导热微分方程得到温度场，然后利用傅里叶定律确定导热速率 q。

本章介绍求解导热微分方程的方法：分析法和数值解法。

9.1 稳态导热

对于直角坐标系，物体热导率 λ 为常数、有内热源时，固体中的稳态导热微分方程如式（9-1）。

$$\left(\frac{\partial^2 t}{\partial x^2} + \frac{\partial^2 t}{\partial y^2} + \frac{\partial^2 t}{\partial z^2} \right) + \frac{q_V}{\lambda} = 0 \tag{9-1}$$

9.1.1 通过平壁的一维稳态导热

理想的一维导热平壁其宽度远大于厚度，如图9-1。这时沿长、宽方向温度的变化小，可以忽略，而只有沿厚度方向的温度的变化，即是一维导热问题。

由于一维稳态导热问题，式（9-1）可以简化为

$$\frac{\mathrm{d}^2 t}{\mathrm{d} x^2} + \frac{q_V}{\lambda} = 0 \tag{9-2}$$

我们都知道，在不同的边界条件下，导热微分方程有不同的解。

（1）第一类边界条件下平壁稳态导热速率及温度分布

① 单层平壁问题　设有一厚度为 S 的无限大的单层平壁如图9-2，无内热源，$\lambda =$ 常数，两侧的温度 $t_{W1} > t_{W2}$，确定壁内的温度分布及通过此平壁的导热通量 q。

根据导热微分微分方程（9-2），由于无内热源，所以方程简化为

$$\frac{\mathrm{d}^2 t}{\mathrm{d} x^2} = 0$$

边界条件：$\begin{cases} x = 0 & t = t_{W1} \\ x = s & t = t_{W2} \end{cases}$

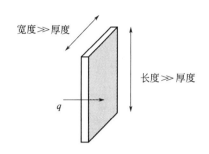

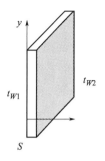

图 9-1　单层平壁的定义　　　　　　　图 9-2　单层平壁导热问题

求解上述微分方程，由边界条件定积分常数，得到

$$t=(t_{w2}-t_{w1})\frac{x}{S}+t_{w1}=\frac{t_{w2}-t_{w1}}{S}x+t_{w1} \tag{9-3}$$

可见平壁内的温度分布呈直线规律变化。

对 (9-3) 求导得温度梯度，由傅里叶定律便可知热通量 q

$$\frac{\mathrm{d}t}{\mathrm{d}x}=\frac{t_{w2}-t_{w1}}{S}$$

因此　　　　　$$q=-\lambda\frac{\mathrm{d}t}{\mathrm{d}x}=\lambda\frac{t_{w1}-t_{w2}}{s}\quad \mathrm{W/m^2} \tag{9-4}$$

在一维稳态导热过程中，通过平壁的热通量 q 是常数。

例 9-1　具有内热源并均匀分布的平壁，如图 9-3。厚 $2S$，且长度远大于宽度，平壁两表面的温度恒定为温度 t_w，内热源强度 q_V，λ＝常数，求稳态导热时，平壁内的温度分布和中心温度。

解：因为是一维稳态导热，有内热源，所以微分方程是式(9-2)

$$\frac{\mathrm{d}^2t}{\mathrm{d}x^2}+\frac{q_V}{\lambda}=0$$

边界条件 $\begin{cases} x=S & t=t_w \\ x=-S & t=t_w \end{cases}$

解方程并由边界条件确定积分常数，得到

平壁内温度分布为

$$t=t_w+\frac{q_V}{2\lambda}(S^2-x^2)\quad（抛物线分布）$$

当 $x=0$ 时，得平壁中心温度：$t_c=t_w+\frac{q_V}{2\lambda}S^2$。

② 多层平壁稳态导热　多层平壁是指几层不同的材料组成的平壁。如：钢包、中间包、各种冶炼炉炉衬等均由几层不同的材料组成的。在炉子的直径远大于炉衬厚度时，可以作为平壁问题来处理。

设多层平壁的厚分别为 S_1、S_2、S_3；热导率分别为 λ_1、λ_2、λ_3，两侧的温度为 t_{w1}、t_{w4}，各层紧密接触，稳态导热。则经过各层平壁的热通量相等，如图 9-4。

由式(9-4) 稳态导热过程中通过一维平壁的热通量 q 是常数。有

通过厚 S_1 的平壁：$q=\frac{\lambda_1}{S_1}(t_{w1}-t_{w2})$

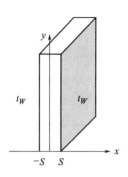

图 9-3　具有内热源的单层平壁导热

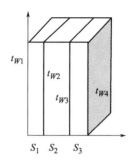

图 9-4　多层平壁一维稳态导热

通过厚 S_2 的平壁：$q = \dfrac{\lambda_2}{S_2}(t_{W2} - t_{W3})$

通过厚 S_3 的平壁：$q = \dfrac{\lambda_3}{S_3}(t_{W3} - t_{W4})$

将上面三式分别改写：$(t_{W1} - t_{W2}) = q\dfrac{S_1}{\lambda_1}$，$(t_{W2} - t_{W3}) = q\dfrac{S_2}{\lambda_2}$，$(t_{W3} - t_{W4}) = q\dfrac{S_3}{\lambda_3}$。

再相加得：
$$t_{W1} - t_{W4} = q\left(\dfrac{S_1}{\lambda_1} + \dfrac{S_2}{\lambda_2} + \dfrac{S_3}{\lambda_3}\right)$$

故
$$q = \dfrac{t_{W1} - t_{W4}}{\dfrac{S_1}{\lambda_1} + \dfrac{S_2}{\lambda_2} + \dfrac{S_3}{\lambda_3}} \qquad \text{W/m}^2 \tag{9-5}$$

上面的推导是个非常有用的方法，仔细观察多层平壁的热通量表达式，再联想到电学上串联电路的规律（电流 I、电压差 ΔV、电阻 R），比较下面两式

$$\begin{cases} I = \dfrac{\Delta V}{\sum R} \\[3mm] q = \dfrac{t_{W1} - t_{W4}}{\dfrac{S_1}{\lambda_1} + \dfrac{S_2}{\lambda_2} + \dfrac{S_3}{\lambda_3}} = \dfrac{\Delta t}{\sum \dfrac{S}{\lambda}} \end{cases}$$

在这里，不管有几层平壁，只要知道最边缘两层表面的温度值（相当于电压，即电势差）和各层的热阻 $\dfrac{S_i}{\lambda_i}$ 之和（相当于串联电阻），就能够很方便求出导热速率 q。我们知道串联电路的最大特点在于通过各电阻的电流相等，而提出热阻的概念，也正是基于稳态导热，即通过各层平壁的热通量相等，只有满足稳态导热的条件才能直接利用热阻求解。

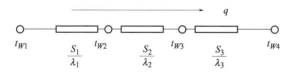

图 9-5　多层平壁稳态导热的模拟电路求解

因此利用模拟电路，求解上述多层平壁问题，就变得相当容易，见图 9-5。

根据模拟电路图，很容易得到式(9-5)。

对于 n 层平壁的热通量为

$$q = \dfrac{t_{W1} - t_{W(n+1)}}{\displaystyle\sum_{i=1}^{n} \dfrac{S_i}{\lambda_i}} \qquad \text{W/m}^2 \tag{9-6}$$

下面的例子介绍了一种工程中很有效的计算方法，即"试算法"。从成本和便利条件出

发，工程问题的求解往往不是精确的解析解，只要满足工程认可的精度范围即可。我们可以利用逐步逼近的"试算法"来解决一些条件不够齐全的实际问题。

例 9-2 某炉墙内层为黏土砖，外层为硅藻土砖，厚分别为 $S_1 = 460\text{mm}$，$S_2 = 230\text{mm}$，热导率分别为 $\lambda_1 = 0.7 + 0.64 \times 10^{-3}t$ W/(m·℃)，$\lambda_2 = 0.14 + 0.12 \times 10^{-3}t$ W/(m·℃)，炉墙两侧表面温度各为 $t_{W1} = 1400℃$，$t_{W3} = 100℃$，求稳态时通过炉墙的导热通量和两层砖交界面处的温度。

解： 根据题意，画出模拟电路

$$t_{W1} \quad \frac{S_1}{\lambda_1} \quad t_{W2} \quad \frac{S_2}{\lambda_2} \quad t_{W3}$$

由于 λ_1、λ_2 与温度有关，而 t_{W2} 未知，因此可假定 $t_{W2} = 900℃$，计算 λ_1、λ_2 值。λ 中的 t 用算术平均值计算。

$$\lambda_1 = 0.7 + 0.64 \times 10^{-3}\left(\frac{1400 + 900}{2}\right) = 1.436\,\text{W/(m·℃)}$$

$$\lambda_2 = 0.14 + 0.12 \times 10^{-3}\left(\frac{900 + 100}{2}\right) = 0.20\,\text{W/(m·℃)}$$

所以通过炉墙的热通量

$$q = \frac{t_{W1} - t_{W3}}{\frac{S_1}{\lambda_1} + \frac{S_2}{\lambda_2}} = \frac{1400 - 100}{\frac{0.46}{1.436} + \frac{0.23}{0.20}} = 884.2\,\text{W/m}^2$$

再看看假定的 $t_{W2} = 900℃$ 是否正确，由 $q = \dfrac{t_{W1} - t_{W2}}{\frac{S_1}{\lambda_1}}$ 得

$$t_{W2} = -q \times \frac{S_1}{\lambda_1} + t_{W1} = 1400 - 884.2 \times \frac{0.46}{1.436} = 1116.8℃$$

现求出的 t_{W2} 与原假设的比较，工程上 $< 4\%$ 即可，否则再算。重设 $t_{W2} = 1120℃$，

$$\lambda_1 = 0.7 + 0.64 \times 10^{-3}\left(\frac{1120 + 1400}{2}\right) = 1.51\,\text{W/(m·℃)}$$

$$\lambda_2 = 0.14 + 0.12 \times 10^{-3}\left(\frac{1120 + 100}{2}\right) = 0.213\,\text{W/(m·℃)}$$

$$q = \frac{t_{W1} - t_{W3}}{\frac{S_1}{\lambda_1} + \frac{S_2}{\lambda_2}} = \frac{1400 - 100}{\frac{0.46}{1.57} + \frac{0.23}{0.213}} = 939\,\text{W/m}^2$$

再计算 t_{W2}：

$$t_{W2} = -q \times \frac{S_1}{\lambda_1} + t_{W1} = 1400 - 939 \times \frac{0.46}{1.51} = 1114℃$$

此结果与第二次假设的温度值相近，故为所求结果。

（2）第三类温度边界条件下平壁稳态导热速率及温度分布

在此类边界条件下，以传导方式传给固体表面上的热量和以对流方式从表面传走的热量相等，周围介质温度为常数。其数学表达式为

$$-\lambda \frac{\partial t}{\partial x}\bigg|_W = \alpha(t_f - t_W)$$

如图 9-6，设平壁厚 S，无内热源，$\lambda = $ 常数，平壁两侧的流体温度分别为 t_{f1}、t_{f2}，与壁面的对流给热系数 α_1、α_2，求通过平壁的热通量和平壁内的温度分布。

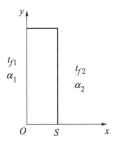

图 9-6 第三类边界条件下单层平壁稳态导热

根据题意，该平壁导热的微分方程和边界条件为

$$\begin{cases} \dfrac{\mathrm{d}^2 t}{\mathrm{d}x^2}=0 \\ x=0,\ -\lambda\,\dfrac{\mathrm{d}t}{\mathrm{d}x}=\alpha_1(t_{f1}-t) \\ x=S,\ -\lambda\,\dfrac{\mathrm{d}t}{\mathrm{d}x}=\alpha_2(t-t_{f2}) \end{cases}$$

解方程得到壁内的温度分布

$$t=\left(\frac{1}{\alpha_1}+\frac{x}{\lambda}\right)\left(\frac{t_{f2}-t_{f1}}{\dfrac{1}{\alpha_1}+\dfrac{S}{\lambda}+\dfrac{1}{\alpha_2}}\right)+t_{f1}$$

所以

$$q=-\lambda\,\frac{\mathrm{d}t}{\mathrm{d}x}=\frac{t_{f1}-t_{f2}}{\dfrac{1}{\alpha_1}+\dfrac{S}{\lambda}+\dfrac{1}{\alpha_2}}\qquad \mathrm{W/m^2} \tag{9-7}$$

上式分母 $\dfrac{1}{\alpha_1}+\dfrac{S}{\lambda}+\dfrac{1}{\alpha_2}$ 是单位面积的总热阻。

整个热量传输过程可以看成对流给热—导热—对流给热三部分串联。模拟电路如下。

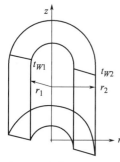

如果平壁是由几种不同材料组成的多层平壁，则按热阻串联的概念，可以直接得到热通量

$$q=\frac{t_{f1}-t_{f2}}{\dfrac{1}{\alpha_1}+\displaystyle\sum_{i=1}^{n}\dfrac{S_i}{\lambda_i}+\dfrac{1}{\alpha_2}}\qquad \mathrm{W/m^2} \tag{9-8}$$

若平壁的侧面积为 F，则热流量为

$$\begin{aligned} Q&=q\times F\\ &=\frac{t_{f1}-t_{f2}}{\dfrac{1}{\alpha_1 F}+\displaystyle\sum_{i=1}^{n}\dfrac{S_i}{\lambda_i F}+\dfrac{1}{\alpha_2 F}}\qquad \mathrm{W} \end{aligned} \tag{9-9}$$

9.1.2　通过圆筒壁的一维稳态导热

工程上常遇到如风管、圆筒形的炉子等，若筒壁长度≫外径（即 $L/d\geqslant10$），则沿轴向的导热可以忽略不计，认为温度仅影响半径方向，沿半径方向变化——一维导热问题。如图 9-7 所示。

对圆筒应用柱坐标形式的热量传输微分方程

$$\frac{\partial t}{\partial \tau}=a\left[\frac{1}{r}\frac{\partial}{\partial r}\left(r\,\frac{\partial t}{\partial r}\right)+\frac{1}{r^2}\frac{\partial^2 t}{\partial \phi^2}+\frac{\partial^2 t}{\partial z^2}\right]+\frac{q_V}{\rho c_p} \tag{9-10}$$

若是一维稳态导热，则式（9-10）简化为

$$\left[\frac{1}{r}\frac{\partial}{\partial r}\left(r\,\frac{\partial t}{\partial r}\right)\right]+\frac{q_V}{\lambda}=0 \tag{9-11}$$

图 9-7　内外壁面温度已知的单层圆筒壁稳态导热

同样，在不同的边界条件下，解上述方程可以得到不同的解。

（1）第一类温度边界条件下圆筒壁的导热速率和温度分布

① 单层圆筒壁问题

设无内热源，长度为 L，内径分别为 r_1、r_2（且 $L \gg d$），$\lambda =$ 常数，内外壁面温度分别为 t_{w1}、t_{w2}，求通过该圆筒壁的热通量及径向温度分布，如图 9-7。

由于无内热源，则方程（9-11）简化为

$$\frac{\mathrm{d}}{\mathrm{d}r}\left(r \frac{\mathrm{d}t}{\mathrm{d}r} \right) = 0$$

$$边界条件 \begin{cases} r = r_1 & t = t_{w1} \\ r = r_2 & t = t_{w2} \end{cases}$$

解方程，积分得

$$r \frac{\mathrm{d}t}{\mathrm{d}r} = c_1$$

再积，

$$t = c_1 \ln r + c_2$$

由边界条件确定 c_1、c_2

$$r = r_1 \qquad t_{w1} = c_1 \ln r_1 + c_2$$

$$r = r_2 \qquad t_{w2} = c_1 \ln r_2 + c_2$$

所以　　$c_1 = \dfrac{t_{w2} - t_{w1}}{\ln \dfrac{r_2}{r_1}}$，$c_2 = \dfrac{t_{w2}\ln r_2 - t_{w2}\ln r_1}{\ln \dfrac{r_2}{r_1}}$

因此圆筒壁内的温度分布为

$$t = \frac{t_{w2} - t_{w1}}{\ln \dfrac{r_2}{r_1}} \ln r + \frac{t_{w2}\ln r_2 - t_{w2}\ln r_1}{\ln \dfrac{r_2}{r_1}}$$

$$= t_{w1} + \frac{t_{w2} - t_{w1}}{\ln \dfrac{r_2}{r_1}} \ln \frac{r}{r_1}$$

即圆筒壁内温度分布按照对数曲线的规律变化。计算热通量 q

因为

$$\frac{\mathrm{d}t}{\mathrm{d}r} = \frac{c_1}{r} = \frac{t_{w2} - t_{w1}}{\ln \dfrac{r_2}{r_1}} \times \frac{1}{r}$$

所以

$$q = -\lambda \frac{\mathrm{d}t}{\mathrm{d}r} = f(r) \neq 常数$$

可见稳态导热时，通过圆筒壁的热通量 q 不是常数。

计算热流量

$$Q = q \times F = -\lambda \frac{\mathrm{d}t}{\mathrm{d}r} \times 2\pi r L$$

$$= -\lambda \frac{t_{w2} - t_{w1}}{\ln \dfrac{r_2}{r_1}} \times 2\pi L \qquad \mathrm{W} \qquad (9\text{-}12)$$

即通过圆筒壁的热流量是常数。所以，在应用模拟电路时，采用热流量 Q 而不能用热通量 q。

故

$$Q = \frac{t_{w1} - t_{w2}}{\dfrac{1}{2\pi L \lambda} \ln \dfrac{d_2}{d_1}} \qquad (9\text{-}13)$$

圆筒壁的模拟电路见图 9-8。

② 多层圆筒壁问题

分析方法与分析多层平壁导热一样。图 9-9 所示为三层圆筒壁的一维、稳态导热的情况。已知圆筒壁内外侧的温度为 t_{W1}、t_{W4}，多层圆筒壁的直径分别为 d_1、d_2、d_3、d_4，热导率分别为 λ_1、λ_2、λ_3，各层紧密接触，稳态导热。则经过各层圆筒壁的热流量相等。

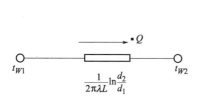

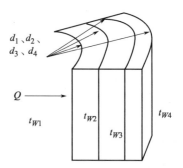

图 9-8　圆筒壁的模拟电路　　　　图 9-9　内外壁面温度已知的多层圆筒壁稳态导热

多层圆筒壁导热的模拟电路见图 9-10。

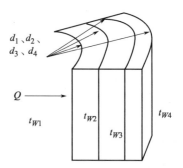

图 9-10　多层圆筒壁导热的模拟电路

若有 n 层，则有

$$Q = \frac{t_{W1} - t_{W(n+1)}}{\sum\limits_{i=1}^{n} \dfrac{1}{2\pi L \lambda_i} \ln \dfrac{d_{i+1}}{d_i}} \tag{9-14}$$

（2）第三类温度边界条件下圆筒壁的导热速率和温度分布

无内热源，长度为 L，内外半径分别为 r_1、r_2，λ 为常数，筒内介质温度为 t_{f1}，对流给热系数为 α_1，筒外介质温度为 t_{f2}，对流给热系数为 α_2，则微分方程及边界条件为

$$
\begin{cases}
\dfrac{d}{dr}\left(r \dfrac{dt}{dr} \right) = 0 \\[2mm]
r = r_1, \ -\lambda \dfrac{dt}{dr} = \alpha_1(t_{f1} - t) \\[2mm]
r = r_2, \ -\lambda \dfrac{dt}{dr} = \alpha_2(t - t_{f2})
\end{cases}
$$

用前面同样的方法（利用热流量为常数），解出温度分布，然后求热通量 q。

$$Q_1 = \alpha_1(t_{f1} - t_{W1})\pi d_1 L = \frac{t_{f1} - t_{W1}}{\dfrac{1}{\alpha_1 \pi d_1 L}}$$

$$Q_2 = 2\pi L \lambda \frac{t_{W1} - t_{W2}}{\ln \dfrac{d_2}{d_1}} = \frac{t_{W1} - t_{W2}}{\dfrac{1}{2\pi\lambda L}\ln \dfrac{d_2}{d_1}}$$

$$Q_3 = \alpha_2(t_{W2} - t_{f2})\pi d_2 L = \frac{t_{W2} - t_{f2}}{\dfrac{1}{\alpha_2 \pi d_2 L}}$$

根据 $Q=Q_1=Q_2=Q_3$，解出

$$Q=\frac{t_{f1}-t_{f2}}{\dfrac{1}{\alpha_1\pi d_1 L}+\dfrac{1}{2\pi L\lambda}\ln\dfrac{d_2}{d_1}+\dfrac{1}{\alpha_2\pi d_2 L}}\qquad\text{W}\qquad(9\text{-}15)$$

模拟电路见图 9-11。

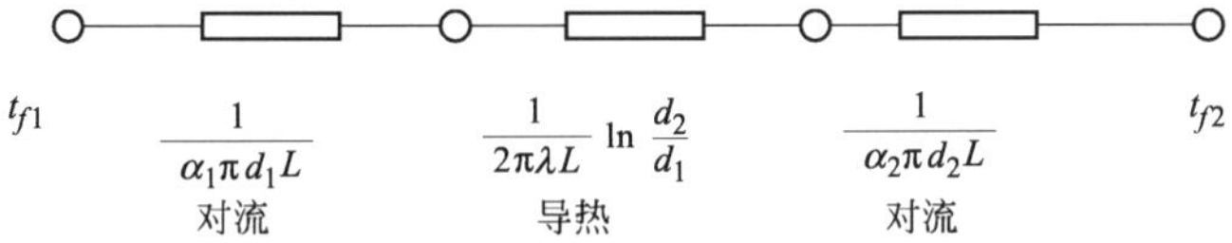

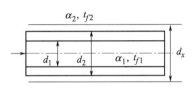

$$
\begin{array}{ccc}
t_{f1} & & t_{f2}\\[2pt]
\dfrac{1}{\alpha_1\pi d_1 L} & \dfrac{1}{2\pi\lambda L}\ln\dfrac{d_2}{d_1} & \dfrac{1}{\alpha_2\pi d_2 L}\\[4pt]
\text{对流} & \text{导热} & \text{对流}
\end{array}
$$

图 9-11　第三类温度边界条件下单层圆筒壁导热的模拟电路

若是多层情况同前一样分析。当 n 层，则有

$$Q=\frac{t_{f1}-t_{f2}}{\dfrac{1}{\alpha_1\pi d_1 L}+\sum_{i=1}^{n}\dfrac{1}{2\pi L\lambda_i}\ln\dfrac{d_{i+1}}{d_i}+\dfrac{1}{\alpha_2\pi d_{i+1} L}}\qquad(9\text{-}16)$$

9.1.3　临界绝热层直径

　　有关临界绝热层直径计算，实质是圆筒壁导热的一个工程应用。工程上为减少管道的热损失，常在管道外设绝热层，但是这一层并不是在任何情况下都减少散热损失。

　　如图 9-12，设管道的内径为 d_1，管道的外径为 d_2，外设一绝热层，绝热层的外径为 d_x，绝热层材料的热导率为 λ_x，管内介质温度为 t_{f1}，对流给热系数为 α_1，管外介质温度为 t_{f2}，对流给热系数为 α_2，管道的长度取单位长度。则单位长度的热阻见模拟电路 9-13。

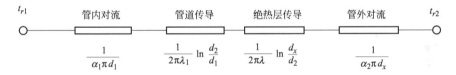

图 9-12　工程铺设绝热层

$$
\begin{array}{ccccc}
t_{r1} & \text{管内对流} & \text{管道传导} & \text{绝热层传导} & \text{管外对流} \quad t_{r2}\\[4pt]
& \dfrac{1}{\alpha_1\pi d_1} & \dfrac{1}{2\pi\lambda_1}\ln\dfrac{d_2}{d_1} & \dfrac{1}{2\pi\lambda}\ln\dfrac{d_x}{d_2} & \dfrac{1}{\alpha_2\pi d_x}
\end{array}
$$

图 9-13　临界绝热层直径模拟电路

总热阻为

$$r_{\Sigma}=\frac{1}{\alpha_1\pi d_1}+\frac{1}{2\pi\lambda_1}\ln\frac{d_2}{d_1}+\frac{1}{2\pi\lambda_2}\ln\frac{d_x}{d_2}+\frac{1}{\alpha_2\pi d_x}\qquad(9\text{-}17)$$

当管道一定时，d_1、d_2、λ_1、α_1、α_2 都确定，当选定了绝热层材料后，λ_x 也一定了。所以，总热阻 r_{Σ} 仅是 d_x 的函数。

$$\frac{\mathrm{d}r_{\Sigma}}{\mathrm{d}(d_x)}=\frac{1}{2\pi\lambda_x}\cdot\frac{1}{d_x}+\frac{1}{\alpha_2\pi}\cdot\left(-\frac{1}{d_x^2}\right)$$

$$=\frac{1}{\pi d_x}\left(\frac{1}{2\lambda_x}-\frac{1}{\alpha_2 d_x}\right)$$

若 $\dfrac{\mathrm{d}r_{\Sigma}}{\mathrm{d}(d_x)}=0$，故有 $\left(\dfrac{1}{2\lambda_x}-\dfrac{1}{\alpha_2 d_x}\right)=0$，则有极值。

即

$$d_x=\frac{2\lambda_x}{\alpha_2}=d_c\qquad(9\text{-}18)$$

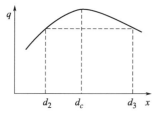

图 9-14　临界绝热层

d_c 称临界绝热层直径。继续求导得到 $\dfrac{\mathrm{d}^2 r_\Sigma}{\mathrm{d}(d_x)^2} > 0$，因此有极小值，表明绝热层外径等于临界绝热层直径 d_c 时，热阻 r_Σ 取极小。即 $q = \dfrac{\Delta t}{r_\Sigma}$ 最大，相应的热损失最大。如图 9-14。

讨论：

a. 当管道的外径 $d_2 < d_c$ 时，在管道外面敷设绝热层，热损失不仅不会减少，反而会增加，直至绝热层外径 $= d_c$ 为止，此后，再增加绝热层外径到 $> d_3$ 时，才真正起到减少热损失的作用。

b. 如果管道的外径 $d_2 \geqslant d_c$ 时，则设置的绝热层都起到减少热损失的作用。

例 9-3　热介质在外径为 $d_2 = 25\text{mm}$ 的管道内流动，为减少热损失，在管道外面设置绝热层，问下列两种材料哪种合适。$\alpha_2 = 9\text{W}/(\text{m}^2 \cdot \text{℃})$。

a. 石棉 $\lambda = 0.14\text{W}/(\text{m} \cdot \text{℃})$；

b. 矿渣棉 $\lambda = 0.058\text{W}/(\text{m} \cdot \text{℃})$。

解：根据公式 $d_c = \dfrac{2\lambda_x}{\alpha_2}$ 计算

石棉：$d_c = \dfrac{2\lambda_x}{\alpha_2} = \dfrac{2 \times 0.14}{9} = 0.031m > d_2$ 不合适；

矿渣棉：$d_c = \dfrac{2\lambda_x}{\alpha_2} = \dfrac{2 \times 0.058}{9} = 0.0129m < d_2$ 合适。

9.2　不稳态导热

对于稳态导热而言，物体内不存在热量的蓄积或流失，但实际情况往往是流入的热量和流出的热量不平衡，因此就变成了非稳态导热问题。常见的非稳态导热问题有：中间包的开浇过程和换包过程；连铸钢水凝固过程；钢锭从加热炉移到空气时金属内部热量向表面的传递；钢的淬火过程。当然这些实际问题一般都是伴随着对流、辐射现象。

9.2.1　不稳态导热的特点

不稳态导热是由于不稳态温度场而引起的热量传输过程，物体的温度既是空间坐标，又是时间坐标的函数，即

$$t = f(x, y, z, \tau)$$

不稳态导热与稳态导热不同。稳态导热时，物体内各点的温度不随时间而变化，即 $\dfrac{\partial t}{\partial \tau} = 0$。由物体的高温面流入的热量等于同时间由其低温面流出的热量，物体内部的热焓值不变。不稳态导热时，物体内各点的温度随时间而变化，$\dfrac{\partial t}{\partial \tau} \neq 0$。$\dfrac{\partial t}{\partial \tau} > 0$，这种不稳态过程称为加热过程；反之 $\dfrac{\partial t}{\partial \tau} < 0$ 称为冷却过程。应当指出，不管是物体的加热过程还是冷却过程都是不稳态导热过程，它们遵循的规律是相同的，只是它们的热流方向不同而已。

其次，不稳态导热过程总伴随着物体的焓的变化，即伴随着物体获得热量（加热过程）或失去热量（冷却过程）。因为物体焓的变化速率不仅与它们的导热能力（热导率 λ）有关，而且还与它的蓄热能力（单位容积的热容量 ρc_p）有关，所以不稳态导热过程中影响物体温

度变化快慢的热物性参数应是包括 λ 和 ρc_p 的综合参数，即用热扩散系数 $a = \dfrac{\lambda}{\rho c_p}$ 来表征不稳态导热过程中物体温度变化快慢。

分析不稳态导热的主要任务，在于确定物体温度分布和热流量随空间和时间的变化规律。

9.2.2　薄材的不稳态导热

(1) 薄材的概念

大家知道，对薄的物体在加热或冷却过程中，热量易于穿过整个物体，物体的内外温度差小，厚的物体不易烧透，内外温度差大，常用物体的内外温度差的大小表示物理上的厚与薄。如果在极端情况下，物体的内部热阻可以忽略，不存在断面温差，这种物体工程上称之为薄材，它只是时间的函数，而与空间坐标无关，即 $t = f(\tau)$。也就是说薄材在加热或冷却过程中，物体内的温度分布均匀，在任何时刻都可以用一个温度来代表整个物体的温度。

我们知道，一般物体的不稳态导热，其温度场与时间和空间有关，即使是最简单的一维问题，导热微分方程仍是一偏微分方程，即 $t = f(\tau, x)$。这就给求解不稳态导热问题增加了复杂性。由于薄材的温度分布仅是时间的函数，便可用常微分方程来描述温度场，求解也变得大为简化。

必须指出，薄材不是一个纯几何概念，它是由物体在加热和冷却过程中，内部热阻和外部热阻的相对大小决定的。如果一个物体的几何尺寸较大，但导热性能很好，且加热缓慢，使得整个加热或冷却过程中断面温差很小，那么该物体仍属于薄材。

在什么条件下，实际物体可以按薄材处理？现引入判定内部热阻和外部热阻的相对大小的毕欧数（Bi 数）。

$$Bi = \frac{\alpha S}{\lambda} \tag{9-19}$$

毕欧数的物理概念是

$$Bi = \frac{\alpha S}{\lambda} = \frac{\dfrac{S}{\lambda}}{\dfrac{1}{\alpha}} = \frac{物体内部的导热热阻}{物体表面的对流给热热阻} \tag{9-19a}$$

从式(9-19a) 可知，Bi 数的值大，表明导热热阻大，内部的温度差大；Bi 数的值小，表明导热热阻小，内部的温度差小，温度均匀。

因此，Bi 值的大小反映了物体内部温度差的大小。$Bi \to 0$，意味着平板的冷却（或加热）完全由外部热阻 $1/\alpha$ 所控制。这样的物体通常称为薄材。薄材是一种理想化的物体，对于实际工程问题，计算证明如果 $Bi = \dfrac{\alpha S}{\lambda} \leqslant 0.1$，物体表面和中心温差已小于 5%，此时的物体在加热或冷却时，可以按薄材处理。

在 Bi 数中，S 是定型尺寸。

(2) 薄材的不稳态导热

如图 9-15，设有一物体，初始温度为 t_0，Bi 数 < 0.1，按薄材处理，物体的体积为 V，表面积为 F，周围流体的温度为 t_f，对流给热系数为 α。

由热力学第一定律，该物体从外界介质中获得的热量为 dQ 等于物体的焓的变化 dH。即

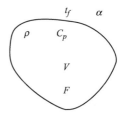

图 9-15　薄材的不稳态导热

$$\mathrm{d}Q = \alpha F(t_f - t) \tag{9-20a}$$

$$\mathrm{d}H = \rho c_p V \frac{\mathrm{d}t}{\mathrm{d}\tau} \tag{9-20b}$$

式(9-20a) ＝式(9-20b)，即 $\alpha F(t_f - t) = \rho c_p V \dfrac{\mathrm{d}t}{\mathrm{d}\tau}$，由此得到

$$\frac{\mathrm{d}t}{\mathrm{d}\tau} + \frac{\alpha F(t - t_f)}{\rho c_p V} = 0 \tag{9-20c}$$

初始条件 $\tau = 0$　　　$t = t_0$

对式(9-20c)分离变量积分，由初始条件确定积分常数，得到

$$\frac{t - t_f}{t_0 - t_f} = e^{-\frac{\alpha F}{\rho c_p V}\tau} \tag{9-20}$$

式(9-20)为任意薄材的温度随时间的变化关系式。

将式(9-20)等号右端的指数做如下变化

$$\frac{\alpha F}{\rho c_p V}\tau = \frac{\alpha V}{\lambda F} \times \frac{\lambda F^2}{\rho c_p V^2}\tau = \frac{\alpha}{\lambda}\left(\frac{V}{F}\right) \times \frac{a\tau}{\left(\frac{V}{F}\right)^2} = Bi_V \times Fo_V$$

式中，$\dfrac{V}{F}$ 具有长度量纲；热扩散系数 $a = \dfrac{\lambda}{\rho c_p}$；$Bi_V = \dfrac{\alpha}{\lambda}\left(\dfrac{V}{F}\right)$ 为毕欧数；$Fo_V = \dfrac{a\tau}{S^2}$ 为傅里叶数。Bi_V 和 Fo_V 的下角码 V 表示特征数中的定型尺寸为 V/F。这样式(9-20)可表示为无量纲式

$$\frac{\theta}{\theta_0} = \frac{t - t_f}{t_0 - t_f} = e^{-Bi_V Fo_V}$$

由于 Bi_V 中的定型尺寸用 V/F 表示，因此如果用 Bi_V 来判断物体是否为薄材时，为了使物体各点间的温度差小于 5%，Bi_V 应满足下列条件

$$Bi = \frac{\alpha}{\lambda}\left(\frac{V}{F}\right) \leqslant 0.1M \tag{9-21}$$

式中，M 是考虑 Bi_V 中定型尺寸用 V/F 表示的一个系数。对于不同几何形状的物体，M 见表9-1。

表9-1　不同形状物体的 M 值

物 体 形 状	$\dfrac{V}{F}$	M
无限大平板(厚 2S)	$\dfrac{2FS}{2F} = S$	1
无限长圆柱体(半径 R)	$\dfrac{\pi R^2 L}{2\pi R L} = \dfrac{R}{2}$	$\dfrac{1}{2}$
球体(半径 R)	$\dfrac{\frac{4}{3}\pi R^3}{4\pi R^2} = \dfrac{R}{3}$	$\dfrac{1}{3}$

例 9-4　热电偶测流体的温度，流体温度为 $200℃$，插入前热电偶的接点温度为 $20℃$，电偶的接点是球型，直径 $1\mathrm{mm}$，密度 ρ 为 $800\mathrm{kg/m^3}$，热导率 λ 为 $52\mathrm{w/(m \cdot ℃)}$，C_p 为 $418\mathrm{J/(kg \cdot ℃)}$，接点表面与流体之间的给热系数 α 为 $120\mathrm{w/(m^2 \cdot ℃)}$，求偶指示温度达 $199℃$ 时所需的时间。

解：先判断是否是薄材

$$Bi_V = \frac{\alpha}{\lambda}\left(\frac{V}{F}\right) = \frac{\alpha}{\lambda}\left(\frac{D}{6}\right) = 0.00038 < 0.1 \times \frac{1}{3}　\text{是薄材}$$

由公式 $\dfrac{t-t_f}{t_0-t_f}=e^{-\frac{\alpha F}{\rho c_p V}\tau}$，两边取对数得到

$$\ln\frac{t-t_f}{t_0-t_f}=-\frac{\alpha F}{\rho c_p V}\tau$$

所以

$$\tau=-\frac{\rho c_p}{\alpha}\cdot\frac{D}{6}\ln\frac{t-t_f}{t_0-t_f}=-\frac{8000\times418\times0.001}{6\times120}\ln\frac{199-200}{20-200}$$

$$=24.1\mathrm{s}$$

9.2.3　半无限大物体的不稳态导热

（1）有限厚与无限厚的概念

随着时间的推移，温度扰动逐渐向被加热物体内部扩展，有时温度的扰动能较快地波及整个物体，有时又较难，温度扰动似乎不能波及整个物体，好像厚度无限大一样。

定义：在所讨论的时间内，温度扰动已波及整个物体时为有限厚物体的不稳态导热；温度扰动不能波及整个物体时为无限厚物体的不稳态导热。

如图 9-16，在 τ_1 时间内认为是无限厚的物体的导热，因为加热时 A 面的温度没有影响到 B 面温度的变化，为无限厚物体的不稳态导热；但在 τ_2 时间时，温度的扰动已波及整个物体，此时为有限厚物体的不稳态导热。引入傅里叶数 F_O

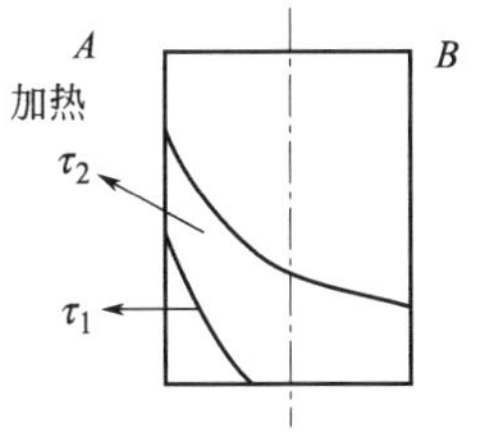

图 9-16　有限厚与无限厚

傅里叶数：

$$F_O=\frac{a\tau}{S^2}\tag{9-22}$$

式中，a 为热扩散系数；τ 为时间；S 为定型尺寸。傅里叶数 F_O 可由导热微分方程导出。傅里叶数可以表示为

$$F_O=\frac{a\tau}{S^2}=\frac{\tau}{\dfrac{S^2}{a}}\tag{9-22a}$$

在式（9-22a）中，τ 可理解为从边界上开始发生热扰动的时刻起到所计算时刻为止的时间；S^2/a 可视为热扰动扩散到面积 S^2 上所需的时间，所以 F_O 反映了无量纲的时间对不稳态导热的影响。对于稳态导热，F_O 没有意义。

（2）表面温度为常数的半无限大物体的一维不稳态导热

半无限大物体是指受热面位于 $x=0$ 处，厚度 $x=+\infty$。对一个有限厚度的物体，当界面上发生温度变化，而在我们所考虑的时间范围内，其影响深度远小于物体本身的厚度，该物体可以作为半无限大物体处理。

傅里叶数 F_O 较小，即物体很厚或时间较短的不稳态导热都可以看作无限厚物体的不稳态导热。以半无限大平板为例，如图 9-17 所示，讨论其温度场的求解。

设平板初始温度为 t_0 并均匀，热物性参数为常数，无内热源，加热开始时表面（$x=0$ 处）温度突然升至 t_W，并保持不变。其方程和边界条件为

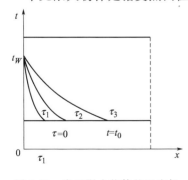

图 9-17　半无限大物体的温度场

$$\begin{cases} \dfrac{\partial t}{\partial \tau} = a\,\dfrac{\partial^2 t}{\partial x^2} \\ \tau = 0 \quad 0 \leqslant x \leqslant \infty \quad t = t_0 \\ \tau > 0 \quad x = 0 \quad t = t_W \\ \tau > 0 \quad x = \infty \quad t = t_0 \end{cases}$$

该方程可以用拉普拉斯变换法求解，这里不作介绍。解此方程得到

$$\frac{t_W - t}{t_W - t_0} = erf\left(\frac{x}{2\sqrt{a\tau}}\right) \tag{9-23}$$

或

$$\frac{t - t_0}{t_W - t_0} = erfc\left(\frac{x}{2\sqrt{a\tau}}\right) \tag{9-23a}$$

式(9-23) 和 (9-23a) 为半无限厚物体的温度分布。

式中，erf 和 $erfc$ 为误差函数和误差余函数。两者的关系为

$$erf\left(\frac{x}{2\sqrt{a\tau}}\right) = 1 - erfc\left(\frac{x}{2\sqrt{a\tau}}\right) \tag{9-23b}$$

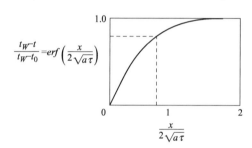

图 9-18　高斯误差函数值

式中，$erf(\eta) = \dfrac{2}{\sqrt{\pi}} \displaystyle\int_0^\eta e^{-z^2}\,dz$ 称高斯误差函数，对不同的 η 值，可以由表和图查出高斯误差函数值。图 9-18 为由 $\dfrac{x}{2\sqrt{a\tau}}$ 值确定误差函数的曲线，误差函数和误差余函数的详尽数值可自数学手册中查得。

在图中看出，当 $\dfrac{x}{2\sqrt{a\tau}} = 2$ 时，$\dfrac{t_W - t}{t_W - t_0} = 1$

即 $t = t_0$。表明在 $x = 4\sqrt{a\tau}$ 处的温度还没改变，仍为 t_0。

由 $q = -\lambda\,\dfrac{\partial t}{\partial x}$ 得到，在表面 $x = 0$ 处的导热通量 q_W 及在 $0 \sim \tau$ 时间内，在 $x = 0$ 处 $1\mathrm{m}^2$ 表面积的总热量 Q_τ

$$q_W = -\lambda(t_W - t)\frac{1}{\sqrt{\pi a\tau}} \qquad \mathrm{W/m}^2 \tag{9-24}$$

$$Q_\tau = \int_0^\tau q_W\,d\tau = 2\lambda(t_W - t_0)\sqrt{\frac{\tau}{\pi a}} \qquad \mathrm{J/m}^2 \tag{9-25}$$

半无限厚物体不稳态导热的定解问题及其求解结果在凝固传热、质量传输中常有应用。

例 9-5　用热电偶测定高炉基础内某点的温度为 350℃，测定时间离开炉 120h，若炉缸底面表面温度为 1500℃，炉基材料的热扩散系数为 0.002m²/h，炉基开始温度为 20℃，求炉缸底部表面到该测温点的距离。

解： 已知　在 $\tau = 0$ 时，$t = t_0 = 20℃$；$\tau = 120\mathrm{h}$，$t = t_W = 1500℃$；$\alpha = 0.002\mathrm{m}^2/\mathrm{h}$；求 x。

（属于已知表面温度半无限大物体的导热）

由 $\dfrac{t_W - t}{t_W - t_0} = erf\left(\dfrac{x}{2\sqrt{a\tau}}\right)$ 得

$$\frac{1500 - 350}{1500 - 20} = 0.777 = erf\left(\frac{x}{2\sqrt{a\tau}}\right)$$

查表得到：$\dfrac{x}{2\sqrt{a\tau}}=0.8617$

所以　　　　　　　　$x=0.8167\times 2\sqrt{0.002\times 120}=0.844\mathrm{m}$

例 9-6　1650℃ 钢水注入一直径为 3m、高为 3.6m 的钢包，假定钢包初始壁温均匀为 650℃，包内钢水深度为 2.4m，已知包壁材料的热物性参数 $\lambda=1.04\mathrm{W/(m\cdot ℃)}$，$\rho=2700\mathrm{kg/m^3}$，$C_p=1.25\mathrm{kJ/(kg\cdot ℃)}$，求在开始 15min 内

① 由于导热传入包壁的热量；

② 包壁内热量传递的距离。

解：按平壁处理，半无限大物体导热 $t_\mathrm{W}=1650℃$；$t_0=650℃$

①　　　$Q_\tau=2\lambda(t_\mathrm{W}-t_0)\sqrt{\dfrac{\tau}{a\pi}}=2\times1.04\times(1650-650)\times\sqrt{\dfrac{15\times60\times1000}{\dfrac{1.04}{2700\times1.25}\times3.14}}$

$$=63436.6\mathrm{kJ/m^2}$$

$$Q=Q_\tau\times F$$
$$=63436.6\times(2\pi\times1.5\times2.4+\pi\times1.5^2)$$
$$=18.8\times10^5\mathrm{kJ}$$

② 15min 内热量传递的距离

$$X=4\sqrt{a\tau}=66.6\mathrm{mm}\quad（钢包壁耐火材料的厚度）$$

故按半无限大物体的导热来处理是正确的。

（3）表面温度为常数有限厚物体的一维不稳态导热

表面温度 $t_\mathrm{W}=$ 常数，属第一类边界条件。现以厚为 2s、初温均匀为 t_0 的大平板双面对称加热，其温度场示于图 9-19。

这是一维问题，由导热方程和边界条件、初始条件组成的定解问题为

$$\begin{cases}\dfrac{\partial t}{\partial \tau}=a\,\dfrac{\partial^2 t}{\partial x^2}\\[2mm]\tau=0\quad 0\leqslant x\leqslant 2s\quad t=t_0\\[2mm]\tau>0\quad x=0\quad t=t_\mathrm{W}\\[2mm]\qquad\quad x=2s\quad t=t_\mathrm{W}\end{cases}$$

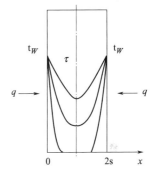

图 9-19　表面温度为常数有限厚物体的一维不稳态导热

可以用分离变量法解此方程，求解过程及结果请见相关参考书，此处不再赘述。

9.3　导热的数值解法

在第 9.1、第 9.2 节中，我们讨论了导热问题的分析解法。由此可知，导热微分方程的分析解法求解过程严格，解的结果是一个温度分布 $t=f(x,y,z,\tau)$ 的函数关系式，它清楚地表示了各个变量对温度分布的影响；利用分析解可求得任一时刻物体内任一点的温度，即可求得一连续温度场。但是分析解法求解过程复杂，只能用于一些简单的问题。对于几何条件不规则、热物性参数随温度等因素变化的物体，以及辐射换热边界条件等问题，应用分析解法几乎是不可能的。在这种情况下，建立在有限差分和有限元方法等基础上的数值解法对求解导热问题十分有效。随着计算机的普及，这种方法得到了越来越广泛的应用，目前工程上

许多复杂的导热问题，都可用数值方法求解。

数值解法是一种具有足够精度的近似解法，其中以有限差分方法使用最广。本节仅简单地介绍有限差分方法的基本原理，以及求解导热问题的常用方法。

9.3.1　有限差分法的基本原理

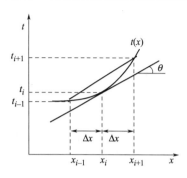

图 9-20　连续函数温度 $t(x)$

由微分学知道，函数的导数（或称微商）是函数的增量与自变量之比的极限。如果物体内温度 $t(x)$ 是一连续函数，如图 9-20 所示，对应于 $x = x_i$ 处，温度 t 对 x 的导数可表示为

$$\left(\frac{\mathrm{d}t}{\mathrm{d}x}\right)_i = \lim_{\Delta x \to 0} \frac{t_{i+1} - t_i}{\Delta x} = \lim_{\Delta x \to 0} \frac{\Delta t}{\Delta x} = \tan\theta$$

式中，Δt、Δx 为有限差分，$\Delta t / \Delta x$ 为有限差商（简称差商）。显然，当 $\Delta x \to 0$ 时，差商 $\Delta t / \Delta x$ 的极限就是导数（微商）；当 Δx 为一有限小量时，差商 $\Delta t / \Delta x$ 可以看做是导数的近似，即

$$\left(\frac{\mathrm{d}t}{\mathrm{d}x}\right)_i \approx \frac{t_{i+1} - t_i}{\Delta x} \tag{9-26}$$

在 $x = x_i$ 处一阶导数 $(\mathrm{d}t/\mathrm{d}x)_i$ 除用上述差商形式近似表示外，还可用其它差商形式近似表示

$$\left(\frac{\mathrm{d}t}{\mathrm{d}x}\right)_i \approx \frac{t_i - t_{i-1}}{\Delta x} \tag{9-27}$$

$$\left(\frac{\mathrm{d}t}{\mathrm{d}x}\right)_i \approx \frac{t\left(x + \frac{1}{2}\Delta x\right) - t\left(x - \frac{1}{2}\Delta x\right)}{\Delta x} = \frac{t(x + \Delta x) - t(x - \Delta x)}{2\Delta x} = \frac{t_{i+1} - t_{i-1}}{2\Delta x} \tag{9-28}$$

在以上一阶导数的表示式中，式（9-26）称为向前差商；式（9-27）称为向后差商；式（9-28）称为中心差商。

同样，函数的二阶导数也可以用二阶差商近似表示。先看二阶差分，对函数 $t = t(x)$，二阶向前差分是

$$\begin{aligned}
\Delta^2 t &= \Delta(\Delta t) \\
&= \Delta[t(x + \Delta x) - t(x)] \\
&= \Delta t(x + \Delta x) - \Delta t(x) \\
&= [t(x + 2\Delta x) - t(x + \Delta x)] - [t(x + \Delta x) - t(x)] \\
&= t(x + 2\Delta x) - 2t(x + \Delta x) + t(x)
\end{aligned} \tag{9-29a}$$

二阶中心差分

$$\begin{aligned}
\Delta^2 t &= \Delta(\Delta t) \\
&= \Delta\left[t\left(x + \frac{1}{2}\Delta x\right) - t\left(x - \frac{1}{2}\Delta x\right)\right] \\
&= \Delta t\left(x + \frac{1}{2}\Delta x\right) - \Delta t\left(x - \frac{1}{2}\Delta x\right) \\
&= [t(x + \Delta x) - t(x)] - [t(x) - t(x - \Delta x)] \\
&= t(x + \Delta x) - 2t(x) + t(x - \Delta x)
\end{aligned} \tag{9-29b}$$

读者可以自己推导二阶向后差分。

二阶差商中心式为

$$\frac{\Delta^2 t}{\Delta x^2}=\frac{t(x+\Delta x)-2t(x)+t(x-\Delta x)}{\Delta x^2}$$

因此，函数的二阶导数用二阶差商近似表示

$$\left(\frac{\mathrm{d}^2 t}{\mathrm{d}x^2}\right)_i=\frac{\mathrm{d}}{\mathrm{d}x}\left(\frac{\mathrm{d}t}{\mathrm{d}x}\right)_i\approx\frac{1}{\Delta x}\left(\frac{t_{i+1}-t_i}{\Delta x}-\frac{t_i-t_{i-1}}{\Delta x}\right)=\frac{t_{i+1}-2t_i+t_{i-1}}{(\Delta x)^2} \tag{9-30}$$

以上所述的差商与导数的关系同样适用于多元函数。

用差商近似代替导数是有限差分方法的基础。所谓有限差分方法就是把微分方程中的导数（微商）近似地用有限差商代替，将微分方程转化为相应的差分方程，通过求解差分方程得到微分方程解的近似值。

应当指出，在用有限差分方法求解导热问题时，除了用差商代替导数直接将导热微分方程转化为差分方程外，也可通过对物体内单元控制体的热平衡来建立差分方程，这种方法称为热平衡法。热平衡法不仅物理意义明确，而且对于比较复杂的导热问题更便于使用。

9.3.2　稳态导热的有限差分方法

为了说明有限差分方法的特点，下面以常物性、无内热源矩形区域的二维稳态导热为例，说明有限差分方法在求解稳态导热问题中的应用。

（1）差分方程的建立

用有限差分方法求解导热问题，首先将求解区域划分成有限个网格单元。例如对于二维稳态导热问题，沿 x 和 y 方向分割成许多网格，如图 9-21 所示。网格线的交点称为节点，在区域内的节点称为内部节点；在边界上的节点称为边界节点。节点与节点之间的距离称为步长，并以 Δx 和 Δy 表示，

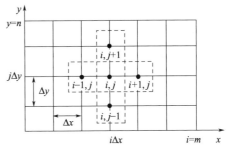

图 9-21　差分网格

Δx 和 Δy 可以相等，也可以不相等。节点的位置用 (i, j) 表示，对于 (i, j) 节点，它的坐标为：$x=i\Delta x$，$i=0, 1, 2, \cdots, m$；$y=j\Delta y$，$j=0, 1, 2, \cdots, n$。节点 (i, j) 的温度 $t(x, y)$ 可表示为：$t(x, y)_{i,j}=t(i\Delta x, j\Delta y)=t_{i,j}$

已知常物性无内热源二维稳态导热问题的导热微分方程为

$$\frac{\partial^2 t}{\partial x^2}+\frac{\partial^2 t}{\partial y^2}=0 \tag{9-31a}$$

现在要在各网格节点上建立起与导热微分方程式（9-31a）相应的有限差分方程。先讨论内部节点 (i, j)。根据有限差分原理，在节点 (i, j)，将式（9-31a）中的二阶偏导数直接用二阶差商式（9-30）代替，得

$$\frac{t_{i+1,j}-2t_{i,j}+t_{i-1,j}}{\Delta x^2}+\frac{t_{i,j+1}-2t_{i,j}+t_{i,j-1}}{\Delta y^2}=0 \tag{9-31b}$$

如果取 $\Delta x=\Delta y$ 的正方形网格，那么式（9-31b）经整理得

$$t_{i,j}=\frac{1}{4}(t_{i+1,j}+t_{i-1,j}+t_{i,j+1}+t_{i,j-1}) \tag{9-31}$$

式（9-31）便是与式（9-31a）相应的内部节点差分方程，它适用于区域内的每一个内部节点。由式（9-31）可知，当 $\Delta x=\Delta y$ 时，任何一个内部节点的温度等于四周相邻节点温度的算术平均值。

以上内部节点方程除了上面所介绍的，用差商代替导数直接得到外，还可以通过单元体

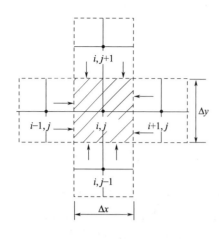

图 9-22 二维网格单元的热平衡

的热平衡导出。如图 9-22 所示，内部节点 (i, j) 与其在 x 方向和 y 方向的相邻节点 $(i-1, j)$、$(i+1, j)$、$(i, j-1)$ 和 $(i, j+1)$ 分别代表体积为 $\Delta x \times \Delta y \times 1$ 的相应单元体（设 $\Delta z = 1$），各单元体温度可用相应的节点温度 $t_{i,j}$、$t_{i-1,j}$、$t_{i+1,j}$、$t_{i,j-1}$ 和 $t_{i,j+1}$ 表示。根据傅里叶定律，单元体 (i, j) 与相邻单元体之间以导热方式传递的热流量为

$$Q_{(i-1,j) \to (i,j)} = \lambda \frac{t_{i-1,j} - t_{i,j}}{\Delta x} \Delta y \times 1 \quad (9\text{-}32a)$$

$$Q_{(i+1,j) \to (i,j)} = \lambda \frac{t_{i+1,j} - t_{i,j}}{\Delta x} \Delta y \times 1 \quad (9\text{-}32b)$$

$$Q_{(i,j-1) \to (i,j)} = \lambda \frac{t_{i,j-1} - t_{i,j}}{\Delta y} \Delta x \times 1 \quad (9\text{-}32c)$$

$$Q_{(i,j+1) \to (i,j)} = \lambda \frac{t_{i,j+1} - t_{i,j}}{\Delta y} \Delta x \times 1 \quad (9\text{-}32d)$$

假定 $\lambda =$ 常数，$q_V = 0$，根据热平衡原理，在稳态条件下，以导热方式进入单元体 (i, j) 的热流量的代数和等于零，即

$$Q_{(i-1,j) \to (i,j)} + Q_{(i+1,j) \to (i,j)} + Q_{(i,j-1) \to (i,j)} + Q_{(i,j+1) \to (i,j)} = 0 \quad (9\text{-}32e)$$

将式(9-32a) 到式(9-32d) 代入式(9-32e)，并假定 $\Delta x = \Delta y$，经整理后得

$$t_{i,j} = \frac{1}{4}(t_{i+1,j} + t_{i-1,j} + t_{i,j+1} + t_{i,j-1}) \quad (9\text{-}32)$$

式(9-31) 与式(9-32) 完全相同。由此可见，热平衡法同样可导出节点差分方程。

对于图 9-21 所示的网格，以每一个内部节点为中心，都可以列出一个节点方程，从而得到 $(m-1) \times (n-1)$ 个内部节点方程式，它们组成一线性代数方程组，在边界节点温度已经给定的条件下，求解这一代数方程组，就可得到每个内部节点的温度值。

但是，对于第二类或第三类边界条件，边界节点温度是未知的。此时，除了内部节点方程外，还需根据给定的边界条件导出边界节点差分方程。下面以第三类边界条件为例，用热平衡法导出边界节点方程。

对流边界节点如图 9-23(a) 所示，假定已知介质温度 t_f 和换热系数 α。这里应注意，边界节点 (i, j) 所代表的网格单元与内部节点不向，它只代表体积为 $\frac{\Delta x}{2} \times \Delta y \times 1$ 的单元体（设 $\Delta z = 1$），如图 9-23(b)。

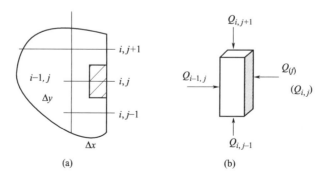

(a)　　　　　　　　　　(b)

图 9-23 对流边界节点

由傅里叶导热定律

$$Q_{(i-1,j)\to(i,j)}=\lambda\frac{t_{i-1,j}-t_{i,j}}{\Delta x}\cdot\Delta y\times1 \tag{9-33a}$$

同理

$$Q_{(i,j+1)\to(i,j)}=\lambda\frac{t_{i,j+1}-t_{i,j}}{\Delta y}\cdot\frac{\Delta x}{2}\times1 \tag{9-33b}$$

$$Q_{(i,j-1)\to(i,j)}=\lambda\frac{t_{i,j-1}-t_{i,j}}{\Delta y}\cdot\frac{\Delta x}{2}\times1 \tag{9-33c}$$

周围介质给 (i,j) 的热量流量

$$Q_{(f)\to(i,j)}=\alpha(t_f-t_{i,j})\cdot\Delta y\times1 \tag{9-33d}$$

因为稳态，所以以对流和导热进入控制体的热量代数和为 0。

故：　　$Q_{(i-1,j)\to(i,j)}+Q_{(i,j+1)\to(i,j)}+Q_{(i,j-1)\to(i,j)}+Q_{(f)\to(i,j)}=0$

假定 $\Delta x=\Delta y$

$$\lambda\frac{t_{i-1,j}-t_{i,j}}{\Delta x}\cdot\Delta y\times1+\lambda\frac{t_{i,j+1}-t_{i,j}}{\Delta y}\cdot\frac{\Delta x}{2}\times1+\lambda\frac{t_{i,j-1}-t_{i,j}}{\Delta y}\cdot\frac{\Delta x}{2}\times1+\alpha(t_f-t_{i,j})\Delta y=0$$

化简得到

$$t_{i,j}=\frac{1}{2+Bi}\left[t_{i-1,j}+\frac{1}{2}(t_{i,j+1}+t_{i,j-1})+Bi\cdot t_f\right] \tag{9-33}$$

式中，$Bi=\dfrac{\alpha\cdot\Delta x}{\lambda}$（毕欧数，其大小反映了物体内部温度差的大小）。

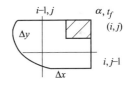

图 9-24　角部是对流边界条件

大家可用同样的方法，导出各种具体条件下的边界节点方程。如图 9-24，角部是对流边界条件。

根据热平衡方程，有

$$\lambda\frac{t_{i-1,j}-t_{i,j}}{\Delta x}\cdot\frac{\Delta y}{2}\cdot1+\lambda\frac{t_{i,j-1}-t_{i,j}}{\Delta y}\cdot\frac{\Delta x}{2}\cdot1+\alpha(t_f-t_{i,j})\cdot\left(\frac{\Delta y}{2}+\frac{\Delta x}{2}\right)\cdot1=0$$

取 $\Delta x=\Delta y$，有

$$t_{i-1,j}-t_{i,j}+t_{i,j-1}-t_{i,j}+\frac{2\alpha}{\lambda}(t_f-t_{i,j})\cdot\Delta x=0$$

整理得到

$$t_{i,j}=\frac{1}{1+Bi}\times\left[\frac{1}{2}(t_{i-1,j}+t_{i,j-1})+Bi\cdot t_f\right] \tag{9-34}$$

（2）差分方程组的求解

用有限差分方法求解稳态导热问题，最后归结为求解由各节点方程组成的线性代数方程组。当网格节点数目大时，常用的求解方法是迭代法。

最简单的迭代法是雅可比（Jacobi）迭代法，或称简单迭代法。它的基本思想是，先对各个未知温度节点 (i,j) 任意假定一初始值，作为解的零次近似 $\{t_{i,j}^{(0)}\}$，然后把这些初始温度代入迭代公式。对于第一类边界条件，迭代公式就是内部节点方程式(9-31)，即

$$t_{(i,j)}^{(1)}=\frac{1}{4}(t_{i-1,j}^{(0)}+t_{i+1,j}^{(0)}+t_{i,j-1}^{(0)}+t_{i,j+1}^{(0)})$$

得到一组新值，即解的第一次近似值；再求第二次近似值……；求节点 (i,j) 第 $k+1$ 次近似值

$$t_{(i,j)}^{(k+1)}=\frac{1}{4}\left(t_{i-1,j}^{(k)}+t_{i+1,j}^{(k)}+t_{i,j-1}^{(k)}+t_{i,j+1}^{(k)}\right) \tag{9-35}$$

127

直至相邻两次迭代解 $\{t_{i,j}^{(k+1)}\}$ 和 $\{t_{i,j}^{(k)}\}$ 中，最大误差小于预先给定的允许误差，即

$$\max_{i,j}\left| t_{i,j}^{(k+1)} - t_{i,j}^{(k)} \right| < \varepsilon \tag{9-36}$$

迭代过程结束，这时所得到的解，即各节点的温度值，就是该导热问题的差分解。由此可见，简单迭代法的特点是在计算第 $k+1$ 次的值时，全部使用第 k 次的值。

一般说来，简单迭代法的收敛速度比较慢，为了加快收敛过程，可以采用高斯-赛德尔（Guss-Seidel）迭代法。这种方法与简单迭代法的区别是在计算第 $k+1$ 次温度 $\{t_{i,j}^{(k+1)}\}$ 时，如果它的相邻节点中有某个节点的第 $k+1$ 次值已经求得，就立即用这个新值代替相应节点的第 k 次值。也就是说，高斯-赛德尔迭代中，它总是使用节点温度的最新值。例如，在求节点 (i,j) 的第 $k+1$ 次温度时，其周围四个相邻节点中有两个节点 $(i-1,j)$、$(i,j-1)$ 的第 $k+1$ 次温度已经求得，而另外两个节点 $(i+1,j)$、$(i,j+1)$ 还只有第 k 次温度，则此时的高斯-赛德尔迭代公式为

$$t_{(i,j)}^{(k+1)} = \frac{1}{4}(t_{i-1,j}^{(k+1)} + t_{i+1,j}^{(k)} + t_{i,j-1}^{(k+1)} + t_{i,j+1}^{(k)}) \tag{9-37}$$

例 9-7　以迭代法求图中各节点温度，要求各节点温度值连续两次值之差小于 0.5℃。并计算柱体自温度为 100℃ 面导出的热量（$\Delta x = \Delta y$）。

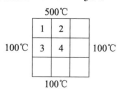

解：假定各温度的初始近似值 $t_1 = 300\text{℃}$，$t_2 = 300\text{℃}$，$t_3 = 200\text{℃}$，$t_4 = 200\text{℃}$，代入节点方程（9-37）计算各温度，将结果作为第二次近似值，反复计算，直到前后两次值之差小于事先给定的误差。

$$t_1 = \frac{1}{4}(t_2 + t_3 + 600) \qquad t_2 = \frac{1}{4}(t_1 + t_4 + 600)$$

$$t_3 = \frac{1}{4}(t_1 + t_4 + 200) \qquad t_4 = \frac{1}{4}(t_2 + t_3 + 200)$$

代入节点方程计算得

$$t_1 = \frac{1}{4}(300 + 200 + 600) = 275\text{℃}$$

$$t_2 = \frac{1}{4}(275 + 200 + 600) = 268.5\text{℃}$$

$$t_3 = \frac{1}{4}(275 + 200 + 200) = 168.5\text{℃}$$

$$t_4 = \frac{1}{4}(268.5 + 168.75 + 200) = 159.28\text{℃}$$

将各温度值重复代入节点方程，计算结果列于下表中。

近似值	$t_1/\text{℃}$	$t_2/\text{℃}$	$t_3/\text{℃}$	$t_4/\text{℃}$
第 0 次	300	300	200	200
第 1 次	275	268.75	168.75	159.38
第 2 次	259.38	254.69	154.69	152.35
第 3 次	252.35	251.18	151.18	150.59
第 4 次	250.59	250.30	150.30	150.15
第 5 次	250.15	250.07	150.07	150.04

故 $t_1=250℃$，$t_2=250℃$，$t_3=150℃$，$t_4=150℃$

要计算柱体单位长度的导热量，可在求得各节点温度后按下式计算

$$Q = \sum \lambda \frac{\Delta t}{\Delta y} \Delta x \qquad \text{W/m}$$

在 $\Delta x=\Delta y$ 时，上式简化为

$$\begin{aligned} Q &= \sum \lambda \Delta t = \lambda[(t_1-100)+2(t_3-100)+(t_2-100)+2(t_4-100)] \\ &= \lambda[2(250-100)+4(150-100)] \\ &= 500\lambda \qquad \text{W/m} \end{aligned}$$

请同学们用所学习过的计算机语言编写计算程序，在计算机上用"高斯-赛德尔"迭代法求解例 9-7。

由以上结果可以清楚地看出数值解与分析解的区别。分析解得到的结果是一个函数关系式，温度场是连续的；而数值解的结果则是网格节点上的具体温度值，温度场是不连续的。

9.3.3　不稳态导热的有限差分方法

不稳态导热的有限差分方法和稳态导热的有限差分方法在原理上以及建立差分方程的方法上都是相同的。它们的不同之处在于不稳态导热过程中，温度场不仅是空间的函数，也是时间的函数。因此，在划分网格时，必须同时将所研究的空间和时间范围进行分割，其中时间间隔 $\Delta \tau$ 称为时间步长。由于温度对时间的一阶导数可用向前差商和向后差商表示，不稳态导热的差分方程也可相应地分为显式差分格式和隐式差分格式。这里主要讨论显式差分格式。

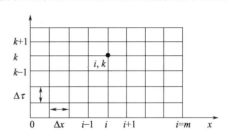

图 9-25　一维不稳态导热的网格

（1）显式差分方程

现在以一维不稳态导热为例，说明显式差分方程的建立。

如图 9-25 所示，将无限大平板沿 x 方向按距离步长 Δx 分割，得到节点 $i=0$，1，2，$\cdots$，m；将时间从 $\tau=0$ 开始，按时间步长 $\Delta \tau$ 分割，得到 $k=0$，1，2，$\cdots$，这样，空间坐标 x 和时间坐标 τ 可表示为

$$x=i\Delta x \qquad i=0,1,2,\cdots,m$$
$$\tau=k\Delta \tau \qquad k=0,1,2,\cdots$$

温度 $t(x,\tau)$ 可表示为

$$t(x,\tau)=t(i\Delta x,k\Delta \tau)=t_i^k$$

假定平板无内热源，热物性为常数，则描述一维不稳态导热的微分方程

$$\frac{\partial t}{\partial \tau}=a\frac{\partial^2 t}{\partial x^2} \tag{9-38a}$$

式（9-38a）中温度对时间的一阶导数用向前差商表示

$$\left(\frac{\partial t}{\partial \tau}\right)_i^k \approx \frac{t_i^{k+1}-t_i^k}{\Delta \tau} \tag{9-38b}$$

式（9-38a）中温度对空间 x 的二阶导数用中心差商表示

$$\left(\frac{\partial^2 t}{\partial x^2}\right)_i^k \approx \frac{t_{i+1}^k-2t_i^k+t_{i-1}^k}{\Delta x^2} \tag{9-38c}$$

将式（9-38b）、式（9-38c）代入式（9-38a）中，得到差分方程为

$$\frac{t_i^{k+1} - t_i^k}{\Delta \tau} = a\left(\frac{t_{i+1}^k - 2t_i^k + t_{i-1}^k}{\Delta x^2}\right) \tag{9-38d}$$

式（9-38d）经过整理得

$$t_i^{k+1} = \frac{a\Delta\tau}{\Delta x^2}\left(t_{i+1}^k + t_{i-1}^k\right) + \left(1 - 2\frac{a\Delta\tau}{\Delta x^2}\right) \cdot t_i^k \tag{9-38}$$

令　$F = \dfrac{a\Delta\tau}{\Delta x^2}$　则式（9-38）可写成

$$t_i^{k+1} = F(t_{i+1}^k + t_{i-1}^k) + (1-2F)t_i^k \tag{9-39}$$
$$i = 1、2、3、\cdots、m-1; k = 0、1、2、\cdots$$

式（9-39）是计算平板内部节点温度的差分方程。该式表明时间为 $(k+1)\Delta\tau$ 时刻，任一内部节点 i 的温度 t_i^{k+1} 均由前一时刻 $(k\Delta\tau$ 时刻）节点 i 及其邻近节点 $i-1$，$i+1$ 的温度 t_i^k，t_{i-1}^k，t_{i+1}^k 以显函数的形式表示出来，所以式（9-39）称为显式差分方程。

用显式差分方程计算时，每个节点温度均可单独求解。因此，根据已知的初始温度，按照式（9-39）就可求得 $1\Delta\tau$ 时刻各节点的温度值，然后由 $1\Delta\tau$ 时刻各节点的温度值可求得 $2\Delta\tau$ 时刻各节点的温度值。如此逐层计算，直至求得所需时间各节点温度为止。

下面讨论边界节点方程的建立。

如图 9-26 表示一厚度为 S 的无限大平板，它的左边边界（$x=0$）处为绝热边界条件，右侧边界（$x=S$）处为对流边界条件。现用热平衡法导出两个边界上相应的边界节点方程。

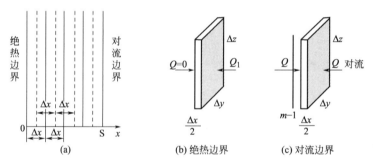

图 9-26　厚 S 的无限大平板的边界节点

在左边边界（$x=0$）处，边界节点（$i=0$）代表的单元控制体如图 9-26(b)，体积为 $\dfrac{\Delta x}{2} \cdot 1 \cdot 1$（假定 $\Delta y = \Delta z = 1$），在不稳态导热条件下（温度对时间的一阶导数用向前差商表示），绝热边界节点的热平衡方程为

［外部介质传给外表面的热量］＋［通过第一层导入的热量］＝［最外半层的热蓄积］

$$0 + \lambda\frac{t_1^k - t_0^k}{\Delta x} = \frac{t_0^{k+1} - t_0^k}{\Delta\tau} \cdot \rho c_p \cdot \frac{\Delta x}{2} \cdot 1 \cdot 1$$

整理得到

$$t_0^{k+1} = 2F \cdot t_1^k + (1-2F) \cdot t_0^k \tag{9-40}$$

式中，$F = \dfrac{a \times \Delta\tau}{\Delta x^2}$，$a = \dfrac{\lambda}{c_p\rho}$。式（9-40）就是绝热边界节点的显式差分方程。

在 $x=S$ 处，对流边界节点（$i=m$）代表的单元控制体如图 9-26(c)，体积也为 $\dfrac{\Delta x}{2} \cdot 1 \cdot 1$，温度对时间用向前差商，也按照热平衡方程

［外界介质传给外表面的热量］＋［通过 $m-1$ 层导入的热量］＝［最外半层的热蓄积］

$$\alpha(t_f^k - t_m^k) + \lambda \frac{t_{m-1}^k - t_m^k}{\Delta x} = c_p\rho \frac{t_m^{k+1} - t_m^k}{\Delta\tau} \cdot \frac{\Delta x}{2} \cdot 1 \cdot 1$$

整理

$$t_m^{k+1} = 2F(t_{m-1}^k + Bi \cdot t_f^k) + (1 - 2F - 2FBi)t_m^k \tag{9-41}$$

式中，$F = \dfrac{a \times \Delta\tau}{\Delta x^2}$，$a = \dfrac{\lambda}{c_p\rho}$，$Bi = \dfrac{\alpha \times \Delta x}{\lambda}$。式（9-41）为对流边界节点的显式差分方程。

用类似的方法可以导出一维问题其它边界条件的显式差分方程，也可以导出二维或三维问题的内部节点及边界节点的显式差分方程。

（2）显式差分方程的稳定性问题

在用显式差分方程作数值计算时，一个十分重要的问题就是它的稳定性。具体讲就是在计算时要注意差分方程中 F 值的选取，如选取不当，所得的解将不稳定，而不稳定的解是没有意义的。

下面举例说明这一问题。

有一无限大平板，厚度为 0.5m，热扩散系数 $a = 3.472 \times 10^{-6}\,\mathrm{m^2/s}$，初始温度 $t_0 = 0℃$，开始时平板两侧温度突然升到 100℃，以后保持不变，假定平板分成 10 份，$\Delta x = 0.05\mathrm{m}$。内部节点方程 $t_i^{k+1} = F(t_{i+1}^k + t_{i-1}^k) + (1 - 2F)t_i^k$，取 $F = 1$，此时

$$t_i^{k+1} = t_{i+1}^k + t_{i-1}^k - t_i^k$$

由于 $F = \dfrac{a \times \Delta\tau}{\Delta x^2} = 1$，$\Delta x = 0.05\mathrm{m}$，求得 $\Delta\tau = 12\mathrm{min}$，因两侧对称加热，故只计算一半值即可，计算结果如下表。

τ/min	节点温度/℃					
	0	1	2	3	4	5
0	100	0	0	0	0	0
12	100	100	0	0	0	0
24	100	0	100	0	0	0
36	100	200	−100	100	0	0
48	100	−100	400	−200	100	0

由表可见，从 $\tau = 24\mathrm{min}$，即 2τ 起，内部节点温度开始波动，且随着时间的增长波动幅度越来越大。当 $\tau = 3\Delta\tau$ 时，$t_1^3 = 200 > t_0^3$，$t_2^3 = -100℃$，显然这是不合理的。因为从物理概念出发，在本例条件下，任一节点温度只能在 100℃ 和 0℃ 之间。在用显式差分方程求解不稳态导热时，解出现的这种波动现象称为解的不稳定性，其原因是 F 值选取不当。因此，为了得到稳定的解，F 值的选取必须满足一定的条件，这个条件称为稳定性判据。研究表明，显式差分方程的稳定性判据是：F 值的大小应满足使方程中 t_i^k 的系数不为负值。根据这一原则，可推得一维显式差分方程的稳定性判据如下。

内部节点：$t_i^{k+1} = F(t_{i+1}^k + t_{i-1}^k) + (1 - 2F)t_i^k$，要求 $1 - 2F \geqslant 0$

即
$$F \leqslant \frac{1}{2} \quad 或 \quad \Delta\tau \leqslant \frac{1}{2}\frac{\Delta x^2}{a} \tag{9-42}$$

对流边界节点：$t_m^{k+1} = 2F(t_{m-1}^k + Bi \cdot t_f^k) + (1 - 2F - 2FBi)t_m^k$，要求
$$1 - 2F - 2F \times Bi \geqslant 0$$

即
$$F \leqslant \frac{1}{2(1+Bi)} \quad 或 \quad \Delta\tau \leqslant \frac{\Delta x^2}{2a(1+Bi)} \tag{9-43}$$

绝热边界节点：$t_0^{k+1}=2F \cdot t_1^k+(1-2F) \cdot t_0^k$，要求 $1-2F \geqslant 0$

即 $$F \leqslant \frac{1}{2} \quad 或 \quad \Delta\tau \leqslant \frac{1}{2}\frac{\Delta x^2}{a} \tag{9-44}$$

式中，$F=\dfrac{a \times \Delta\tau}{\Delta x^2}$，$Bi=\dfrac{a \times \Delta x}{\lambda}$

比较式(9-42)和式(9-43)可知，边界节点差分方程的稳定性条件要比内部节点差分方程的稳定性条件更严格。因此，对于第三类边界条件下的一维不稳态导热，显式差分方程的稳定性判据应为式(9-43)。而对于第一类边界条件，稳定性判据则为式(9-42)。

很明显，用显式差分方程计算时，时间步长（$\Delta\tau$）和空间步长（Δx）是相互制约的，当 Δx 选定后，$\Delta\tau$ 就应按照稳定性判据来选择。显然 Δx 取得愈小，$\Delta\tau$ 也就愈小，计算所需时间就愈长。为了避免这一缺点，可以采用隐式差分格式。隐式差分格式是无条件稳定的，$\Delta\tau$ 的取值不受限制，但其计算过程比较复杂。对每一层时间，即每一个都必须求解一次线性代数方程组才能得到该时间各个节点的温度。此外，$\Delta\tau$ 取得太大，截断误差增加，对计算的精确度也不利。

当时间差商取向后差商、空间二阶差商取中心差分程序时，组成的差分方程称隐式差分方程。例对一维不稳态导热，时间差商中的温度差取 $\Delta t=t_i^k-t_i^{k-1}$。有

$$\frac{t_i^k-t_i^{k+1}}{\Delta\tau}=\alpha\frac{t_{i+1}^k-2t_i^k+t_{i-1}^k}{\Delta x^2} \tag{9-45a}$$

整理 $$t_i^{k-1}=t_i^k(1+2F)-F(t_{i+1}^k+t_{i-1}^k) \tag{9-45}$$

式(9-45)是一维不稳态导热的隐式差分方程。

除了上述显式和隐式差分格式外，有限差分方法还可有其它形式的差分格式，读者可以参考有关文献。

例 9-8 初温 20℃、厚 10cm 的大钢板完全浸于温度为 600℃ 的盐浴炉中加热。用有限差分法计算中心温度随时间变化的情况。直到中心温度超过 580℃ 为止，空间步长 Δx 取 $\dfrac{1}{6}$ 板厚。钢的平均热量传输系数 $a=6.91\times10^{-6}\ \mathrm{m^2/s}$。

解：

$$\Delta x=\frac{1}{6}\times0.1=0.0167\mathrm{m}，取 F=\frac{1}{2}$$

$$\Delta\tau=F \cdot \frac{\Delta x^2}{a}=\frac{1}{2}\times\frac{0.0167^2}{0.025/3600}=20.08\mathrm{s}$$

当 $F=\dfrac{1}{2}$ 时，内节点温度方程为：$t_m^{k+1}=\dfrac{1}{2}(t_{m+1}^k+t_{m-1}^k)$

已知边界节点温度 t_0，t_6 均为 600℃。但在 $k=0$ 时，习惯取作 $t_0=t_6=\dfrac{1}{2}(t_s+t_i)=$ 310℃，计算结果列于下表。因对称加热，$t_1=t_5$，$t_2=t_4$，故表中只列出 t_0、t_1、t_2、t_3 4 个节点温度。

k	t_0/℃	t_1/℃	t_2/℃	t_3/℃	τ/s	t_3/℃
0	300	20	20	20		
1	600	165	20	20		
2	600	310	92.5	20	40.2	20
3	600	346.5	165	92.5		

续表

k	$t_0/℃$	$t_1/℃$	$t_2/℃$	$t_3/℃$	τ/s	$t_3/℃$
4	600	382.5	219.4	165		
5	600	409.7	273.8	219.4	100.4	219.4
			……			……
10	600	508.3	439.5	416.6	200.8	416.6
			……			……
15	600	554.9	522.7	509.8	301.2	509.8
			……			……
20	600	578.3	562.0	556.6	401.6	556.6
			……			……
25	600	589.4	581.7	578.7	502.0	578.7
26	600	590.9	584.2	581.7	522.1	581.7

例 9-9　以差分计算厚 200mm 的钢板，初温 20℃，在 $t_f=1000℃$，$\alpha_\Sigma=174W/m℃$ 的炉子中双面对称加热，直到钢板中心温度达到 400℃ 为止，钢的热导率 $\lambda=34.9$ W/(m·℃)，$a=5.56\times10^{-6}m^2/s$，Δx 取 $\frac{1}{6}$ 板厚。

解：本例为第三类边界条件下不稳态导热问题。取 $\Delta x=0.0333m$ 时，共有 7 个空间节点，编号顺序为 0，1，2，3，4，5，6。

$$Bi=\frac{\alpha_\Sigma \cdot \Delta x}{\lambda}=\frac{174\times0.0333}{34.9}=0.166$$

取

$$F=\frac{1}{2(Bi+1)}=\frac{1}{2(0.166+1)}=0.429$$

得

$$\Delta\tau=F\frac{\Delta x^2}{a}=0.429\times\frac{0.0333^2}{5.56\times10^{-6}}=85.56s$$

边界节点温度由：　　$t_0^{k+1}=[1-2F(Bi+1)]t_0^k+2F(t_1^k+Bi\cdot t_f)$

计算，代入 Bi 和 F 值得：　　$t_0^{k+1}=0.858(t_1^k+166)$

按经验取　　　　　　$t_f^0=\frac{t^f+t_i}{2}=510℃$

内部节点温度由　　　$t_m^{k+1}=(1-2F)t_m^k+F(t_{m+1}^k+t_{m-1}^k)$

计算，代入 F 值得：　　$t_m^{k+1}=0.142t_m^k+0.429(t_{m+1}^k+t_{m-1}^k)$

对称问题：$t_4=t_2$，$t_5=t_1$，$t_6=t_0$，计算表中末列 $t_4\sim t_6$ 各值。

k	$t_f/℃$	$t_0/℃$	$t_1/℃$	$t_2/℃$	$t_3/℃$
0	510	20	20	20	20
1	1000	89.8	20	20	20
2	1000	159.6	49.9	20	20
3	1000	185.2	84.1	32.8	20
4	1000	214.6	105.5	49.3	31.0
5	1000	232.9	128.2	65.6	46.7
		……			

133

续表

k	$t_f/℃$	$t_0/℃$	$t_1/℃$	$t_2/℃$	$t_3/℃$
9	1000	298.7	199.3	137.6	117.2
......					
17	1000	405.6	321.31	268.4	251.0
......					
26	1000	506.3	435.8	392.2	377.4
27	1000	516.3	447.3	404.6	390.1
28	1000	526.2	458.6	416.7	402.5

板中心温度 t_3 达 400℃，共经历 $28\Delta\tau$，所以加热时间为

$$\tau=28\times85.56=2396s\approx0.666h$$

本 章 小 结

本章介绍了固体中的导热问题。重点叙述了平壁、圆筒壁一维稳态导热时，在不同的边界条件下，物体中的温度分布及通过物体的导热速率。不稳态导热的特点，薄材的不稳态导热以及半无限大物体的一维不稳态导热的分析解法。导热的有限差分方程的建立及差分方程组求解。

习　　题

9-1　一炉墙厚 460mm 用普通黏性砖砌筑，已知其内表面温度为 $t_1=1250℃$，外表面 $t_2=150℃$，求稳态下导热速率。已知黏土砖 $\lambda=0.698(1+0.83\times10^{-3}t)$W/(m·℃)（面积为 $1m^2$）。

（答：2638.9W/m²）

9-2　上题中 460mm 厚的炉墙分别由 345mm 厚的普通黏土砖和 115mm 厚的轻质黏土砖（$\rho=400kg/m^3$）砌成。内外表面的温度仍为 $t_1=1250℃$，$t_2=150℃$。求该条件下稳态导热速率。已知轻质黏土砖的 $\lambda=0.09(1+0.16\times10^{-3}t)$W/m℃。

（答：777.6W/m²）

9-3　用一块绝热平板减少热炉墙对地下室的散热量，平板一面的温度为 80℃，另一面温度为 15℃。要求每平方米平板的散热量小于 151J/S。若平板热导率为 5.82×10^{-2}W/(m·℃)，计算所需平板的厚度。

（答：25.1mm）

9-4　如图，现有一直径为 16cm 的铜管，外面由 1cm 厚的 λ 为 0.06W/(m·℃) 的绝缘材料覆盖，环境的 α 为 10W/(m²·℃)，温度 t_f 为 20℃，管内温度为 250℃，管厚 5mm，钢管的 $\lambda=43$W/(m·℃)，试求下列单位长度的（a）总热阻；（b）热量损失。

（答：0.33℃/W，696.87W）

9-5　一块厚 20mm 的钢板加热至 500℃后置于 20℃的空气中冷却，设冷却过程中钢板两侧面的平均换热系数 $\alpha=35$W/(m²·℃)，钢板的热导率为 45W/(m·℃)，热扩散系数 $a=1.37\times10^{-5}m^2/s$，试确定使钢板冷却到与空气相差 10℃时所需的时间。

（答：3633s）

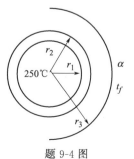

题 9-4 图

9-6　初始温度为 35℃，体积为 $50\times80\times100$（mm³）的铸铁块突然放于换热系数 $\alpha=96$W/(m²·℃)，温度为 300℃的流体中加热，试问加热 4min 后铸铁块的中心温度为多少？已知铸铁块物性 $\rho=7272kg/m^3$，$C_p=0.419$kJ/(kg·℃)，$\lambda=51.9$W/(m·℃)，$a=1.7\times10^{-5}m^2/s$。

（答：160.7℃）

9-7 某炉基在开炉后表面温度由 0℃ 突然上升到 $t_w = 1200℃$，求开炉 10 天后高炉底表面 1m 处的地基温度；开炉 10 天后通过炉底表面的热通量；10 天内通过炉底的总热流损失。

（答：438℃、1113W/m² 、1929×10³kJ/m²）

9-8 一熔炼炉开炉 4 天，测得炉底某点温度为 350℃，熔池内表面温度为 1500℃，炉底材料的平均导温系数 $a = 0.0025m²/h$，初温为 25℃，求该点到炉底内表面的距离，并计算距内表面下 2m 处经多长时间才开始升温？

（答：0.843m，100h）

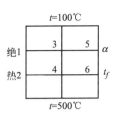

题 9-11 图

9-9 有一直径 $d = 5cm$ 的钢球，初始温度为 450℃，将其突然置于温度为 30℃ 的空气中，设钢球表面与周围环境间的总换热系数为 24W/(m² · ℃)。试计算钢球冷却到 300℃ 时，所需的时间，已知钢球的 $C_p = 0.48kJ/(kg · ℃)$，$\rho = 7753kg/m³$，$\lambda = 33W/(m · ℃)$。

（答：0.158h）

9-10 有一直径为 5cm、长为 30cm 的钢圆柱体，初始温度为 30℃，今加入炉温为 1200℃ 的加热炉中加热，需升温到 800℃ 方可取出，设钢圆柱体与烟气的总换热系数 α 为 140W/(m · ℃)。已知钢的 $C_p = 0.48kJ/(kg · ℃)$，$\rho = 7753kg/m³$，$\lambda = 33W/(m · ℃)$。求加热所需时间。

（答：329s）

9-11 如图所示，材料的热导率为 20W/(m · ℃)，介质温度为 50℃，给热系数为 10W/(m² · ℃)，$\Delta x = \Delta y = 10cm$，试计算节点 1 至 6 各节点的温度（用高斯-塞德尔迭代法求解，连续两次值之差小于 0.5℃）。

（答：$t_1 = 229.38℃$，$t_2 = 362.6℃$，$t_3 = 227.8℃$，$t_4 = 360.6℃$，$t_5 = 221.5℃$，$t_6 = 352℃$）

第10章 对 流

流体流过与其温度不同的固体壁面时所发生的热量传输过程称为对流换热。计算对流换热的基本关系式是牛顿冷却公式

$$Q = \alpha F \Delta t \qquad \text{W} \tag{10-1}$$

$$\text{或} \quad q = \alpha \Delta t \qquad \text{W/m}^2 \tag{10-1a}$$

式中，α 为对流给热系数也称对流换热系数，$\text{w/(m}^2 \cdot \text{℃)}$，它的大小反映对流换热过程的强弱。$\Delta t$ 为流体温度（t_f）与壁面温度（t_W）之差，通常取正值。当 $t_f > t_W$ 时，$\Delta t = t_f - t_W$；$t_f < t_W$ 时，$\Delta t = t_W - t_f$。

用牛顿冷却公式计算 Q 或 q，关键是要知道对流换热系数 α，而牛顿冷却公式没有揭示对流换热过程各因素的内在联系，它把所有的影响因素都集中于对流换热系数 α 中。所以研究对流换热实质上就是研究如何确定对流换热系数 α，这是本章讨论的主要内容（仅限于没有相变的对流给热过程）。

10.1 对流换热的一般分析

10.1.1 边界层及其与对流换热的关系

在动量传输中，我们曾讨论了边界层问题。这种边界层是对于流动而言的，我们称之为流动边界层，或速度边界层。

将流动边界层的概念推广应用到对流换热，可得到热边界层的概念。以流体流过平板的换热为例，当速度为 v_f、温度为 t_f 的流体流过温度为 t_W（$t_W > t_f$）的壁面时，在壁面附近的流体温度将从 t_W 逐渐变化到 t_f，如图 10-1 所示。$y=0$ 处，$t=t_W$；$y=\delta_t$ 处，$t=t_f$。我们把温度有明显变化、厚度为 δ_t 的这一薄层称为热边界层，或称温度边界层，并人为地规定 $t - t_W = 0.99(t_f - t_W)$ 处为热边界层的外缘。这样，流体的温度仅在热边界层内有显著变化，在热边界层外可视为温度梯度为零的等温流动区。

图 10-1 分别示出了热边界层 δ_t 和流动边界层 δ。显然，δ_t 与 δ 不一定相等，两者之比决定于流体的性质。

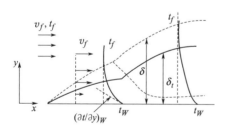

图 10-1 平板上的热边界层

热边界层的状况受流动边界层的影响很大。层流时，垂直于壁面方向上的热量的传递依靠流体内部的导热。湍流时，壁面法向上热量的传递，在层流底层仍然依靠导热的作用；而在湍流核心，除有导热外，更主要的是依靠流体质点的脉动等引起的剧烈混合，这使得换热过程大为强化。由于流体的热导率一般很小（液体金属除外），流体以导热方式传递热量的能力要比质点混合所起的作用小得多。因此，湍流边界层内热阻最大的区域是层流底层。由平板前缘开始，热边界层逐渐发展，从热阻角度分析，任一 x 处的局部换热系数 α_x 随 x 的变化如图 10-2 所示。α_x 恒定不变的区域称为换热充分发展区域。

10.1.2　影响对流换热的因素

我们知道，对流换热时热量的传递是靠导热和对流两种作用完成的。因此，一切支配这两种作用的因素和规律都将影响对流换热过程。

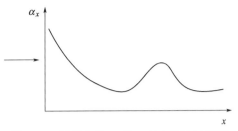

图 10-2　平板上的 α_x 沿 x 方向变化示意图

① 流体流动产生的原因　流体的流动按其产生的原因可分为强制流动（强制对流）和自然流动（自然对流）。由外力（如泵或风机）作用引起的流体流动称为强制流动；由于流体各个部分温度不同产生的密度差所引起的流动称为自然流动。强制流动和自然流动具有不同的对流换热规律和强度，通常前者的流速高，换热系数 α 也大。

② 流体的流速　在一定的条件下，流体的速度决定了雷诺数（$Re = v_f L / \nu$）的大小，从而影响到流动的状态（层流或湍流）和边界层的厚度，这也就影响到对流换热的强度。速度越大，换热系数 α 也越大。但应当指出，流体的流速增大，在换热系数 α 增加的同时，流体的压力损失也随之提高，所以应综合考虑选用合理的流速。

③ 流体的物理性质　影响对流换热所涉及的流体物性主要有热导率 λ、比热容 C_p、密度 ρ、黏度 μ（或 ν）等。流体的 λ 越大，其边界层导热热阻越小，对流换热就越强烈。水的热导率比空气大 20 多倍，所以，相同条件下水的 α 远比空气高。比热容和密度的乘积（ρC_p）代表单位体积流体的热容量。ρC_p 大，流体的载热能力强，对流作用传递热量的能力也大，因而增强了对流换热，提高了换热系数。流体的黏度通过 Re 反映出流体的流动状态和影响到边界层厚度，进而影响对流换热的强弱。流体的物性都随温度而变化，所以换热系数还与壁面温度 t_w、流体温度 t_f 以及热流传递方向等因素有关。

④ 流体的相变　这里所言的相变，主要是指换热过程中液体的沸腾和气体的凝结等。流体有相变时，不仅物性发生了很大变化，而且流动和换热规律与无相变时也不一样。一般地说，对于同一种流体，有相变时的换热强度比无相变时要大很多。

⑤ 换热面的几何因素　几何因素包括换热表面的几何尺寸、形状以及与流体的相对位置。这些几何因素都将影响流体在壁面上的流动状况，从而影响到对流换热。

综上所述，不难得出结论，对流换热系数是众多影响因素的函数，它可表示为

$$\alpha = f(v, \lambda, C_p, \rho, \mu, t_w, t_f, L, \phi, \cdots) \tag{10-2}$$

式中，L 为定型尺寸，ϕ 表示几何形状因素及流体与壁面相对位置的影响。

研究对流换热的主要任务是确定换热系数 α，即寻求不同条件下式(10-2) 的具体函数关系。确定换热系数的方法大致可分为两类：一是理论分析法，它包括边界层微分方程分析法、边界层积分方程近似解法、热量与动量（或质量）传递的类比方法；二是相似理论指导下的实验方法。由于对流换热的复杂性，前一种方法只能解决少数比较简单的对流换热问题，但它有助于深刻理解对流换热的机理；后一种方法则是目前工程上研究对流换热广泛使用的一种实用方法。

10.2　对流换热过程的数学描述

10.2.1　对流换热微分方程式

假定温度为 t_f 的流体流过温度为 t_w 的平板，设离平板前缘 x 处流体与壁面间的热流通量为 q_x。因为在紧贴壁面（$y = 0$）处，流体与壁面不存在相对运动，热量只能以导热方式

通过紧贴壁面的流体薄层，故 q_x 可按傅里叶定律表示为

$$q_x = -\lambda \left(\frac{\partial t}{\partial y} \right)_W \tag{10-3a}$$

式中，λ 为流体的热导率，$W/(m \cdot ℃)$；$(\partial t/\partial y)_W$ 为 x 点壁面（$y=0$）处流体的温度梯度，$℃/m$。

因为 q_x 就是 x 处流体与壁面间的对流换热通量，它同样可用牛顿冷却公式表示为

$$q_x = \alpha_x (t_W - t_f) = \alpha_x \Delta t \tag{10-3b}$$

式中，α_x 为距平板前缘 x 处的局部给热系数。将以上两式联立，得

$$-\lambda \left(\frac{\partial t}{\partial y} \right)_W = \alpha_x (t_W - t_f)$$

$$\alpha_x = -\frac{\lambda}{t_W - t_f} \left(\frac{\partial t}{\partial y} \right)_W = -\frac{\lambda}{\Delta t} \left(\frac{\partial t}{\partial y} \right)_W \tag{10-3}$$

式(10-3) 称为对流给热微分方程式，它揭示了对流换热系数与流体温度场的关系。

由对流换热微分方程式(10-3) 可知，要求得换热系数 α_x，必须先求出流体在该处的温度梯度 $(\partial t/\partial y)_W$，因此，也就必须先知道流体内的温度分布。

10.2.2　对流换热能量微分方程

描述流体温度分布的方程式是流体流动的能量微分方程式。

推导能量微分方程式的主要依据是能量守恒定律。为简化起见，推导中假定：流体的物性参数 λ、ρ、C_p 等为常数，无内热源，由黏性摩擦产生的耗散热可忽略不计。

在流动的流体中，任取一个体积为 $dxdydz$ 的微元体，如图 10-3 所示。根据能量守恒定律

$$\begin{bmatrix} 由导热进入微元 \\ 体的净热量 dQ_1 \end{bmatrix} + \begin{bmatrix} 由对流进入微元 \\ 体的净热量 dQ_2 \end{bmatrix} = \begin{bmatrix} 微元体中流体 \\ 焓的增量 dQ \end{bmatrix} \tag{10-4a}$$

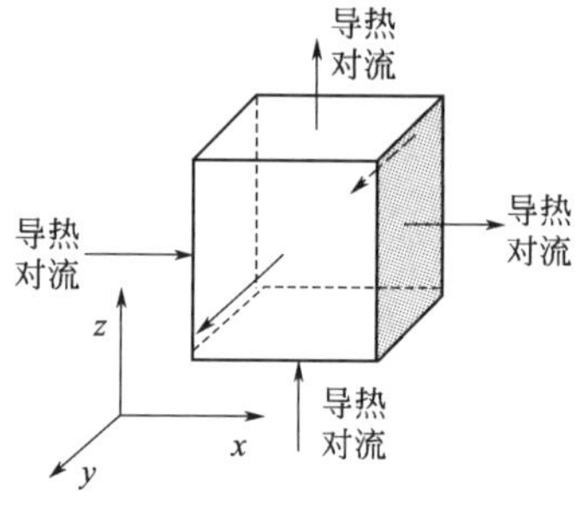

前面已经推导过，由导热进入微元体的净热量，在 $d\tau$ 时间内这一热量为

$$dQ_1 = \lambda \left(\frac{\partial^2 t}{\partial x^2} + \frac{\partial^2 t}{\partial y^2} + \frac{\partial^2 t}{\partial z^2} \right) dxdydzd\tau \tag{10-4b}$$

在 $d\tau$ 时间内，由对流进入微元体的净热量为

$$dQ_2 = -\rho C_p \left(v_x \frac{\partial t}{\partial x} + v_y \frac{\partial t}{\partial y} + v_z \frac{\partial t}{\partial z} \right) dxdydzd\tau \tag{10-4c}$$

在 $d\tau$ 时间内，微元体中焓的增量为

$$dQ = \rho C_p \left(\frac{\partial t}{\partial \tau} \right) dxdydzd\tau \tag{10-4d}$$

图 10-3　能量微分方程的推导

将式(10-4b)～(10-4d) 代入式(10-4a)，整理后得

$$\frac{\partial t}{\partial \tau} + v_x \frac{\partial t}{\partial x} + v_y \frac{\partial t}{\partial y} + v_z \frac{\partial t}{\partial z} = a \left(\frac{\partial^2 t}{\partial x^2} + \frac{\partial^2 t}{\partial y^2} + \frac{\partial^2 t}{\partial z^2} \right) \tag{10-4}$$

式中，$a = \lambda/(\rho C_p)$ 为流体的热扩散系数。式(10-4) 为对流换热能量微分方程，或称热量传输微分方程 [同式(8-23)]。根据推导所做假设，它只能适用于无内热源常物性流体在流速较低的情况。

式(10-4) 表明对流换热是流体的导热和对流联合作用的结果，并且流体的温度分布要

受流体速度分布的影响。当流体不流动时，$v_x = v_y = v_z = 0$，式(10-4) 就退化为无内热源的导热微分方程式。

能量微分方程式(10-4) 含有四个未知量，即 t、v_x、v_y、v_z，不能单独求解。因此，为求温度场，必须先求速度场。由动量传输已知，流体的速度场可利用动量方程——纳维-斯托克斯方程（N-S 方程）和连续性方程式求解。于是，描述对流换热现象的控制方程应包括四个方程式：对流换热微分方程、能量微分方程、动量方程和连续性方程，它们总称为对流换热微分方程组。

由于对流换热微分方程组还不能求得分析解，于是利用边界层理论对上述方程组中的动量方程和能量方程做合理简化，得到边界层对流换热微分方程组，就能求得它的解。

10.3　平板层流换热微分方程组及其分析解

本节讨论无内热源、常物性不可压缩流体、稳定流过平板的层流对流换热，如图 10-4 所示。为便于分析，讨论限于二维问题。

10.3.1　边界层对流换热微分方程组

由动量传输已知不可压缩流体沿平板层流流动时，其动量方程和连续性方程分别为

$$v_x \frac{\partial v_x}{\partial x} + v_y \frac{\partial v_x}{\partial y} = \nu \frac{\partial^2 v_x}{\partial y^2} \quad \text{（边界层动量微分方程）}$$

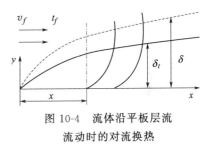

图 10-4　流体沿平板层流
流动时的对流换热

$$(10-5)$$

$$\frac{\partial v_x}{\partial x} + \frac{\partial v_y}{\partial y} = 0 \quad \text{（连续性方程）} \quad (10-6)$$

稳态二维形式的能量微分方程可由式(10-4) 简化得到。因为 $\partial t / \partial \tau = 0$，$v_z = 0$ 和 $\partial t / \partial z = 0$，故得

$$v_x \frac{\partial t}{\partial x} + v_y \frac{\partial t}{\partial y} = a \left(\frac{\partial^2 t}{\partial x^2} + \frac{\partial^2 t}{\partial y^2} \right)$$

由于热边界层内温度梯度主要表现在平板的法线方向，x 方向的导热与 y 方向的导热相比很小，即 $\frac{\partial^2 t}{\partial x^2} \ll \frac{\partial^2 t}{\partial y^2}$，故 x 方向的导热可忽略。因此，平板层流边界层能量微分方程

$$v_x \frac{\partial t}{\partial x} + v_y \frac{\partial t}{\partial y} = a \frac{\partial^2 t}{\partial y^2} \tag{10-7}$$

动量方程式(10-5)、连续性方程式(10-6)、能量方程式(10-7) 加上对流换热微分方程(10-3)，组成常物性不可压缩流体流过平板的层流换热微分方程组，即

$$\alpha_x = -\frac{\lambda}{\Delta t} \left(\frac{\partial t}{\partial y} \right)_w$$

$$v_x \frac{\partial t}{\partial x} + v_y \frac{\partial t}{\partial y} = a \frac{\partial^2 t}{\partial y^2}$$

$$v_x \frac{\partial v_x}{\partial x} + v_y \frac{\partial v_x}{\partial y} = \nu \frac{\partial^2 v_x}{\partial y^2}$$

$$\frac{\partial v_x}{\partial x} + \frac{\partial v_y}{\partial y} = 0$$

在上述由四个方程式组成的微分方程组中，共有四个未知数 α、t、v_x、v_y，方程组是封

闭的。求解这一方程组便可求得速度场、温度场和局部对流换热系数 α_x。

比较动量方程式(10-5)和能量方程式(10-7)可看出，两个方程式形式相似，且系数 ν 和 a 具有相同量纲。如果把动量扩散系数 ν 和热量扩散系数 a 相除，则得到一个无量纲的特征数，称为普朗特（Prandtl）数，用 Pr 表示，即

$$Pr = \frac{\nu}{a}$$

Pr 是对流换热分析中一个重要的特征数。它反映了流体动量扩散和热量扩散的相对程度。Pr 是流体物性参数的组合，因此，它也可看做是流体的物性对于对流换热的影响。

10.3.2　平板层流换热微分方程组的分析解

求解对流换热微分方程组还必须给出反映换热过程特点的边界条件。对于恒壁温（$t_W = $ 常数）平板的层流换热问题，边界条件为

$$y = 0, \ v_x = v_y = 0, \ t = t_W$$

$$y = \infty, \ v_x = v_f, \ t = t_f$$

为便于求解，用无量纲的速度和无量纲的温度代替速度和温度。则边界条件可改写为

$$y = 0, \ \frac{v_x}{v_f} = \frac{v_y}{v_f} = 0, \ \theta = \frac{t - t_W}{t_f - t_W} = 0$$

$$y = \infty, \ \frac{v_x}{v_f} = 1, \ \theta = \frac{t - t_W}{t_f - t_W} = 1$$

这样，温度边界条件与速度边界条件完全一致。对于微分方程组的求解过程，这里不做介绍，仅把其结论综述如下。

① 从动量方程式和连续方程式可解得速度场，进而得到流动边界层厚度 δ 和局部摩擦阻力系数 C_f 分别为

$$\delta = \frac{5.0x}{\sqrt{Re_x}}$$

$$C_f = 0.664 \sqrt{\frac{\nu}{u_f x}} = \frac{0.664}{\sqrt{Re_x}}$$

② 从能量方程解得不同 Pr 下的温度场，然后由对流换热方程式求得恒壁温平板的局部换热系数，即

$$\alpha_x = 0.332 \frac{\lambda}{x} Re_x^{1/2} Pr^{1/3} \tag{10-8}$$

或

$$Nu_x = \frac{\alpha_x \cdot x}{\lambda} = 0.332 Re_x^{1/2} Pr^{1/3} \tag{10-9}$$

式(10-8)表明，在平板层流换热条件下，$\alpha_x \propto x^{\frac{1}{2}}$ 成反比，随 x 增加，边界层厚度增加，局部换热系数 α_x 减小。

在工程计算中常用平均对流换热系数，它可由式(10-8)沿全板长从 0 到 L 积分求得，即平均给热系数

$$\alpha = \frac{1}{L} \int_0^L \alpha_x \, dx$$

$$\alpha = 0.664 \frac{\lambda}{L} Re_L^{1/2} Pr^{1/3} \tag{10-10}$$

或

$$Nu = \frac{\alpha L}{\lambda} = 0.664 Re_L^{1/2} Pr^{1/3} \tag{10-11}$$

式中，Nu 称为努塞尔（Nusselt）数，它的大小反映了对流换热的强度。各特征数中的物性均用边界层平均温度 $t_m = \dfrac{t_f + t_W}{2}$ 为定性温度。

③ 实验已经验证流体物性以 $Pr^{\frac{1}{3}}$ 影响换热。

④ 对于 $\nu = a$，即 $Pr = 1$ 时，速度边界层的厚度 δ 和温度边界层的厚度 δ_t 完全相等；对于 $Pr \neq 1$ 的流体，流动边界层厚度 δ 和温度边界层的厚度 δ_t 之间关系可近似表示为

$$\frac{\delta}{\delta_t} = Pr^{\frac{1}{3}} \tag{10-12}$$

说明 $Pr = \nu/a$ 是表示流体速度场与温度场的相似程度。

⑤ 式(10-9)是由特征数组成的式子，这表明微分方程式具有特征数关系式形式的解。它把微分方程所反映的众多因素间的规律用少数几个特征数来概括，即把式(10-2)改用 $Nu = f(Re, Pr)$（强制对流）表达，变量大为减少。这对于对流换热问题的分析，实验研究和数据处理有普遍指导意义。

⑥ 式(10-8)～式(10-11)适用于恒壁温平板层流边界层换热的情况，应用范围为 $0.6 < Pr < 50$，$Re < 5 \times 10^5$，因而不能应用于液体金属。因为液体金属的热导率高，$\delta_t \gg \delta$，在恒壁温的条件下，液体金属的局部对流换热系数近似为

$$Nu_x = \left(\frac{0.564}{1 + 0.9 \sqrt{Pr}} \right) Re_x^{\frac{1}{2}} Pr^{\frac{1}{2}} \tag{10-13}$$

10.4　平板层流换热的近似积分解

利用边界层微分方程组求解对流换热问题显然可获得严格的分析解，但适用范围有限，难度也大。因此，在一般分析中，常采用冯·卡门分析流动边界层的近似积分方法。这种方法分析简单，适用范围广，虽为近似解法，但仍有足够精度，在动量传输中曾介绍过这种方法。

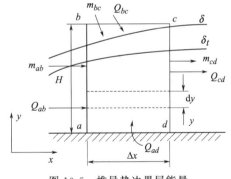

图 10-5　推导热边界层能量积分方程的控制体

10.4.1　边界层能量积分方程

仍以无内热源，常物性不可压缩流体，沿平板做二维稳态流动的对流换热为例。假定主流速度为 v_f，温度为 t_f，平板壁面温度为 t_W。在壁面附近任取一控制体 $abcd$，如图 10-5 所示。根据控制体的能量守恒关系可导出边界层能量积分方程。

首先考虑单位时间内由 ab 面流入和由 cd 面流出控制体的流体的质量流量，它们分别为

$$m_{ab} = \rho \int_0^H v_x \, \mathrm{d}y$$

$$m_{cd} = m_{ab} + \frac{\mathrm{d}m_{ab}}{\mathrm{d}x} \cdot \Delta x = \rho \int_0^H v_x \, \mathrm{d}y + \rho \frac{\mathrm{d}}{\mathrm{d}x} \int_0^H v_x \, \mathrm{d}y \cdot \Delta x$$

根据连续性方程，单位时间 bc 面流入控制体的质量流量应为 ab 面流入和由 cd 面流出的质量流量之差

$$m_{bc} = m_{cd} - m_{ab} = \rho \frac{\mathrm{d}}{\mathrm{d}x}\left(\int_0^H v_x \mathrm{d}y\right) \cdot \Delta x$$

相应的进出控制体的热流量：$Q = C_p mt$

$$Q_{ab} = C_p m_{ab} t = C_p \rho \int_0^H v_x \cdot t \mathrm{d}y$$

$$Q_{bc} = C_p m_{bc} t_f = C_p \rho \frac{\mathrm{d}}{\mathrm{d}x}\left(\int_0^H v_x t_f \mathrm{d}y\right) \cdot \Delta x$$

$$Q_{cd} = C_p m_{cd} t = C_p \rho \left(\int_0^H v_x t \mathrm{d}y\right) + C_p \rho \left(\frac{\mathrm{d}}{\mathrm{d}x}\int_0^H v_x t \mathrm{d}y\right) \Delta x$$

因 ad 面无质量流入，热量只能以导热方式进入控制体，其热流量为

$$Q_{ad} = -\lambda \left(\frac{\partial t}{\partial y}\right)_W \cdot \Delta x$$

在非高速流动时，可以不考虑因黏性引起的耗散热，因此，热平衡方程式为

$$Q_{ab} + Q_{bc} + Q_{ad} = Q_{cd}$$

将以上讨论的各项代入热平衡方程，经整理得

$$\frac{\mathrm{d}}{\mathrm{d}x}\int_0^H (t_f - t) v_x \mathrm{d}y = a \left(\frac{\partial t}{\partial y}\right)_W$$

上式中的积分 $\int_0^H = \int_0^{\delta_t} + \int_{\delta_t}^H$，当 $y > \delta_t$ 时，$t = t_f$，此时 $\int_{\delta_t}^H = 0$，因此上式中的积分上限 H 可改为 δ_t，即

$$\frac{\mathrm{d}}{\mathrm{d}x}\int_0^{\delta_t} (t_f - t) v_x \mathrm{d}y = a \left(\frac{\partial t}{\partial y}\right)_W \tag{10-14}$$

式（10-14）称为边界层能量积分方程，式中 a 是流体的热扩散系数。边界层能量积分方程和边界层动量积分方程式是对流换热近似积分方法的两个基本方程。

10.4.2　边界层能量积分方程的近似解

假定所讨论的是恒壁温平板层流换热问题，流动边界层厚度 δ 和热边界层厚度 δ_t 都从平板前缘（$x = 0$）开始，且 $\delta_t < \delta (Pr > 1)$。为便于求解，引入过余温度 $\theta = t - t_W$，此时，能量积分方程式（10-14）可改写为

$$\theta_f v_f \frac{\mathrm{d}}{\mathrm{d}x}\int_0^{\delta_t} \left(1 - \frac{\theta}{\theta_f}\right)\frac{v_x}{v_f} \mathrm{d}y = a \left(\frac{\partial \theta}{\partial y}\right)_W \tag{10-15a}$$

式中，速度分布 $\dfrac{v_x}{v_f} = f(y)$，已由动量传输中确定为

$$\frac{v_x}{v_f} = \frac{3}{2}\frac{y}{\delta} - \frac{1}{2}\left(\frac{y}{\delta}\right)^3 \tag{10-15b}$$

$$\delta = 4.64 \sqrt{\frac{v \cdot x}{v_f}} = \frac{4.64x}{Re_x^{1/2}} = 4.64x Re^{-\frac{1}{2}}$$

下面介绍边界层能量积分方程的求解步骤。

① 假设热边界层内温度分布，类似求解动量积分方程的方法，设热边界层内温度分布 $\theta = f(y)$ 也是一个三次多项式，即

$$\theta = A + By + Cy^2 + Dy^3 \tag{10-15c}$$

式中，A、B、C、D 为待定常数，它们可由边界条件和补充条件确定，即

$$y = 0, \quad \theta = t_W - t_W = 0, \quad \left(\frac{\partial^2 \theta}{\partial y^2}\right)_W = 0$$

$$y = \delta_t, \quad \theta = t_f - t_W = \theta_f, \quad \left(\frac{\partial \theta}{\partial y}\right)_{\delta_t} = 0$$

由此求得常数为

$$A = 0; \quad B = \frac{3}{2}\left(\frac{\theta_f}{\delta_t}\right); \quad C = 0; \quad D = -\frac{1}{2}\frac{\theta_f}{\delta_t^3}$$

将 A、B、C、D 代入式(10-15b)，得

$$\frac{\theta}{\theta_f} = \frac{3}{2}\left(\frac{y}{\delta_t}\right) - \frac{1}{2}\left(\frac{y}{\delta_t}\right)^3 \tag{10-15}$$

② 求热边界层厚度 δ_t。将式(10-15) 对 y 求导，得壁面温度梯度

$$\left(\frac{\partial \theta}{\partial y}\right)_W = \frac{3}{2}\frac{\theta_f}{\delta_t} \tag{10-16}$$

将式(10-15b)、(10-15)、(10-16) 代入式(10-15a) 中，积分并整理得到

$$\frac{\delta_t}{\delta} = 0.976 Pr^{-\frac{1}{3}} \tag{10-17}$$

或

$$\delta_t = 4.53 x Re_x^{-1/2} Pr^{-1/3} \tag{10-18}$$

③ 由 δ_t 求对流换热系数。由对流换热微分方程式和式(10-16)解得局部换热系数为

$$\alpha_x = -\frac{\lambda}{t_W - t_f}\left(\frac{\partial t}{\partial y}\right)_W = \frac{3}{2}\frac{\lambda}{\delta_t}$$

δ_t 用式(10-18) 代入，得

$$\alpha_x = 0.331 \frac{\lambda}{x} Re_x^{1/2} Pr^{1/3} \tag{10-19}$$

或

$$Nu_x = 0.331 Re_x^{1/2} Pr^{1/3} \tag{10-20}$$

将式(10-19) 沿全板长从 0 到 L 积分，得全板长平均给热系数及特征数方程

$$\alpha = 0.662 \frac{\lambda}{L} Re_L^{1/2} Pr^{1/3} \tag{10-21}$$

或

$$Nu = 0.662 Re_L^{1/2} Pr^{1/3} \tag{10-22}$$

将式(10-19)~式(10-22) 与分析解结果式(10-8)~式(10-11) 相比较，两者几乎一致。式(10-19)~式(10-22) 同样适用于恒壁温平板层流流动，定性温度也用 $t_m = 0.5(t_f + t_W)$。还应当指出，近似积分解是在 $\delta_t < \delta$ 前提下导出的，严格地说，只有 $Pr > 1$ 的流体才适用。

但是这里需要指出的是边界层能量积分方程可用于求解湍流的问题，只要有湍流情况下的热边界层内温度分布及速度边界层内速度分布，就可以得到湍流问题的解。

例 10-1　20℃ 空气以 8m/s 的速度流过平板，板长 1.0m，板温 40℃。计算距板端 0.01，0.05，0.10，0.20，0.40，0.60，0.80，1.00 各点处的 δ、δ_t 和 α_x。

解：$t_m = \frac{1}{2}(20 + 40) = 30℃$，查 30℃空气的物性参数如下

$$\lambda = 2.673 \times 10^{-2} \text{W/(m·℃)}, v = 1.6 \times 10^{-5} \text{m}^2/\text{s}, Pr = 0.701$$

$$x = 0.01 \quad Re_x = \frac{ux}{v} = \frac{8 \times 0.01}{1.6 \times 10^{-5}} = 5 \times 10^3 < 5 \times 10^5$$

计算 Re_x：

$$x = 0.05 \quad Re_x = \frac{ux}{v} = \frac{8 \times 0.05}{1.6 \times 10^{-5}} = 2.5 \times 10^4 < 5 \times 10^5$$

$x = 0.1 \quad Re_x = 5 \times 10^4, x = 0.2 \quad Re_x = 1.0 \times 10^5$

$x = 0.4 \quad Re_x = 2.0 \times 10^5, x = 0.6 \quad Re_x = 3.0 \times 10^5$

$x=0.8$　　$Re_x=4.0\times10^5, x=1.0$　　$Re_x=5\times10^5$

对于气体近似用

$$\delta_x=\frac{4.64x}{\sqrt{Re_x}}, \quad \delta_t=4.53xRe_x^{-1/2}Pr^{-1/3}, \quad \alpha_x=0.331\frac{\lambda}{x}Pr^{1/3}Re_x^{1/2}$$

故得到下表中的结果。

x	0.01	0.05	0.10	0.20	0.40	0.60	0.80	1.0
δ/mm	0.65	1.47	2.07	2.93	4.15	5.08	5.87	6.56
δ_t/mm	0.72	1.61	2.28	3.22	4.56	5.58	6.44	7.20
$\alpha_x/[\mathrm{W/(m^2\cdot ℃)}]$	55.72	24.92	17.62	12.46	8.81	7.19	6.23	5.57

例 10-2　205℃的油以 0.3m/s 的速度流过长 3.0m 宽 0.9m 的平板，板温为 216℃，试计算距板端 1m 和 3m 处的 δ 和 δ_t，并计算板油闸对流传热量。已知油的物性：$t_m=\dfrac{205+216}{2}=210.5℃$，$\lambda=0.120\mathrm{W/(m\cdot℃)}$，$v=2.0\times10^{-6}\mathrm{m^2/s}$，$Pr=40$。

解：根据

$$\delta=\frac{4.64x}{Re^{1/2}}, \quad \delta_t=\delta\times0.976Pr^{-1/3}, \quad \alpha_x=0.331\frac{\lambda}{x}Re_x^{1/2}Pr^{1/3}, \quad \alpha_L=2\alpha_x$$

计算：

$$x=1.0\mathrm{m}\quad Re_x=\frac{uL}{v}=\frac{0.3\times1.0}{2.0\times10^{-6}}=1.5\times10^5<5\times10^5$$

$$x=3.0\mathrm{m}\quad Re_x=\frac{uL}{v}=\frac{0.3\times3.0}{2.0\times10^{-6}}=4.5\times10^5<5\times10^5$$

$$\delta_{1.0}=\frac{4.64\times1.0}{(1.5\times10^5)^{1/2}}=12\mathrm{mm}, \quad \delta_{t,1.0}=12\times0.976\times40^{-1/3}=3.42\mathrm{mm}$$

$$\delta_{3.0}=\frac{4.64\times3.0}{(4.5\times10^5)^{1/2}}=21\mathrm{mm}, \quad \delta_{t,3.0}=21\times0.976\times Pr^{-1/3}=6\mathrm{mm}$$

$$\alpha_L=2\times0.331\times\frac{0.12}{3.0}\times(4.5\times10^5)^{1/2}\cdot40^{1/3}=61\quad\mathrm{W/(m^2\cdot℃)}$$

$$\begin{aligned}Q&=\alpha_L(t_W-t_f)A\\&=61\times(216-205)\times3\times0.9\\&=1.8\times10^3\mathrm{W}\end{aligned}$$

10.5　动量传输和热量传输的类比方法

以上讨论的问题都限于层流时的对流换热。在工程应用中，湍流要比层流更普遍，但湍流换热问题的求解比层流换热更困难。由于湍流，流体的横向运动、涡流作用，使流体的速度、温度产生脉动，类比方法是求解湍流给热的重要方法之一。

这种方法是利用动量传输中易于求得的摩擦系数来推算对流换热系数。因此，这对于换热系数难于直接测定或缺乏资料的情况有实用意义，而且通过类比分析，还有助于我们对湍流换热机理的理解。该方法用于求解湍流换热问题（也适用层流时的对流换热）

10.5.1　湍流时动量传输与热量传输类似性

在动量传输中，我们介绍了黏性动量通量（或称黏性切应力）和湍流动量通量（或称湍流附加切应力）的概念。对于不可压缩流体，它们分别表示为

$$\tau_l = \mu \frac{\mathrm{d}v_x}{\mathrm{d}y} = \nu \frac{\mathrm{d}\rho v_x}{\mathrm{d}y}$$

$$\tau_t = -\rho \overline{v_x' v_y'} = \varepsilon_m \frac{\mathrm{d}\rho v_x}{\mathrm{d}y}$$

湍流时，总动量通量为

$$\tau = \tau_l + \tau_t = \rho(\nu + \varepsilon_m)\frac{\mathrm{d}v_x}{\mathrm{d}y} = (\nu + \varepsilon_m)\frac{\mathrm{d}\rho v_x}{\mathrm{d}y} \tag{10-23}$$

式中，ν 是运动黏度，或称分子动量扩散系数；ε_m 称湍流运动黏度，或称湍流动量扩散系数；$\mathrm{d}(\rho v_x)/\mathrm{d}y$ 表示单位体积流体的动量在 y 方向上的梯度。因此，式(10-23) 表示湍流时在 y 方向上传递的动量通量。

对湍流时的对流换热可做类似的分析，分子的导热（导热定律）和湍流脉动附加传递的热通量分别为

$$q_l = -\lambda \frac{\mathrm{d}t}{\mathrm{d}y} = -\rho C_p a \frac{\mathrm{d}t}{\mathrm{d}y}$$

$$q_t = \rho C_p \overline{V_y' t'} = -\rho C_p \varepsilon_n \frac{\mathrm{d}t}{\mathrm{d}y}$$

湍流时，总热通量

$$q = q_l + q_t = -\rho C_p(a + \varepsilon_n)\frac{\mathrm{d}t}{\mathrm{d}y} = -(a + \varepsilon_n)\frac{\mathrm{d}(\rho C_p t)}{\mathrm{d}y} \tag{10-24}$$

式中，a 是导温系数，或称分子热扩散系数；ε_n 称湍流热扩散系数；$\mathrm{d}(\rho C_p t)/\mathrm{d}y$ 表示单位体积流体的热量在 y 方向上的梯度。式(10-24) 是湍流时在 y 方向传递的热量通量。

ε_m、ε_n 与流动状态、湍流强度等因素有关，不是物性参数。比值 $\varepsilon_m/\varepsilon_n = Pr_t$ 称为湍流普朗特数。

10.5.2　雷诺类比和柯尔朋类比

1874 年雷诺首先利用动量传输和热量传输的类似性，导出了摩擦系数和对流换热系数的关系。雷诺在推导中假设：湍流边界层内不存在层流底层，称一层结构湍流模型。这种模型适合于 $Pr = Pr_t = 1$ 的情况。

由于不存在层流底层和缓冲层，所以分子的扩散 ≪ 湍流的扩散（即 $\nu \ll \varepsilon_m$，$a \ll \varepsilon_n$）；设 $\varepsilon_m = \varepsilon_n = \varepsilon$，即 $\varepsilon_m/\varepsilon_n = Pr_t = 1$；将式(10-23) 和式(10-24) 化简为

$$\tau = \rho \varepsilon \frac{\mathrm{d}v_x}{\mathrm{d}y}; \qquad q = -\rho C_p \varepsilon \frac{\mathrm{d}t}{\mathrm{d}y}$$

两式相除：

$$\frac{q}{\tau} = -C_p \frac{\mathrm{d}t}{\mathrm{d}v_x}$$

移项 $\mathrm{d}t = -\dfrac{q}{\tau C_p}\mathrm{d}v_x$，并假定 $\dfrac{q}{\tau} = \dfrac{q_W}{\tau_W}$（$q_W$ 为壁面上的值，可视为常数），积分

$$\int_W^{t_f} \mathrm{d}t = -\frac{q_W}{\tau_W C_p}\int_0^{v_f} \mathrm{d}v_x$$

所以，$t_W - t_f = \dfrac{q_W}{\tau_W C_p}v_f$，由牛顿公式 $q_W = \alpha(t_W - t_f)$，故有对流给热系数 α 与壁面切应力 τ_W 的关系为

$$\alpha = \frac{C_p \tau_W}{v_f} \tag{10-25}$$

（1）当流体沿平板流动

表面摩擦力表示为

$$\tau_W = C_f \frac{\rho v_f^2}{2} \tag{10-26}$$

将式（10-26）代入式（10-25）得斯坦顿（Stanton）数

$$St = \frac{\alpha}{\rho C_p v_f} = \frac{C_f}{2} \tag{10-27}$$

式中，C_f 是摩擦系数。St 与 Nu 之间有如下关系

$$St = \frac{Nu}{RePr} \tag{10-28}$$

式（10-27）称雷诺类比律。雷诺类比同样适用于管内流动。

（2）当流体在管内流动

当流体在管内流动时，管内摩擦阻力损失表现为压力的损失。由力的平衡（摩擦力×面积＝管进出口压力损失）：

$$\tau_W \cdot \pi \cdot d \cdot L = \frac{\pi}{4} d^2 \cdot \Delta p \tag{10-29a}$$

管内流动压力损失的计算公式： $\quad \Delta p = f \frac{L}{d} \frac{\rho v_m^2}{2} \tag{10-29b}$

式中，f 是管内摩擦阻力系数即动量传输中的摩擦阻力系数 λ；v_m 是管截面平均流速，m/s；L 为管长，m；d 为管内径，m；Δp 为管子进出口的压降，N/m²。将式（10-29b）代入式（10-29a）得

$$\tau_W \cdot L = \frac{1}{4} d \cdot f \times \frac{L}{d} \times \frac{\rho v_m^2}{2}$$

整理

$$\tau_W = \frac{f}{8} \rho v_m^2 \tag{10-29}$$

将式（10-29）代入式（10-25）得

$$St = \frac{\alpha}{\rho C_p v_m} = \frac{f}{8} \tag{10-30}$$

式（10-30）也称雷诺类比律。雷诺类比律只适用于 $Pr = 1$ 的流体，当 $Pr \neq 1$ 时，可用 $Pr^{2/3}$ 修正 St 数。应当指出，湍流流动时，实际是存在层流底层的，因此，雷诺的假设与实际有差别，但是当 $Pr = 1$ 时，由于层流底层中可认为 $\varepsilon_m = \varepsilon_n = 0$，故得到相同的结果。这说明 $Pr = 1$ 时，雷诺类比律对于层流底层和湍流核心都是适用的，但必须遵守下列条件：①流体的 $Pr = 1$；②流体阻力仅是摩擦阻力。

（3）柯尔朋类比律

当 $Pr \neq 1$ 时，可用 $Pr^{2/3}$ 修正 St 数，得到柯尔朋类比律。

当流体沿平板流动： $\quad St \cdot Pr^{2/3} = \frac{C_f}{2} \tag{10-31}$

式中的 St 和 Pr 均用 $t_m = (t_f + t_W)/2$ 作为定性温度，公式适用范围为 $Pr = 0.5 \sim 50$。

当流体在管内流动： $\quad St \cdot Pr^{2/3} = \frac{f}{8} \tag{10-32}$

式中的 St 用流体平均温度 t_f 作为定性温度，Pr 用 $t_m = (t_f + t_W)/2$ 作为定性温度。

式（10-31）、式（10-32）称为柯尔朋（CoLburn）类比律。

还应指出。柯尔朋类比的限制条件是：没有形状阻力，即流体阻力仅限于摩擦阻力的情况。

（4）类比法在光滑管内的湍流流动中的应用

对于光滑管内的湍流流动，当 $Re<10^5$ 时，摩擦系数为

$$f=\frac{0.3164}{Re^{1/4}}$$

代入式（10-32）中，得到管内湍流给热特征数方程式

$$St_f Pr_m^{2/3}=0.0395Re_m^{-1/4} \tag{10-33}$$

式中，St_f 表示以流体的平均温度 t_f 为定性温度；Pr_m、Re_m 表示以边界层的平均温度 $t_m=\frac{t_f+t_W}{2}$ 为定性温度。

（5）类比法在流体沿平板作湍流运动中的应用

对流体沿平板作湍流运动，并认为湍流边界层开始于平板的前缘，摩擦系数为

$$C_f=\frac{0.074}{Re^{1/5}}$$

代入式（10-31）中，得到 $\qquad St\cdot Pr^{2/3}=0.037Re^{-1/5} \tag{10-34}$

或 $\qquad Nu_m=0.037Re_m^{0.8}Pr_m^{1/3} \tag{10-35}$

式（10-35）的适用范围 $Re=5\times(10^5\sim10^7)$。定性温度为 t_m，定型尺寸用全板长 L。如果在平板前缘先形成层流，然后过渡到湍流。临界雷诺数 $Re=5\times10^5$ 时，则

$$Nu_m=(0.037Re_m^{0.8}-850)Pr_m^{1/3} \tag{10-36}$$

例 10-3　平均温度为 30℃ 的水以 0.4kg/s 的流量流过一直径为 2.5cm、长 6m 的直管，测得压力降为 3kN/m²，热通量保持常数，平均壁温为 50℃，求水的出口温度。

解：水通过热管被加热，加热的水平均温度为 30℃，以水的平均温度 $t_f=30$℃ 为定性温度，查表密度为 995.7kg/m³、C_p 为 4174J/(kg·℃)。

边界层平均温度 $t_m=\frac{t_f+t_W}{2}=\frac{50+30}{2}=40$℃，查得 $Pr=4.31$

由质量流量 $m=\rho v_m F=\rho v_m \frac{\pi}{4}d^2$ 得到流速

$$v_m=\frac{4m}{\pi\rho d^2}=\frac{4\times0.4}{995.7\times3.14\times0.025^2}=0.8184\text{m/s}$$

由 $\Delta p=f\frac{L}{d}\frac{\rho v_m^2}{2}$ 得

$$f=\Delta p\frac{d}{L}\frac{2}{\rho v_m^2}=3000\times\left(\frac{0.025}{6}\right)\times\frac{2}{995.7\times0.8184^2}=0.03749$$

因此 $Pr=4.31>1$，$\therefore$ 柯尔朋类比 $\qquad St_f\cdot Pr_m^{2/3}=\frac{f}{8}=\frac{0.03749}{8}$

因为 $St=1.769\times10^{-3}$

所以 $\qquad \alpha=St_f\cdot\rho C_p V_m=6018.5\text{W/(m}^2\cdot℃)$

管壁对水的热流量为：$Q=\alpha\pi dL(t_W-t_f)=56722.9\text{W}$

$\because Q=C_m\Delta t$

$\therefore$ 水的升温 Δt 为：$\Delta t=\frac{Q}{C_p m}=34$℃，故

$$\begin{cases} t_0 - t_i = 34\text{℃} \\ \dfrac{1}{2}(t_0 + t_i) = 30\text{℃} \end{cases} \quad (t_0 \text{ 为出口水温} ; t_i \text{ 为进口水温})$$

解得出口水温 t_0 为 47℃，进口水温 t_i 为 13℃。

10.6　相似理论指导下的实验方法

由于对流换热过程的复杂性，就目前说来，求解对流换热系数的分析解法、类比方法等只能解决少数实际问题，对于大部分实际工程中的问题，仍要依靠相似理论指导下的实验方法来解决。

导出相似特征数的一般方法主要有方程分析法和量纲分析法。本节仅介绍量纲分析方法导出相似特征数。量纲分析法是从所研究问题包含的物理量的量纲着手，运用形式逻辑推理来研究问题的一种方法。量纲分析的理论根据是物理方程量纲的一致性，即任何一个物理方程的各项的量纲必定是相同的。

量纲分析法的特点是，对所研究的问题进行量纲分析时，不需要深入研究它内部过程的细节，只需了解这个过程应遵守哪些基本定律及在所研究问题的边界上哪些物理量对过程的发展具有重要的影响，以及包含在定解条件中都有哪些物理量就足够了。当人们对所研究的问题还无法用数学描述时，量纲分析是惟一可以使用而取得相似特征数的方法。

在热量传输中，基本量纲有：质量 [M]；长度 [L]；时间 [t]；温度 [T]。

10.6.1　量纲分析法在对流换热中的应用

（1）强制对流换热

以不可压黏性流体的非等温流动为例，来说明如何用量纲分析法导出相似特征数。量纲分析法的基本步骤如下。

① 写出影响这一现象的所有因素，在对流换热中有速度 v，物性参数 ρ、μ、C_p、λ，几何尺寸 d，对流给热系数 α。共有 7 个物理量（$n=7$），它们之间的一般联系式为

$$f(d, \rho, \mu, C_p, \lambda, v, \alpha) = 0 \tag{10-37}$$

② 从影响现象的 n 个物理量中选择 m 个物理量作为基本物理量，这 m 个基本量的量纲要相互独立，其它 $n-m$ 个物理量的量纲都能由 m 个物理量的量纲导出。因此，选择其中 4 个物理量作为基本量纲的代表，且要求它们互相独立，即选择

直径 $d[L]$、黏度 $\mu[ML^{-1}t^{-1}]$、导热系数 $\lambda[MLt^{-3}T^{-1}]$、速度 $v[Lt^{-1}]$

③ 从 m 个基本物理量以外的物理量中每次取一个物理量，连同这四个物理量组合成一个无量纲的量。在这里共有 $7-4=3$ 个。即

$$\pi_1 = L^{a_1} \lambda^{b_1} \mu^{c_1} v^{d_1} \rho$$
$$\pi_2 = L^{a_2} \lambda^{b_2} \mu^{c_2} v^{d_2} C_p$$
$$\pi_3 = L^{a_3} \lambda^{b_3} \mu^{c_3} v^{d_3} \alpha$$

④ 根据量纲和谐性确定上面 π 中的指数 a_i、b_i、c_i、d_i

$$\pi_1 = L^{a_1} \lambda^{b_1} \mu^{c_1} v^{d_1} \rho$$

$$[\pi_1] = [L]^{a_1} [MLt^{-3}T^{-1}]^{b_1} [ML^{-1}t^{-1}]^{c_1} [Lt^{-1}]^{d_1} [ML^{-3}]$$

对 $[L]$：$a_1 + b_1 - c_1 - d_1 - 3 = 0$

$$[M]: b_1 + c_1 + 1 = 0$$
$$[t]: -3b_1 - c_1 - d_1 = 0$$
$$[T]: -b_1 = 0$$

解出：$a_1 = 1$、$b_1 = 0$、$c_1 = -1$、$d_1 = 1$

同理可以解出 π_2、π_3 中的 a_2、b_2、c_2、d_2 和 a_3、b_3、c_3、d_3。

⑤ 得出特征数方程式，如下。

$$\pi_1 = L\mu^{-1}v \cdot \rho = \frac{\rho v L}{\mu} = Re$$

$$\pi_2 = \mu C_p \lambda^{-1} = \frac{\mu C_p}{\lambda} = \frac{\nu}{a} = Pr$$

$$\pi_3 = \frac{\alpha L}{\lambda} = Nu$$

按相似第三定律可以写成特征数方程式

$$f(Re, Pr, Nu) = 0 \tag{10-38}$$

或写成显式形式：

$$Nu = f(RePr) \tag{10-38a}$$

式(10-38) 即为强制对流换热的特征数方程。因为该方程中忽略了由于温度差产生的密度差而引起的对流换热。

⑥ 如何确定函数关系。通过试验来确定具体的函数关系。设特征数方程的具体形式为 $Nu = C \times Re^m \times Pr^n$，试验确定式中的常数 C、m、n 值。

（2）自然对流换热

在分析流体的运动时应考虑，它是由温度差产生的密度差引起的对流换热。因此，在影响对流换热的因素中除了有速度 v，物性参数 ρ、μ、C_p、λ，几何尺寸 d，对流换热系数 α 这 7 个物理量之外，还应该考虑重力 $g[Lt^{-2}]$ 的影响，即有 8 个物理量。它们之间的一般联系式为

$$f(d, \rho, \mu, C_p, \lambda, v, \alpha, g) = 0 \tag{10-39}$$

除了导出的上面三个特征数之外，还有

$$\pi_4 = L^{a_4} \lambda^{b_4} \mu^{c_4} v^{d_4} g$$

可以解出：$a_4 = 1$、$b_4 = 0$、$c_4 = -1$、$d_4 = -2$，即有特征数

$$\pi_4 = \frac{gL}{v^2} = Fr$$

现在将 $Fr \cdot Re^2$ 得到 $Fr \cdot Re^2 = Ar = \frac{gL^3}{\nu^3}$，考虑温度差引起的密度差的影响，引入无量纲的量：$\beta \cdot \Delta T$，得到葛拉晓夫数 Gr

$$Ar \cdot \beta \Delta T = Gr = \frac{\beta g \rho^2 L^3 \Delta T}{\mu^2}$$

式中，β 是流体的热膨胀系数（$1/T$）；ΔT 是温度差。Gr 数大时，表明浮升力大，流体的自然流动也较激烈，因此，自然对流换热也较强。所以，在自然对流换热中有

$$Nu = f(Gr, Pr) \tag{10-40}$$

也可以写为：

$$Nu = C \times Gr^m \times Pr^n$$

通过实验确定常数 C、m、n 的值。

10.6.2　强制对流换热特征数方程

由于不同研究者的实验条件、方法和范围有所不同，它们得到的特征数方程也各有差

异，下面给出工程上较常采用的一些计算公式。

（1）管内强制对流换热特征数方程

① 管内湍流时的换热 对于光滑管内的湍流流动，目前应用较为广泛的特征数方程为迪图斯-贝尔特（Dittus-Boelter）公式

$$Nu_f = 0.023Re_f^{0.8}Pr_f^m \tag{10-41}$$

式中，特征数的下标 f 表示以流体的平均温度为定性温度，定型尺寸为管内经，对于非圆型管，定型尺寸用当量直径 d_e。在流体被加热（$t_W > t_f$）时，$m=0.4$；流体被冷却（$t_W < t_f$）时，$m=0.3$；式（10-41）的适用范围是：$Re > 10^4$，$Pr_f = 0.7 \sim 120$，$L/d > 60$，流体与壁面的温差 Δt 一般为：对于气体 $\Delta t \leqslant 50℃$，对于水 $\Delta t \leqslant 20 \sim 30℃$，对于油类 $\Delta t \leqslant 10℃$。

如对式（10-41）进行修正，可扩大其适用范围。

（a）管道长度修正。由边界层的形式和发展过程可知，流体从进入管口起，边界层厚度从零开始，逐渐增厚，在经历一段距离后，管截面的流速分布和流动状态才能达到定型，这一距离称为入口段，之后为充分发展段。在入口段，由于边界层厚度沿管长发生变化，其换热系数也随之而变化，分析证明，对于湍流，当 $L/d > 60$ 时，平均换热系数将不再沿管长变化，而当 $L/d < 60$ 时，则需考虑入口段的影响，给予管长修正，即乘以一短管修正系数 ε_L，如表 10-1 所示。

表 10-1　短管修正系数 ε_L

Re_f	L/d								
	1	2	5	10	15	20	30	40	50
1×10^4	1.65	1.50	1.34	1.23	1.17	1.13	1.07	1.03	1
2×10^4	1.51	1.40	1.27	1.18	1.13	1.10	1.05	1.02	1
5×10^4	1.34	1.27	1.18	1.13	1.10	1.08	1.04	1.02	1
1×10^5	1.28	1.22	1.15	1.10	1.08	1.06	1.03	1.02	1
1×10^6	1.14	1.11	1.08	1.05	1.04	1.03	1.02	1.01	1

（b）弯曲管道修正。流体流过弯曲管道或螺旋管时，因离心力作用使流体在流道内外侧之间形成二次环流，二次环流增加了对边界层的扰动，使换热强度增加。所以对于弯管和螺旋管，式（10-41）应乘以弯管修正系数 ε_R。

$$\text{对于气体} \quad \varepsilon_R = 1 + 1.77(d/R) \tag{10-42}$$

$$\text{对于液体} \quad \varepsilon_R = 1 + 10.8(d/R)^3 \tag{10-43}$$

式中，d 为管内径，m；R 为弯管的曲率半径，m。

（c）大温差修正。当流体与壁面的温差较大时，流体物性将有明显改变，特别是黏度的变化将导致有温差时的速度场不同于等温流动时的速度场。并且流体与壁面的温差越大，速度分布的这种改变也将越大。因此，为考虑在管道截面上由于温差较大引起的物性不均匀对换热的影响，式（10-41）应乘以一温差修正系数 ε_T。对于液体，温度不均匀主要通过黏度不均匀影响换热，故采用黏度比进行修正；但对气体，黏度、密度、热导率都随温度而变化，所以气体的温差修正系数宜采用绝对温度比。据此，温差修正系数可表示为

$$\text{液体：} \varepsilon_T = \left(\frac{\mu_f}{\mu_W}\right)^n \quad \text{加热时 } n=0.11，冷却时 n=0.25$$

气体：$\varepsilon_T = \left(\dfrac{T_f}{T_w}\right)^n$ 加热时 $n = 0.55$，冷却时 $n = 0$

（d）强化管内湍流换热的措施 将式（10-41）展开（设 $m = 0.4$），得

$$\alpha = \frac{0.023 C_p^{0.4} \lambda^{0.6} \rho^{0.8} v^{0.8}}{\mu^{0.4} d^{0.2}}$$

由此可见，当流体种类确定后，影响换热系数的因数主要是流速和管径。因此在其它条件不变时提高流速可增大换热量，或者在不改变流速的条件下采用小管径也是强化换热的一种措施，例如把圆管改为椭圆管，传热面积不变，椭圆管的当量直径减小了，因此换热将有所改善。

② 管内层流时的换热 赛特（Seider）和塔特（Tate）在恒壁温条件下进行管内层流时的换热实验，得到的特征数方程为

$$Nu_f = 1.86 Re_f^{1/3} Pr_f^{1/3} \left(\frac{d}{L}\right)^{1/3} \left(\frac{\mu_f}{\mu_w}\right)^{0.14}$$

或写成：
$$Nu_f = 1.86 \left(Pe_f \cdot \frac{d}{L}\right)^{1/3} \left(\frac{\mu_f}{\mu_w}\right)^{0.14} \tag{10-44}$$

式中，定型尺寸为管径 d；定性温度为流体平均温度 t_f。式（10-44）适用范围是 $\left(Re_f Pr_f \dfrac{d}{L}\right) > 10$。因没有考虑自然对流的影响，故只适用于严格的层流。

③ 粗糙管的换热 以上介绍的管内换热特征数方程，均适用于光滑管。在实际工程中，经常遇到粗糙管的情况，如铸铁管、热轧钢管和砖砌管道等，此时，换热计算还应考虑粗糙度的影响。一般而言，在充分发展的湍流区，粗糙度增加，摩擦系数增大，根据类比的关系，换热系数也将增加。粗糙管的换热系数可按柯尔朋类比定律做粗略估算，即

$$St_f Pr_f^{\frac{2}{3}} = \frac{f}{8}$$

式中粗糙管的摩擦系数 f（即动量传输篇中的 λ）可由莫迪图求得。通常按该式求出的换热系数要高于实际值。

④ 管内液体金属湍流流动 对于液体金属在管内的湍流流动，采用
$$Nu_f = 7 + 0.025 Pe_f^{0.8} \tag{10-45}$$
条件：$Pe > 100$

（2）外部流动的强制对流换热

① 绕流球体 流体流过单个球体时，流体与球体表面之间的平均对流换热系数可用下列特征数方程式计算

$$Nu_m = 2.0 + 0.6 Re_m^{1/2} Pr_m^{1/3} \tag{10-46}$$

式（10-46）适用范围是 $Re = 1 \sim 70000$，$Pr = 0.6 \sim 400$，定性温度 $t_m = (t_w + t_f)/2$，定型尺寸用球体直径 d。

② 绕流圆柱体 流体横向流过圆管或圆柱体时的平均换热系数，可根据下列特征数方程计算

对于气体
$$Nu_m = C Re_m^n \tag{10-47}$$

对于液体
$$Nu_m = C Re_m^n \times 1.1 Pr_m^{1/3} \tag{10-48}$$

式（10-47）和式（10-48）中的定性温度取 $t_m = (t_w + t_f)/2$，定型尺寸取圆管外径。式中常数 C、n 的值决定于 Re_m，见表 10-2。

表 10-2 绕流圆柱体特征数方程中常数 C、n 的值

Re_m	C	n	Re_m	C	n
0.4～4	0.891	0.330	4000～40000	0.174	0.618
4～40	0.821	0.385	40000～250000	0.0239	0.805
40～4000	0.615	0.466			

10.6.3 自然对流换热特征数方程

大空间自然对流换热的特征数关系式通常整理成如下形式

$$Nu_m = C(Gr, Pr)_m^n \tag{10-49}$$

式中，Gr 为葛拉晓夫数，定性温度取 $t_m = (t_W + t_f)/2$。C、n 是由试验确定的常数，对于工程中几种典型的表面形状和布置情况，可从表 10-3 中查到。

表 10-3 大空间自然对流给热的特征数方程中 C、n 值

表面形状及位置	流动情况示意	流态	C	n	定型尺寸	适用范围 ($Gr \cdot Pr$)
垂直平壁及垂直圆筒		层流	0.59	1/4	高度 h	$10^4 \sim 10^9$
		湍流	0.10	1/3		$10^9 \sim 10^{13}$
水平圆筒		层流	0.53	1/4	外径 d	$10^4 \sim 10^9$
		湍流	0.13	1/3		$10^9 \sim 10^{12}$
热面朝上或冷面朝下平壁		层流	0.54	1/4	矩形取两个边长的平均值；非规则平板取面积与周长的比值；圆盘取 $0.9d$	$2 \times 10^4 \sim 8 \times 10^6$
		湍流	0.15	1/3		$8 \times 10^6 \sim 10^{11}$
热面朝下或冷面朝上平壁		层流	0.58	1/5		$10^5 \sim 10^{11}$

应当指出，表 10-3 中对于垂直圆筒，只有当

$$\frac{d}{h} \geqslant \frac{35}{Gr_m^{1/4}} \tag{10-50}$$

时才能按垂直平壁处理，此时误差小于 5%。

例 10-4 求烟气汽化冷却器中烟气对管壁的对流换热系数，已知烟管内径 $d = 0.5\text{m}$，高 $H = 7.5\text{m}$，烟气流速 $u = 6.5\text{m/s}$，入口烟气温度 $t_1 = 890℃$，出口烟气温度 $t_2 = 680℃$，管内壁温度 $t_W = 140℃$。

解： 定性温度 $t_f = \dfrac{1}{2}(t_1 + t_2) = \dfrac{1}{2}(890 + 680) = 785℃$，查 $785℃$ 时的烟气物性参数为

$$\lambda_f = 9 \times 10^{-2}\,\text{W/(m} \cdot ℃\text{)}, \quad \nu_f = 1.29 \times 10^{-4}\,\text{m}^2/\text{s} \qquad Pr_f = 0.61$$

$$Re_f = \frac{6.5 \times 0.5}{1.29 \times 10^{-4}} = 25200 > 10^4, \quad L/D = 7.5/0.5 = 15, \quad Re_f = 2 \times 10^4 \text{ 时}$$

查得 $\varepsilon_L = 1.13$；气体冷却取 $\varepsilon_T = 1$

$$Nu_f = 0.023 Re_f^{0.8} Pr_f^{0.3} \cdot \varepsilon_L \cdot \varepsilon_T$$
$$= 0.023 \times 25200^{0.8} \times 0.61^{0.3} \times 1.13 \times 1$$
$$= 70.804$$

$$\alpha = Nu_f \cdot \frac{\lambda_f}{d} = 70.804 \times \frac{9 \times 10^{-2}}{0.5} = 12.74 \text{W/(m}^2 \cdot \text{℃)}$$

例 10-5 有一座 30t 电弧炉，外壳直径为 5m，侧墙表面温度为 180℃，高度为 3m，炉顶表面温度为 225℃，炉底表面温度为 130℃，若炉顶与炉底都近似视为平面，试分别计算侧墙、炉顶及炉底的对流换热系数及散热量（车间空气温度为 25℃）。

解：

① 侧墙：$t_m = \frac{1}{2}(t_1 + t_2) = \frac{1}{2}(180 + 25) = 102.5$℃，查 $t_m = 102.5$℃时空气的物性参数：

$\lambda_m = 3.21 \times 10^{-2}$ （W/m·℃），$\nu_m = 23.13 \times 10^{-6} \text{m}^2/\text{s}$，$Pr_m = 0.695$

$$Gr_m = \frac{\beta g L^3 \Delta t}{\nu^2} = \frac{9.807 \times 3^3 \times (180 - 25)}{(273 + 102.5)(23.13 \times 10^{-6})^2} = 2.04 \times 10^{11}$$

$$Gr_m \cdot Pr_m = 2.04 \times 10^{11} \times 0.695 = 1.42 \times 10^{11} > 10^9$$

查表，得：$C = 0.1$，$n = \frac{1}{3}$，则有

$$Nu_m = C(Gr_m \cdot Pr_m)^n = 0.1 \times (1.42 \times 10^{11})^{1/3} = 521.8$$

$$\alpha = Nu_m \frac{\lambda}{L} = 521.8 \times \frac{3.21 \times 10^{-2}}{3} = 5.58 \text{W/(m}^2 \cdot \text{℃)}$$

$$Q = \alpha(t_W - t_f)A = 5.58 \times (180 - 25) \times 3.14 \times 5 \times 3 = 40737 \text{W}$$

② 炉顶：$t_m = \frac{1}{2}(t_1 + t_2) = \frac{1}{2} \times (225 + 25) = 125$℃，查 $t_m = 125$℃时空气的物性参数：

$\lambda_m = 3.37 \times 10^{-2} \text{W/(m} \cdot \text{℃)}$，$\nu_m = 26.04 \times 10^{-6} \text{m}^2/\text{s}$ $Pr_m = 0.691$

$$Gr_m = \frac{\beta g d^3 \Delta t}{\nu^2} = \frac{9.807 \times (0.9 \times 5)^3 \times (225 - 25)}{(273 + 125)(26.04 \times 10^{-6})^2} = 6.6 \times 10^{11}$$

$$Gr_m \cdot Pr_m = 6.6 \times 10^{11} \times 0.691 = 4.56 \times 10^{11} > 8 \times 10^6$$

查表，得：$C = 0.15$，$n = \frac{1}{3}$

$$Nu_m = C(Gr_m \cdot Pr_m)^n = 0.15 \times (4.56 \times 10^{11})^{1/3} = 1154.6$$

$$\alpha = Nu_m \frac{\lambda}{d} = 1154.6 \times \frac{3.37 \times 10^{-2}}{0.9 \times 5} = 8.65$$

$$Q = \alpha(t_W - t_f)A = 8.65(225 - 25) \times 3.14 \times \frac{5^2}{4} = 33951.25 \text{W}$$

③ 炉底 $t_m = \frac{1}{2}(t_1 + t_2) = \frac{1}{2}(130 + 25) = 77.5$℃，查 $t_m = 77.5$℃时空气的物性参数：

$\lambda_m = 3.02 \times 10^{-2} \text{W/(m} \cdot \text{℃)}$，$\nu_m = 20.82 \times 10^{-6} \text{m}^2/\text{s}$，$Pr_m = 0.70$

$$Gr_m = \frac{\beta g L^3 \Delta t}{\nu^2} = \frac{9.807 \times (0.9 \times 5.0)^3 \times (130 - 25)}{(273 + 77.5)(20.82 \times 10^{-6})^2} = 6.18 \times 10^{11}$$

$$Gr_m \cdot Pr_m = 6.18 \times 10^{11} \times 0.70 = 4.326 \times 10^{11}$$

查表，得：$C=0.58$，$n=\dfrac{1}{5}$

$$Nu_m=0.58\times(4.326\times10^{11})^{1/5}=123.2$$

$$\alpha=Nu_m\frac{\lambda}{L}=123.2\times\frac{3.02\times10^{-2}}{0.9\times5.0}=0.827$$

$$Q=\alpha(t_W-t_f)A=0.827\times(130-25)\frac{3.14}{4}\times5^2=1704\,\text{W}$$

本 章 小 结

　　本章介绍了流动的流体与固体壁面相接触时所发生的热量传输过程，热边界层的特点，影响对流换热的因素。从边界层微分方程的数学分析方法，边界层近似积分法，动量、热量传递的类比法，相似理论指导下的实验法四个方法确定了对流换热系数的具体函数关系式。

习　题

　　10-1　计算下列热边界层厚度与流动边界边厚度之比值，1atm，20℃空气，20℃的水，1atm，20℃的氦气，20℃的液态氨，20℃的甘油。

　　（答 0.8687、1.8447、0.8670、0.9410、2.2620）

　　10-2　20℃的空气以 2.0m/s 的速度纵向流过温度为120℃的炉墙表面，炉墙宽0.4m，长1.8m，若不计自然对流影响，求炉墙表面上的平均给热系数。最大边界层厚度及热流量。（70℃时空气物性参数 $\lambda=2.96\times10^{-2}\,\text{W/(m·℃)}$，$\nu=20.02\times10^{-6}\,\text{m}^2/\text{s}$，$Pr=0.694$）

　　［答：4.1W/(m²·℃)、19.7mm、295.2W］

　　10-3　20℃的常压空气以 $u=35\text{m/s}$ 的速度流过平板，平板长度 $L=1.5\text{m}$，表面保持温度为160℃，若宽度为 1m 时，试计算空气流过时所得热量。［90℃时的空气的物性参数：$\lambda=3.13\times10^{-2}\,\text{W/(m·℃)}$，$\nu=2.21\times10^{-5}\,\text{m}^2/\text{s}$，$Pr=0.69$］

　　（答：$1.48\times10^4\text{W}$）

　　10-4　空气以 $u=5\text{m/s}$ 的流速流过一直径 $d=60\text{mm}$ 的直管被加热，管长 $L=2.4\text{m}$，已知空气平均温度 $t_f=90℃$，管壁温度 $t_W=140℃$，求对流换热系数 α。

　　［答：提示要修正管长及温度，$\alpha=20.27\text{W/(m}^2\cdot℃)$］

　　10-5　空气在直径 $d=20\text{mm}$、长 $L=1\text{m}$ 的直管内流动，其流速 $u=2.0\text{m/s}$，管壁温度 $t_W=20℃$，求空气自150℃冷却至50℃时的对流换热系数。

　　［答：提示层流 $Nu_f=1.86\left(Re_f\cdot Pr_f\cdot\dfrac{d}{L}\right)^{1/3}\left(\dfrac{\mu_f}{\mu_w}\right)^{0.14}$，$\alpha=8.85\text{W/(m}^2\cdot℃)$］

　　10-6　求裸露水平蒸汽管表面每小时向周围散发的热量。管外径 $d=100\text{mm}$，长 $L=4\text{m}$，管壁温度 $t_W=170℃$，环境温度 $t_f=30℃$。

　　（答：1399W）

　　10-7　有一温度为95℃，高0.5m，宽1.0m的平板，垂直悬挂于25℃的空气中，求该温度下的对流给热系数及平板两面的散热量。

　　［60℃时空气的物性参数 $\lambda_m=2.89\times10^{-2}\,\text{W/(m·℃)}$，$\nu_m=18.97\times10^{-6}\,\text{m}^2/\text{s}$，$Pr=0.698$］

　　［答：5.1W/(m²·℃)、357W］

　　10-8　有芯感应电炉的感应器线圈（导线绕成螺管形）内通水冷却，空心导线的内空直径 $d=12\text{mm}$，导线内水流速度 $u=0.6\text{m/s}$，水的进出口平均温度 $t_f=50℃$，感应器螺管直径 $D=300\text{mm}$，设管壁温度 $t_W=100℃$，求水与导线内壁的给热系数。

　　［答：4353W/(m²·℃)］

第11章 辐射换热

辐射换热是指物体之间通过相互辐射和吸收进行的热量传输过程，它与导热和对流换热有着本质的区别。为此，本章将先简要介绍热辐射的基本概念、基本定律和物体的辐射特性，然后讨论辐射换热的计算方法。

11.1 热辐射的基本概念

11.1.1 热辐射的本质和特点

物体以电磁波方式向外发射能量的过程称为辐射，所发射的能量称为辐射能。物体可由多种原因产生电磁波，从而发射辐射能。如果辐射能的发射是由于物体本身温度引起的，则称为热辐射。热辐射是辐射的一种形式，它与其它形式的辐射并无本质的区别，只是波长不同而已。

按照波长不同，电磁波可分为：无线电波、红外线、可见光、紫外线、X射线、λ射线等。不同波长的射线，其产生原因、与物体相互作用所产生的效应各不相同，如X射线是由高速电子轰击金属靶产生的，它具有穿透效应；而热辐射则是由物体的温度（热运动）原因产生的，当它投射到物体上时为物体吸收转变为内能，使物体温度升高，这是热辐射与其它辐射的主要区别。

从理论上讲，热辐射的电磁波波长可从零到无穷大，但波长为 $0.1 \sim 100\mu m$ 的电磁波热效应最为显著，所以通常把这一波长范围的电磁波称为热射线。它主要包括红外线和可见光，也有少量的紫外线。在物体发射的热射线中，可见光和红外线所占比例主要决定于物体的温度。在工业技术常用温度范围（300~2500K）内，90%以上的能量集中在 $0.76 \sim 40\mu m$ 的红外线部分。因此，工程上所说的热辐射主要是指红外线辐射。

热辐射的本质决定了它有如下特点。

① 辐射换热与导热和对流换热不同，它不需要冷热物体的相互接触，也不需要中间介质，即使物体之间为真空，辐射换热同样进行。

② 辐射换热过程伴随有能量形式的转换，即辐射时由内能转换为辐射能，吸收时由辐射能转换为内能。

③ 一切温度高于0K的物体都在不断地向外发射辐射能，也在吸收从周围物体发射到它表面上的辐射能。当物体间有温差时，高温物体辐射给低温物体的能量大于低温物体辐射给高温物体的能量，故总的结果是高温物体把热量传递给低温物体。当物体间温度相等时，它们之间的相互辐射和吸收过程仍在进行，只是它们的辐射换热量为零，即处于动态平衡状态。

热射线也具有波粒二象性，辐射能是以光速在空间直线传播的，只有看得见的物体才能直接进行辐射传热。热射线在空间传播速度为

$$C = \lambda \nu \tag{11-1}$$

式中，λ 是波长，μm；ν 是频率，$1/s$。

11.1.2 辐射能的吸收、反射和透射

当热辐射的能量投射到物体表面上时，和可见光一样，也发生吸收、反射和透射现象。

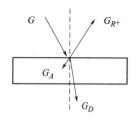

图 11-1　热射线投
射示意图

假定外界投射到物体表面上的总辐射能为 G，物体吸收部分为 G_A，反射部分为 G_R，透过部分为 G_D，如图 11-1 所示。根据能量守恒原理可有

$$G_A + G_R + G_D = G$$

两边除 G，则 $A + R + D = 1$　　　　　　　　(11-2)

式中，A 为物体的吸收率；R 为物体的反射率；D 为物体的透射率。显然 A、R、D 值都在 $0 \sim 1$ 变化。

如物体的 $A=1$，$R=D=0$，这表明该物体能将外界投射来的辐射能全部吸收，这种物体称为黑体。如物体的 $R=1$，$A=D=0$，这表明该物体能将外界投射来的辐射能全部反射。对于反射，可能有两种情况，当物体表面较光滑（如高度磨光的金属表面），其粗糙不平的尺度小于射线的波长时，物体表面对投射辐射呈镜面反射，入射角等于反射角，这种物体称为镜体，如图 11-2（a）所示；反之，当表面粗糙不平的尺度大于射线波长时，如一般工程材料表面，形成如图 11-2（b）所示的漫反射，这种物体称为白体。如物体的 $D=1$，$A=R=0$，这表明投射到物体上的辐射能全部透过物体，这种物体称为透明体。

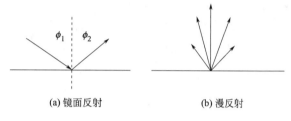

(a) 镜面反射　　　　　　　(b) 漫反射

图 11-2　镜面反射和漫反射

在自然界中并不存在黑体、白体、镜体和透明体，它们都是因为研究的需要而假定的理想物体。实践证明，对于实际物体，大多数固体和液体对辐射能的吸收仅在离物体表面很薄的一层内进行，例如金属约为 $1\mu m$ 的数量级，而对非导体，也只有 $1\mu m$ 左右，因而可以认为实际固体和液体的透射率 $D=0$，即

$$A + R = 1$$　　　　　　　　(11-3)

对于气体，可认为它对热射线几乎不能反射，即反射率 $R=0$，故有

$$A + D = 1$$　　　　　　　　(11-4)

值得指出的是，对于对称的双原子气体和纯净空气，在常用工业温度范围（300～2500K），可认为它们对辐射能基本不吸收，即 $A \approx 0$，因此被近似看成是透明体。当壁面之间存在双原子气体和纯净空气时，它们对壁面间的辐射换热没有影响。

由上可知，固体和液体的辐射、吸收与反射都在表面进行，属于表面辐射；气体的辐射和吸收在整个气体容积中进行，属于体积辐射。所以在介绍辐射特性和辐射换热计算时，我们将分别予以讨论。

还应注意，上述所谓黑体和白体的概念，不同于光学上的黑与白。因为这里所指的热辐射主要是红外线，对红外线而言，白颜色不一定就是白体，如雪对可见光吸收率很小，反射率很高，可以说是光学上的白体，但对于红外线，雪的吸收率 $A \approx 0.985$，接近于黑体。由此可见，不能按物体的颜色来判别它对红外线的吸收和反射能力。

11.1.3　辐射力和辐射强度

物体向外发射的辐射能包括不同波长和空间不同方向的能量。为了充分描述热辐射的这种特性，需引用不同的物理量来表示物体的辐射能力。

（1）辐射力

一定的温度的物体，在单位时间、单位表面积向半球空间的一切方向发射的全部波长的辐射能量称为辐射力 E，W/m^2（通量）

$$E = \frac{Q}{A} = \frac{\text{单位时间内发射的辐射总能（流量）}}{\text{物体的表面积}} \tag{11-5}$$

（2）单色辐射力

一定的温度的物体，在单位时间、单位表面积向半球空间的一切方向上发射某一波长的辐射能量称单色辐射力 E_λ，单位是 $W/(m^2 \cdot \mu)$。

$$E_\lambda = \lim_{\Delta\lambda \to 0} \frac{\Delta E}{\Delta\lambda} = \frac{dE}{d\lambda} \qquad W/(m^2 \cdot \mu) \tag{11-6}$$

$$\therefore \quad E = \int_0^\infty E_\lambda d\lambda \tag{11-7}$$

（3）方向辐射力

单位时间、单位表面积，在一指定方向的单位立体角内所发射的全部波长的辐射能量称方向辐射力。是描述辐射能量按空间分布的情况的参数，方向辐射力如图 11-3 所示。

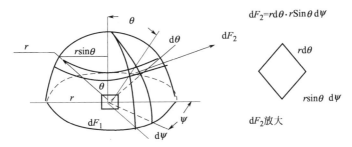

图 11-3　方向辐射力示意图

$$E_\theta = \frac{dQ}{dF_1 d\omega} \qquad W/(m^2 \cdot Sr) \tag{11-8}$$

式中，dQ 是辐射能量；dF_1 是微元面积；$d\omega$ 是 θ 方向的立体角。

立体角是空间的角度，如图 11-4 所示，其定义如下：半球表面上被立体角截取的面积 F_2 与半径 r 的平方的比值是立体角的大小。即

$$\omega = \frac{F_2}{r^2} \qquad (Sr) \tag{11-9}$$

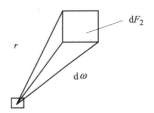

图 11-4　立体角示意图

整个半球空间的立体角

$$\omega = \frac{F_2}{r^2} = \frac{2\pi r^2}{r^2} = 2\pi \tag{11-10}$$

微元立体角

$$d\omega = \frac{dF_2}{r^2} = \frac{rd\theta \cdot r\sin\theta \cdot d\varphi}{r^2} = \sin\theta \cdot d\theta \cdot d\varphi \tag{11-11}$$

辐射力与方向辐射力的关系

$$E = \int_{\omega=2\pi} E_\theta d\omega \tag{11-12}$$

（4）辐射强度

为了表示辐射能在空间的分布，除方向辐射力外，更基本的物理量是辐射强度。

物体单位时间内，与某一辐射方向垂直的单位面积，在单位立体角内发射的全部波长的

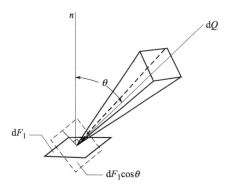

图 11-5　辐射强度

辐射能称辐射强度。单位为 $W/(m^2 \cdot Sr)$。如图 11-5 所示。

对于微元面积 dF_1 在 θ 方向的辐射强度为

$$I_\theta = \frac{dQ}{dF_1 \cdot \cos\theta \cdot d\omega} \tag{11-13}$$

式中，$dF_1\cos\theta$ 是微元面积 dF_1 在垂直辐射方向上的投影面积，称为可见辐射面积。比较式(11-8)和式(11-13)，得方向辐射力和辐射强度的关系

$$E_\theta = I_\theta \cos\theta \tag{11-14}$$

当 $\cos\theta = 1$，即 $\theta = 0$ 时，法线方向上

$$E_n = I_n \tag{11-15}$$

若物体表面的辐射强度 I_θ 与方向无关，即各个方向上的 I_θ 相等，如

$$I_{\theta 1} = I_{\theta 2} = I_{\theta 3} = I_{\theta 4} = \cdots\cdots I_n = I_{bm} \tag{11-16}$$

则称漫辐射表面，黑体表面具有这样的性质。式中，I_{bm} 是黑体法线方向的辐射强度。

按定义：辐射力和辐射强度之间关系为

$$E = \int_{\omega=2\pi} E_\theta d\omega = \int_{\omega=2\pi} I_\theta \cos\theta d\omega \tag{11-17}$$

（5）单色辐射强度——仅指某波长发射的能量，用符号 I_λ 表示，单位 $W/(m^2 \cdot \mu Sr)$。辐射强度与单色辐射强度的关系为

$$I_\theta = \int_0^\infty I_\lambda d\lambda \tag{11-18}$$

11.2　黑体辐射的基本定律

尽管自然界中并不存在黑体，但用人工方法可以制造出十分接近黑体的模型。图 11-6 是人工黑体模型的示意图，它是在壁面温度保持均匀的空腔表面上开一小孔，如果小孔面积和空腔面积相比很小，该小孔就具有黑体的性质。因为射进小孔的热射线，在空腔内经过多次吸收和反射，再由小孔投射出去的可能性很小，因此可以认为被空腔完全吸收；小孔的面积相对越小，吸收率越接近 1，小孔就越接近黑体。例如小孔面积与空腔面积之比为 0.6%，空腔内壁吸收率为 0.6 时，计算结果表明，小孔的吸收率可达 0.999。根据这一原理，工业窑炉上的窥视孔都可近似认为是黑体模型的实例。

图 11-6　人工黑体模型

11.2.1　普朗克定律

1900 年，普朗克（M. Planck）在量子理论的基础上，得到了黑体的单色辐射力与波长和绝对温度的关系，即普朗克定律，其数学表达式如下

$$E_{b\lambda} = \frac{C_1 \lambda^{-5}}{\exp\left(\dfrac{C_2}{\lambda T}\right) - 1} \qquad W/(m^2 \cdot \mu) \tag{11-19}$$

式中，λ 为波长，μm；T 为黑体表面的绝对温度，K；C_1 为普朗克第一常数，$C_1 = 3.743 \times 10^{-16} W/m^2$；$C_2$ 普朗克第二常数，$C_2 = 1.4387 \times 10^{-2} mk$。$E_{b\lambda}$ 中的下标 b 表示黑体，今后有关黑体的物理量均在右下角标以 b。式(11-19)可表示为图 11-7。

从图中可知以下几点。

① 随温度升高，黑体的单色辐射力 $E_{b\lambda}$ 和辐射力 E_b（即图中每条曲线下的面积）都在迅速增大；

② 在 $\lambda=0$ 和 $\lambda=\infty$ 时，$E_{b\lambda}=0$。且每一分布曲线 $E_{b\lambda}$ 都有峰值；

③ 随温度升高，黑体的最大单色辐射力 $E_{b\lambda\max}$ 向短波方向移动。

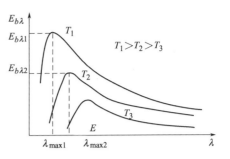

图 11-7 黑体单色辐射力与波长和绝对温度的关系示意图

将式对 λ 求导，并令其等于零：$\dfrac{dE_{b\lambda}}{d\lambda}=0$

有 $\qquad\qquad \lambda_{\max}T=2897.6\mu K \qquad\qquad (11\text{-}20)$

式（11-20）称为维恩（Wlen）定律，它表明对应于 $E_{b\lambda\max}$ 的波长 $\lambda_{\max}$ 与绝对温度 T 成反比，两者乘积为一常数。利用维恩定律可以粗略估计物体加热所达到的温度范围。例如在加热钢锭时，可以观察到当钢锭温度低于 $500℃$ 时，因为辐射能分布中没有可见光成分，所以钢锭颜色没有变化。随着温度升高，钢锭相继出现暗红、鲜红、橙黄，最后出现白炽色。这一现象表明，随着钢锭温度升高，它向外辐射的最大单色辐射力向短波方向移动，辐射能中可见光比例相应地增加。

11.2.2 斯蒂芬-波尔茨曼定律

黑体在某一温度下的辐射力可通过将普朗克定律沿整个波长积分求得。

$$E_b = \int_0^\infty E_{b\lambda}\,d\lambda = \int_0^\infty \frac{C_1\lambda^{-5}}{\exp(C_2/\lambda T)-1}\,d\lambda$$

得到： $\qquad\qquad E_b=\sigma_b T^4 \qquad W/m^2 \qquad\qquad (11\text{-}21)$

式（11-21）称斯蒂芬-波尔茨曼（J. Stefan-D. Boltzman）定律。其中 σ_b 为黑体的辐射常数，其值为 $\sigma_b=5.67\times10^{-8}\,W/(m^2\cdot K^4)$。该定律表明，黑体的辐射力与其绝对温度的四次方成正比，斯蒂芬-波尔茨曼定律又称四次方定律。为了使用方便，式（11-21）通常写成

$$E_b=C_0\left(\frac{T}{100}\right)^4 \qquad W/m^2 \qquad\qquad (11\text{-}22)$$

式中，$C_0=5.67\,W/(m^2\cdot K^4)$，称为黑体的辐射系数。

11.2.3 兰贝特定律

兰贝特定律主要是讨论黑体发射的辐射能按空间方向的分布规律。

因为黑体在半球空间各个方向上的辐射强度相等，因此，根据式（11-14）和式（11-15）可得

$$E_{b\theta}=I_b\cdot\cos\theta=E_{bn}\cdot\cos\theta \qquad\qquad (11\text{-}23)$$

式（11-23）称为兰贝特（Lambert）定律，它表明黑体在任何方向上的辐射力等于其法线方向上的辐射力乘以该方向与法线方向之间夹角的余弦。该定律又称余弦定律。根据兰贝特定律可以看出，黑体（以及具有扩散辐射表面的物体），在其法线方向 $\theta=0°$ 上的辐射力 $E_{b,\theta=0°}$ 最大，在 $\theta=90°$ 时的辐射力 $E_{b,\theta=90°}$ 最小，并等于零。

下面进一步讨论黑体表面辐射力 E_b 与辐射强度 I_b 的关系，由式（11-13）可得

$$I_b=\frac{dQ_b}{dF_1\cos\theta\cdot d\omega} \quad\Rightarrow\quad \frac{dQ_b}{dF_1}=I_b\cos\theta\cdot d\omega$$

根据辐射力定义，将上式在半球空间范围内（$\omega=2\pi$）积分即得

$$E_b = \int \frac{\mathrm{d}Q_b}{\mathrm{d}F_1} = \int_{\omega=2\pi} I_b \cos\theta \cdot \mathrm{d}\omega$$

$$= \int_{\omega=2\pi} I_b \cos\theta \cdot \sin\theta \cdot \mathrm{d}\theta \cdot \mathrm{d}\varphi$$

$$= I_b \int_0^{2\pi} \mathrm{d}\varphi \int_0^{\frac{\pi}{2}} \cos\theta \cdot \sin\theta \cdot \mathrm{d}\theta = \pi I_b$$

即
$$E_b = \pi I_b \tag{11-24}$$

黑体表面辐射力 E_b 是其辐射强度 I_b 的 π 倍，同时，也表明黑体的辐射强度 I_b 仅随其绝对温度而变化。

如果物体表面的辐射强度与方向无关，即各个方向上的 I_θ 相等

$$I_{\theta 1} = I_{\theta 2} = I_{\theta 3} = I_{\theta 4} = \cdots = I_n = I \tag{11-25}$$

则该表面称漫辐射表面（或扩散辐射表面），例如黑体表面。

现在，我们对黑体辐射的基本定律做一小结。黑体辐射的辐射力由斯蒂芬-玻耳兹曼定律确定，它与绝对温度的四次方成正比；黑体发射的辐射能量按波长的分布服从普朗克定律，而按空间方向的分布服从兰贝特定律。

11.3　实际物体表面的辐射

以上所述为黑体辐射的规律，它为讨论实际物体的辐射提供了标准，实际物体的辐射和吸收都可通过与黑体比较而得到。实际物体与黑体有着很大差别。实际物体的辐射和吸收能力总是小于黑体，而且其辐射能量的分布并不严格遵守普朗克定律、四次方定律和余弦定律。

11.3.1　实际物体的辐射特性

图 11-8 表示黑体和某实际物体的单色辐射力随波长的变化关系。由图可见，实际物体的单色辐射力随波长变化是不规则的，并不严格遵守普朗克定律。为了使黑体辐射规律可应用于实际物体，引入了发射率的概念。

实际物体的辐射力 E 与同温度下黑体辐射力 E_b 的比值称为该物体的发射率（或称黑度），用符号 ε 表示

$$\varepsilon = \frac{E}{E_b} = \frac{\int_0^\infty \varepsilon_\lambda E_{b\lambda}\, \mathrm{d}\lambda}{\sigma_0 T^4} \tag{11-26}$$

式中，ε_λ 为单色发射率（单色黑度），它是实际物体的单色辐射力 E_λ 与同温度黑体在同一波长的单色辐射力 $E_{b\lambda}$ 的比值。由于实际物体的 E_λ 随波长变化不规则，实际物体的 ε_λ 也随波长而变化，如图 11-9 所示。

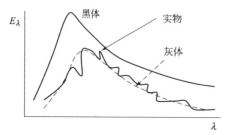

图 11-8　黑体和实际物体单色辐射力的比较

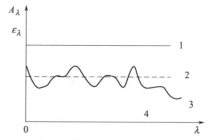

图 11-9　黑体、灰体和实际物体的 ε_λ 与波长的关系
1—黑体；2—灰体；3—实际物体；4—白体

发射率表征实际物体的辐射本领接近于黑体辐射的程度，所有实际物体的 ε 值都小于 1。如果物体的 ε＝1，该物体便是黑体。

由式(11-26)可知，实际物体的辐射力为

$$E = \varepsilon \cdot E_b = \varepsilon \cdot C_0 \left(\frac{T}{100}\right)^4 \qquad W/m^2 \tag{11-27}$$

应该指出，实际物体的辐射力并不严格遵守四次方定律，工程上为方便起见仍使用式(11-27)来计算，把由此引起的误差归结到发射率中去修正，因此发射率还与温度有关。

实际物体的方向辐射力与同温度黑体在同一方向的方向辐射力之比称为实际物体的方向发射率，用符号 ε_θ 表示，即

$$\varepsilon_\theta = \frac{E_\theta}{E_{b\theta}} = \frac{I_\theta}{I_{b\theta}} \tag{11-28}$$

图 11-10 给出黑体与实际物体的 ε_θ 与 θ 的关系。黑体的 $\varepsilon_\theta = \varepsilon = 1$，与 θ 角无关。实际物体可分成两类，对于典型的非金属，在一定的 θ 角范围内，ε_θ 较大且变化较小，然后随着 θ 角增大，ε_θ 迅速减小，当 θ＝90°时，ε_θ 为零。对于典型的金属，在一定的 θ 角范围内，ε_θ 较小，可以近似视为常数，然后 ε_θ 随 θ 角增大而增大，当 θ 角接近 90°时，ε_θ 迅速减小直至为零。由此可见，在一定的 θ 角范围内，实际物体的辐射可近似认为遵守余弦定律，即认为是漫辐射体，而在 θ 角超过一定范围时就不能认为是漫辐射体。

对于大多数工程材料，往往并不考虑它的方向辐射特性的变化，近似认为遵守余弦定律，使用时可把法向发射率 ε_n 近似作为半球空间的平均发射率 ε。

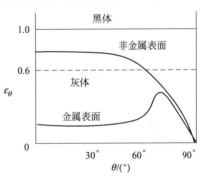

图 11-10　黑体和实际物体表面的方向发射率

物体的发射率只与发射辐射的物体本身有关，而不涉及外界条件。一般来说，物体的发射率取决于物体的性质、表面状况和温度等因素。高度磨光的金属表面，发射率很低，粗糙的金属表面或金属表面上形成氧化层将显著增加其发射率。金属表面的发射率随温度升高而增大，但液态金属的发射率却随温度升高而降低。对于非金属表面，发射率一般较高，而且往往随温度升高而降低。由此可见，物体的发射率并不完全代表物质的物理性质，一般由实验测定。

11.3.2　实际物体的吸收特性

物体对某一特定波长的辐射能所吸收的份额称为单色吸收率 A_λ，而对于波长在 $0 \sim \infty$ 范围内的投射辐射所吸收的份额称为该物体的总吸收率，简称吸收率，记为 A。所谓投射辐射是指单位时间内，外界投射到物体单位面积上的辐射能，用 G 表示，单位为 W/m^2。如以 G_λ 表示波长为 λ 的单色投射辐射，则吸收率 A 与单色吸收率 A_λ 的关系可表示为

$$A = \frac{\int_0^\infty A_\lambda G_\lambda \, d\lambda}{\int_0^\infty G_\lambda \, d\lambda} \tag{11-29}$$

一般而言，实际物体的单色吸收率 A_λ 与投射辐射的波长有关，即 A_λ 对投射辐射的波长有选择性。这就表明，实际物体的吸收率不仅与自身表面性质和温度有关，而且还与投射辐射物体的表面性质和温度有关。因此，物体的吸收率 A 比发射率 ε 更为复杂。如果物体的单色吸收率 A_λ 与波长无关，即 A_λ＝定值，那么不管投射辐射随波长的分布如何，其吸收

率 A 也是一定值。由式（11-29）可知，在这种情况下可得到

$$A=A_\lambda=定值 \tag{11-30}$$

在热辐射分析中，把单色吸收率与波长无关的物体称为灰体。显然，灰体的吸收率 A 只取决于本身的情况，而与投射辐射无关。

11.3.3　基尔霍夫定律

基尔霍夫（Kirchhoff）定律描述物体的辐射能力与吸收能力之间的关系。图 11-11 表示

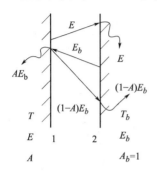

图 11-11　基尔霍夫定律的推导

两块面积很大、相距很近的平板，其中平板 1 为任意物体，平板 2 为黑体。它们的温度、辐射力和吸收率分别为 T、E、A 和 T_b、E_b、A_b。因为平板面积很大，相距很近，所以可认为每块平板发射的辐射能全部落在另一块上。于是，两块平板辐射换热时，平板 2 发射的辐射能量投射到平板 1 时，被吸收的部分为 AE_b，其余部分 $(1-A)E_b$ 被反射回去，仍为平板 2 全部吸收。与此同时，平板 1 发射的辐射能量 E 投射到平板 2 时则全部被它吸收。两平板之间的辐射换热量等于任一平板失去的或得到的能量之差。以平板 1 为例，有

$$q=E-E_bA$$

如果 $T=T_b$，那么系统处于热平衡状态，平板间的辐射换热通量 $q=0$，于是

$$\frac{E}{A}=E_b$$

因为平板 1 假定为任意物体，所以上式对任何物体都成立，可写出

$$\frac{E_1}{A_1}=\frac{E_2}{A_2}=\frac{E_3}{A_3}=\cdots\cdots=\frac{E}{A}=E_b=f(T) \tag{11-31}$$

将式（11-31）与发射率的定义式 $\varepsilon=E/E_b$ 相比较，则有

$$A=\varepsilon \tag{11-32}$$

式（11-31）和式（11-32）同为基尔霍夫定律的表达式。它表明由实际物体与黑体构成的辐射系统中，在热平衡条件下实际物体的吸收率等于其发射率。由该定律可知，物体的辐射力越大，其吸收率也越大，即撸于辐射的物体必撸于吸收，因为所有实际物体的吸收率 A 都小于 1，所以同温度条件下，黑体的辐射力最大。

对于单色辐射，同样可推得

$$A_\lambda=\varepsilon_\lambda \tag{11-33}$$

式（11-33）适用于漫射表面，不受投射辐射沿波长分布的影响，是更一般的基尔霍夫定律表达式。这是因为 A_λ 和 ε_λ 仅取决于自身的温度，所以即使辐射系统不处于热平衡条件，式（11-33）仍然成立。

必须指出，基尔霍夫定律式（11-32）是在系统处于热平衡、投射辐射来自黑体的条件下导出的，但这两个条件在实际使用中并不能满足，为此引入了灰体的概念。

如前所述，灰体是单色吸收率 A_λ 与波长 λ 无关（$A_\lambda=$定值）的物体。由式（11-33），对于灰体的单色发射率 ε_λ 也应为定值，于是式（11-26）中 ε_λ 可移至积分号外，并可得到

$$\varepsilon=\varepsilon_\lambda=A_\lambda=A=定值$$

式中的 ε 和 A 都表示表面温度同为 T 时的值。由于灰体的吸收率只取决于自身的条件，而与投射辐射无关，因此不论系统是否处于热平衡条件，灰体的吸收率总等于同温度下的发射率。这一结论对于简化辐射换热计算是很有意义的。此外，这也说明灰体辐射沿波长的分

布与黑体相似，只是各波长的单色辐射力与黑体相比均以相同比例缩小，如图 11-9 中灰体曲线所示。

如同黑体一样，灰体也是一种理想物体。在红外辐射的波长范围内，大部分工程材料可近似看做灰体处理，此时，$A=\varepsilon$。但是必须注意，不能把这一处理方法推广到对太阳辐射的吸收。

11.4　角系数

辐射换热是通过物体间相互辐射和吸收进行热量传输的过程。因此，当研究两个工程物体间的辐射换热计算时，必须知道：①每个物体各向外发射了多少辐射能；②每个物体向外发射的辐射能中有多少投射到另一个物体上；③每个物体吸收了多少投射到它上面的辐射能。迄今为止，我们已经讨论了第①和第③个问题。按照四次方定律，如果我们已知物体表面的发射率和温度，即可求出其辐射力；根据基尔霍夫定律，$A=\varepsilon$，如果已知投射到物体表面上的辐射能，就可计算它吸收的辐射能。现在剩下的是第②个问题，即如何确定一个物体发射的辐射能中有多少投射到另一个物体上，这就是下面要讨论的角系数。研究角系数的基础是兰贝特定律。

11.4.1　角系数的定义

任意两表面，一表面所发射的辐射总能中，投到二表面的百分数，称一表面对另一表面的角度系数 φ_{12} 或 φ_{21}。即

$$\varphi_{12}=\frac{Q_{1\to2}}{Q_1} \qquad \varphi_{21}=\frac{Q_{2\to1}}{Q_2} \tag{11-34}$$

式中，$Q_{1\to2}$ 是由表面 1 投射到表面 2 的辐射能量；Q_1 是表面 1 的总辐射能量；$Q_{2\to1}$ 是由表面 2 投射到表面 1 的辐射能量；Q_2 是表面 2 的总辐射能量。

设有两个任意放置的表面 F_1、F_2，它们的温度分别为 T_1 和 T_2。为了讨论方便起见，假定这两个表面均为黑体。从两表面分别取微元面积 $\mathrm{d}F_1$、$\mathrm{d}F_2$，其距离为 r，表面的法线与连线之间的夹角为 θ_1、θ_2，如图 11-12 所示。

从 $\mathrm{d}F_1$ 投射到 $\mathrm{d}F_2$ 上的辐射能，由辐射强度的定义：

$$I_\theta=\frac{\mathrm{d}Q}{\mathrm{d}F_1\cos\theta\cdot\mathrm{d}\omega}$$

得 $\qquad\qquad \mathrm{d}Q=I_\theta\cdot\mathrm{d}F_1\cos\theta_1\cdot\mathrm{d}\omega_1$

对黑体（黑体在半球空间各方向上的辐射强度相等）有 $I_\theta=I_b$，所以

$$\mathrm{d}Q_{1\to2}=I_{b1}\cdot\mathrm{d}F_1\cos\theta_1\cdot\mathrm{d}\omega_1$$

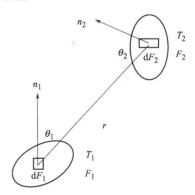

图 11-12　角系数的积分公式的推导

黑体的辐射力 E_b 是其辐射强度 I_b 的 π 倍：$I_{b1}=\dfrac{E_{b1}}{\pi}$，又因为 $\mathrm{d}\omega_1=\dfrac{\mathrm{d}F_2\cos\theta_2}{r^2}$

所以 $\qquad\qquad\qquad \mathrm{d}Q_{1\to2}=\dfrac{E_{b1}\cos\theta_1\cos\theta_2}{\pi\cdot r^2}\mathrm{d}F_1\mathrm{d}F_2$

因此 $\qquad\qquad\qquad \varphi_{12}=\dfrac{Q_{1\to2}}{Q}=\dfrac{E_{b1}\displaystyle\int_{F_1}\int_{F_2}\dfrac{\cos\theta_1\cos\theta_2}{\pi\cdot r^2}\mathrm{d}F_1\mathrm{d}F_2}{E_{b1}F_1}$

角系数的积分公式为

$$\varphi_{12} = \frac{1}{F_1} \int_{F_1} \int_{F_2} \frac{\cos\theta_1 \cos\theta_2}{\pi \cdot r^2} \mathrm{d}F_1 \mathrm{d}F_2 \tag{11-35}$$

同理：

$$\varphi_{21} = \frac{1}{F_2} \int_{F_1} \int_{F_2} \frac{\cos\theta_1 \cos\theta_2}{\pi \cdot r^2} \mathrm{d}F_1 \mathrm{d}F_2 \tag{11-36}$$

从式(11-35)和(11-36)可以看出：角系数是几何参数，仅与两表面的形态、大小、距离及相对位置有关，故它不仅适用于黑体，也适用于其它符合扩散辐射及扩散反射的物体。

11.4.2　角系数的性质

根据角系数的定义和积分公式可以得出，角系数有下列性质，这些性质对于计算角系数和表面间的辐射换热十分有用。

① 相对性。比较式(11-35)和式(11-36)可以得出

$$\varphi_{12} F_1 = \varphi_{21} F_2 \tag{11-37}$$

式(11-37)称为角系数的相对性。它可表示为如下的一般形式

$$\varphi_{ij} F_i = \varphi_{ji} F_j \tag{11-37a}$$

② 完整性。设有 n 个等温表面组成的封闭空间，如图11-13所示。根据能量守恒原理，该封闭空间中任一表面投射到所有各表面上的辐射能之和等于它所发射的总辐射能，即 $Q_{1\to 1} + Q_{1\to 2} + \cdots + Q_{1\to n} = Q_1$，因而其中任一表面（如表面1）对其余各表面的角系数之和等于1，即

$$\sum_{j=1}^{n} \varphi_{1j} = \varphi_{11} + \varphi_{12} + \cdots + \varphi_{1n} = 1 \tag{11-38}$$

式(11-38)称为角系数的完整性。

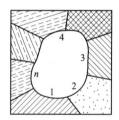

图 11-13　n 个等温表面组成的封闭空间

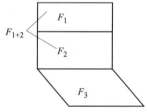

图 11-14　和分性原理

③ 和分性。和分性原理如图11-14所示。如果

$$F_{(1+2)} = F_1 + F_2$$

那么

$$F_3 \cdot \varphi_{3(1+2)} = F_3 \cdot \varphi_{31} + F_3 \cdot \varphi_{32} \tag{11-39}$$

和

$$F_{(1+2)} \cdot \varphi_{(1+2)3} = F_1 \cdot \varphi_{13} + F_2 \cdot \varphi_{23} \tag{11-40}$$

式(11-39)和式(11-40)称为角系数的和分性。

11.4.3　角系数的确定方法

计算表面间的辐射换热，必须先要知道它们之间的角系数。求角系数的方法有多种，工程计算中常用的是积分方法和代数分析法。

（1）积分法

积分法即利用式(11-35)或式(11-36)直接积分求得表面间的角系数，现举例说明其应用。

例 11-1　用热电偶测定管道中的废气温度，设管道长 $2L$，半径 R，热电偶热接点可视为半径等于 r_c 的小球，并置于管道中心，如图所示。试计算热接点对管道壁的角系数 φ_{12}？

解：离管道中心截面 l 处取管壁的微元面 $dF_2 = 2\pi R dl$，热电偶接点表面积 $F_1 = 4\pi \cdot r_c^2$，而微元表面即小球的投影面积 $dF_1 = \pi \cdot r_c^2$ 为定值，且始终与连线 r 垂直，故 $\cos\theta_1 = 1$，应用式(11-35) 得

$$\varphi_{12} = \frac{1}{F_1} \int_{F_1} dF_1 \int_{F_2} \frac{\cos\theta_2 \cdot 2\pi R \cdot dl}{\pi \cdot r^2}$$

因 $\cos\theta_2 = \dfrac{R}{r}$，$r = \sqrt{(R^2 + l^2)}$ 代入上式后得

$$\varphi_{12} = \frac{\pi \cdot r_c^2}{4\pi r^2} \int_{-L}^{+L} \frac{2R^2 dl}{(R^2 + l^2)^{3/2}} = \frac{1}{4}\left[\frac{2l}{(R^2 + l^2)^{1/2}}\right]_{-L}^{+L} = \frac{L}{(R^2 + L^2)^{1/2}}$$

由以上可以看出，当 L 很大或 R 很小时，$\varphi_{12} \rightarrow 1$，这表明离开热电偶接点的辐射能量几乎全部落在管壁上。

（2）图表法

以上是积分法求角系数的一个简单例子。由于积分法求角系数比较复杂，所以经常将角系数的积分结果绘成图线，如图 11-15～图 11-17 所示，以供计算时查用。

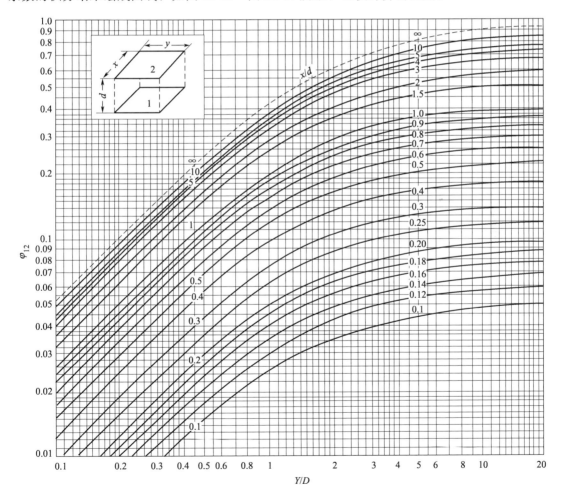

图 11-15　平行长方形表面间的角系数

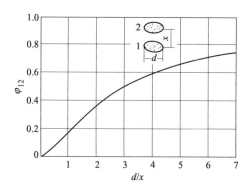

图 11-16 两平行圆表面之间的角系数

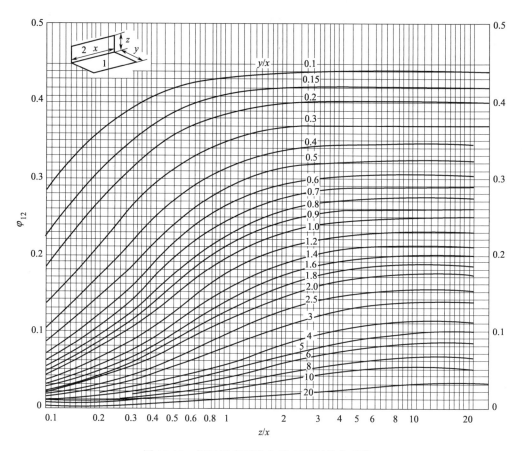

图 11-17 相互垂直两长方形表面间的角系数

例 11-2 两个平行圆盘，其直径 60cm，分开距离 15cm，试求 φ_{12}。

解： 已知 $d=60$cm，$x=15$cm，$\dfrac{d}{x}=4$，查图 11-16，得 $\varphi_{12}=0.59$

例 11-3 如图，计算两垂直矩形平面中 1 面对 3 面的角度系数。其中 1、2 两面组成 A 面。

解： 对 3 面和 A 面，$x=1.5$，$y=2.5$，$z=2$

$\dfrac{y}{x}=\dfrac{2.5}{1.5}=1.67$，$\dfrac{z}{x}=\dfrac{2}{1.5}=1.33$，查图 11-17 得：$\phi_{3A}=0.15$

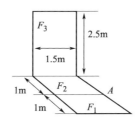

就 3 面和 2 面而言

$\dfrac{y}{x}=\dfrac{2.5}{1.5}=1.67$，$\dfrac{z}{x}=\dfrac{1}{1.5}=0.67$，自同一图查得：$\phi_{32}=0.11$

据角度系数的可分性

$\phi_{3A}=\phi_{31}+\phi_{32}$ 得 $\phi_{31}=\phi_{3A}-\phi_{32}=0.15-0.11=0.04$

且 $\phi_{13}\cdot A_1=\phi_{31}A_3$，所以 $\phi_{13}=\dfrac{A_3}{A_1}\varphi_{31}=\dfrac{2.5\times1.5}{1.5}\times0.04=0.1$

（3）代数分析法

代数分析法主要是利用角系数的性质，用代数方法确定角系数。这种方法简单，可以避免复杂的积分运算，也可扩大前面介绍的图线的应用范围，但也有局限性。下面列举几种简单的、但也是工业上常见的情况来说明这种方法。

① 两个相距很近的平行表面组成的封闭空间，如图 11-18（a）所示。

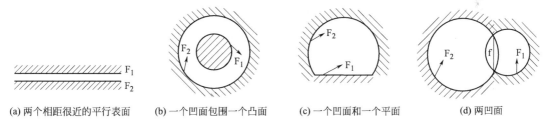

(a) 两个相距很近的平行表面　(b) 一个凹面包围一个凸面　(c) 一个凹面和一个平面　(d) 两凹面

图 11-18　两个表面组成的简单封闭体系

F_1、F_2 均为平面，即为不可自见面，根据角系数的定义，$\varphi_{11}=\varphi_{22}=0$。由角系数的完整性可得：

$$\varphi_{11}+\varphi_{12}=1$$

故：

$$\varphi_{12}=1,\quad \varphi_{21}=1 \tag{11-41}$$

② 一个凹面与一个凸面或平面组成的封闭空间，如图 11-18（b）、图 11-18（c）所示。因 F_1 为不可自见面，$\varphi_{11}=0$，由角系数的完整性得

$$\varphi_{12}=1$$
$$\varphi_{21}+\varphi_{22}=1$$

由角系数的相对性 $\varphi_{12}F_1=\varphi_{21}F_2$，可得

$$\varphi_{21}=\frac{F_1}{F_2}$$

$$\varphi_{22}=1-\varphi_{21}=1-\frac{F_1}{F_2} \tag{11-42}$$

③ 两个凹面组成的封闭空间，如图 11-18（d）所示。在两凹面的交界处做一假想面 f，显然 f 就是交界处面积，这样就将问题转化成一个凹面和一个平面的情况。而其中任一面对 f 面的角系数也就是它对另一面的角系数，因此

$$\varphi_{12}=\varphi_{1f}=\frac{f}{F_1} \tag{11-43}$$

$$\varphi_{21}=\varphi_{2f}=\frac{f}{F_2} \tag{11-44}$$

由角系数的完整性 $\varphi_{11}+\varphi_{12}=1$，得

$$\varphi_{11}=1-\frac{f}{F_1}$$

同理

$$\varphi_{22}=1-\frac{f}{F_2}$$

④ 由三个凸面组成的封闭空间，（假定在垂直于纸面方向足够长），如图 11-19 所示。

因三个表面均不可自见，即 $\varphi_{ii}=0$。由角系数的完整性可写出

$$\varphi_{12}+\varphi_{13}=1$$
$$\varphi_{21}+\varphi_{23}=1$$
$$\varphi_{31}+\varphi_{32}=1$$

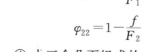

图 11-19　三个凸面组成的封闭空间

将以上三个等式两边分别乘以 F_1、F_2 和 F_3，得

$$\varphi_{12}F_1+\varphi_{13}F_1=F_1$$
$$\varphi_{21}F_2+\varphi_{23}F_2=F_2 \tag{11-45a}$$
$$\varphi_{31}F_3+\varphi_{32}F_3=F_3$$

根据相对性原理，式(11-45a) 中六个角系数可以简化成三个，即

$$\varphi_{12}F_1+\varphi_{13}F_1=F_1$$
$$\varphi_{12}F_1+\varphi_{23}F_2=F_2 \tag{11-45b}$$
$$\varphi_{13}F_1+\varphi_{23}F_2=F_3$$

求解联立方程组(11-45b)，得三个未知的角系数

$$\varphi_{12}=\frac{F_1+F_2-F_3}{2F_1}$$

$$\varphi_{13}=\frac{F_1+F_3-F_2}{2F_1} \tag{11-45}$$

$$\varphi_{23}=\frac{F_2+F_3-F_1}{2F_2}$$

根据相对性原理，很容易求出 φ_{21}、φ_{31}、φ_{32}。

11.5　两个黑体表面间的辐射换热

由于黑体表面的吸收率 $A=1$，黑体表面间的辐射换热计算比较简单。假定两个黑体的表面积分别为 F_1 和 F_2，温度为 T_1 和 T_2，且 $T_1>T_2$，表面间的介质对热辐射是透明的。如果这两个黑体表面之间的角系数分别为 φ_{12} 和 φ_{21}，按照式(11-34)，单位时间内由 F_1 面投射到达 F_2 面的辐射能为 $E_{b1}F_1\varphi_{12}$，而由 F_2 面投射到达 F_1 面的辐射能为 $E_{b2}F_2\varphi_{21}$。因为这两个表面都是黑体，到达它们上面的辐射能将全部被吸收，所以 F_1 和 F_2 的辐射换热量 Q_{12} 为

$$Q_{12}=E_{b1}F_1\varphi_{12}-E_{b2}F_2\varphi_{21}$$

利用角系数的相对性 $\varphi_{12}F_1=\varphi_{21}F_2$，故上式可写为

$$Q_{12} = (E_{b1} - E_{b2}) F_1 \varphi_{12} \tag{11-46}$$

或写成：
$$Q_{12} = C_0 \left[\left(\frac{T_1}{100} \right)^4 - \left(\frac{T_2}{100} \right)^4 \right] F_1 \varphi_{12} \tag{11-46a}$$

将式(11-46)改写成：
$$Q_{12} = \frac{E_{b1} - E_{b2}}{\dfrac{1}{\varphi_{12} F_1}} \tag{11-47}$$

与欧姆定律相比，辐射换热量 Q_{12} 相当于电流；$E_{b1} - E_{b2}$ 相当于电位差；$1/F_1 \varphi_{12}$ 相当于电路电阻，称为辐射空间热阻（简称空间热阻），它取决于表面间的几何关系，与表面的辐射特性无关。图 11-20 是式 (11-47) 的等效电路，称为空间网络单元。

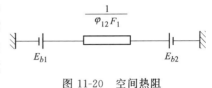

图 11-20 空间热阻

11.6 灰体表面间的辐射换热

一般工程物体在红外辐射范围内都可以近似作为灰体处理，因此，研究灰体表面间的辐射换热有着重要的实际意义。本节介绍被透明介质（或真空）隔开的灰体表面间的辐射换热，如物体在空气中的辐射换热，电阻炉内的辐射换热等情况。

灰体表面间的辐射换热要比黑体表面间的辐射换热复杂，因为灰体只吸收一部分外界投来的辐射能，其余部分则反射出去，而且这种吸收和反射要无穷多次才能完成。为了使分析简化，引用有效辐射的概念。此外，在讨论中作如下假设：辐射换热是稳态的；各物体表面均为漫辐射灰表面；各表面温度均匀。

11.6.1 有效辐射和辐射换热的网络方法

对于温度为 T、发射率为 ε 的物体，如图 11-21 所示，我们定义：单位时间内单位物体表面积发射的辐射能称为自身辐射，实际上它就是物体的辐射力 E（W/m^2）；G 是投射辐射能；在投射辐射中被吸收的部分 AG 称为吸收辐射；被反射的部分 RG 称为反射辐射。物体的自身辐射和反射辐射之和称为物体的有效辐射，用 J 表示。有效辐射可表示为

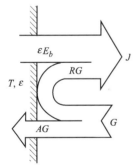

$$J = E + RG = \varepsilon E_b + (1 - A) G \tag{11-48}$$

有效辐射是单位时间内离开物体单位面积的总辐射能量，也是用仪器可测量出来的物体实际辐射的能量。

由图 11-21 可知，该物体与外界的辐射换热通量可从两方面去研究。从物体与外界的热平衡看 $q = J - G$；从物体内部的热平

图 11-21 有效辐射示意图

衡看：$q = E - AG = \varepsilon E_b - AG$，合并消去 G 得

$$J = \frac{\varepsilon}{A} E_b - \left(\frac{1}{A} - 1 \right) q \tag{11-49}$$

对于灰体，$A = \varepsilon$，式(11-49)可改写为

$$J = E_b - \left(\frac{1}{\varepsilon} - 1 \right) q \tag{11-50}$$

或

$$Q = qF = \frac{E_b - J}{\dfrac{1 - \varepsilon}{\varepsilon F}} \tag{11-50a}$$

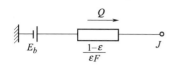

图 11-22　表面热阻

式(11-50a) 可用电路模拟，其等效电路如图 11-22 所示，称为表面网络单元。图中$(1-\varepsilon)/\varepsilon F$ 称为表面辐射热阻，简称表面热阻。可以看出，表面热阻是由于表面为非黑体面形成的。对于黑体（$\varepsilon=1$），表面热阻为零，此时 $J=E_b$，即黑体的有效辐射等于其自身辐射。在讨论灰体间的辐射换热时，如果用有效辐射 J 代替 E_b，空间网络单元（图 11-20）就可用于灰体间的辐射换热。

表面网络单元和空间网络单元是辐射网络的基本单元，不同的辐射换热系统均可由它们构成相应的辐射网络。这种利用热量传输和电量传输的类似关系，将辐射换热系统模拟成相应的电路网络，通过电路分析求解辐射换热的方法称为辐射换热的网络方法。

11.6.2　两个灰体表面间的辐射换热

图 11-23(a) 表示两个灰体表面 F_1 和 F_2 构成的封闭系统。它们的温度分别为 T_1 和 T_2，且 $T_1>T_2$。下面讨论用网络方法求解 F_1 和 F_2 间的辐射换热问题。

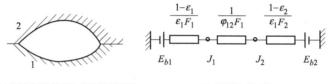

(a) 两个灰体表面构成的封闭系统　　　　(b) 辐射换热网络

图 11-23　两灰体表面间的辐射换热网络

利用表面热阻和空间热阻的概念，可以方便地绘出 F_1 和 F_2 之间的辐射换热网络图，如图 11-23(b) 所示。由图可知，它有两个表面网络单元和一个空间网络单元串联而成。按串联电路的计算方法，两灰体表面之间辐射换热的热流量为

$$Q_{12}=\frac{E_{b1}-E_{b2}}{\dfrac{1-\varepsilon_1}{\varepsilon_1 F_1}+\dfrac{1}{\varphi_{12}F_1}+\dfrac{1-\varepsilon_2}{\varepsilon_2 F_2}}\qquad \text{W} \tag{11-51}$$

如将式(11-51) 分子分母同乘以 $F_1\varphi_{12}$，并考虑到 $F_1\varphi_{12}=F_2\varphi_{21}$ 和 $E_b=C_0\left(\dfrac{T}{100}\right)^4$ 得

$$Q_{12}=\frac{C_0}{\varphi_{12}\left(\dfrac{1}{\varepsilon_1}-1\right)+1+\varphi_{21}\left(\dfrac{1}{\varepsilon_2}-1\right)}\left[\left(\frac{T_1}{100}\right)^4-\left(\frac{T_2}{100}\right)^4\right]\varphi_{12}F_1$$

$$=\varepsilon_{12}C_0\left[\left(\frac{T_1}{100}\right)^4-\left(\frac{T_2}{100}\right)^4\right]\varphi_{12}F_1 \tag{11-52}$$

式中，$\varepsilon_{12}=\dfrac{1}{\varphi_{12}\left(\dfrac{1}{\varepsilon_1}-1\right)+1+\varphi_{21}\left(\dfrac{1}{\varepsilon_2}-1\right)}$，称为辐射换热系统的系统发射率。

式(11-51)、式(11-52)是两个灰体表面构成封闭系统时辐射换热计算公式的一般形式。对于一些简单的情况，式(11-52) 可以简化为以下两种类型。

① 两个相距很近的平行平面间的辐射换热 [图 11-18(a)]。在该条件下，$F_1=F_2=F$，$\varphi_{12}=\varphi_{21}=1$，故式(11-52) 可简化为

$$Q_{12}=\frac{C_0}{\dfrac{1}{\varepsilon_1}+\dfrac{1}{\varepsilon_2}-1}\left[\left(\frac{T_1}{100}\right)^4-\left(\frac{T_2}{100}\right)^4\right]F=\varepsilon_{12}C_0\left[\left(\frac{T_1}{100}\right)^4-\left(\frac{T_2}{100}\right)^4\right]F \tag{11-53}$$

式中：
$$\varepsilon_{12}=\cfrac{1}{\cfrac{1}{\varepsilon_1}+\cfrac{1}{\varepsilon_2}-1}$$

② 一个凹面与一个凸面或一个平面间的辐射换热 ［图 11-18（b）、（c）］。由于 $\varphi_{12}=1$，$\varphi_{21}=F_1/F_2$，式(11-52) 可简化为

$$Q_{12}=\cfrac{C_0}{\cfrac{1}{\varepsilon_1}+\varphi_{21}\left(\cfrac{1}{\varepsilon_2}-1\right)}\left[\left(\cfrac{T_1}{100}\right)^4-\left(\cfrac{T_2}{100}\right)^4\right]F_1=\varepsilon_{12}C_0\left[\left(\cfrac{T_1}{100}\right)^4-\left(\cfrac{T_2}{100}\right)^4\right]F_1 \qquad (11\text{-}54)$$

式中，$\varepsilon_{12}=\cfrac{1}{\cfrac{1}{\varepsilon_1}+\varphi_{21}\left(\cfrac{1}{\varepsilon_2}-1\right)}$。如果 $F_2\gg F_1$，如铸件和物体在车间的辐射散热，空气管道内侧温热电偶与管壁间的辐射换热等情况。这时 $\varphi_{21}\approx0$，式(11-54) 又可进一步简化为

$$Q_{12}=\varepsilon_1 C_0\left[\left(\cfrac{T_1}{100}\right)^4-\left(\cfrac{T_2}{100}\right)^4\right]F_1 \qquad (11\text{-}55)$$

在此情况下，$\varepsilon_{12}=\varepsilon_1$。

例 11-4　两个相互平行靠得很近的大平面，已知 $t_1=527℃$，$t_2=27℃$，其黑度 $\varepsilon_1=\varepsilon_2=0.8$。求：①两表面各自的辐射能力；②两表面间辐射换热速率？

解： $T_1=273+527=800\text{K}$，$T_2=273+27=300\text{K}$，$\varepsilon_1=0.8$，$\varepsilon_2=0.8$

①
$$E_1=\varepsilon_1 C_0\left(\cfrac{T_1}{100}\right)^4=0.8\times5.76\times\left(\cfrac{800}{100}\right)^4=18579.5\text{W/m}^2$$

$$E_2=\varepsilon_2 C_0\left(\cfrac{T_2}{100}\right)^4=0.8\times5.76\times\left(\cfrac{300}{100}\right)^4=367.4\text{W/m}^2$$

② 两表面间辐射换热网络如下。

$$q_{12}=\cfrac{E_{b1}-E_{b2}}{\cfrac{1-\varepsilon_1}{\varepsilon_1}+\cfrac{1}{\varphi_{12}}+\cfrac{1-\varepsilon_2}{\varepsilon_2}}=\cfrac{C_0\left[\left(\cfrac{T_1}{100}\right)^4-\left(\cfrac{T_2}{100}\right)^4\right]}{\cfrac{1}{\varepsilon_1}+\cfrac{1}{\varepsilon_2}-1}$$
$$=15176.7\text{W/m}^2$$

例 11-5　计算直径 $d=1\text{m}$ 的热风管在下述条件下每米长度上表面辐射热损失，设热风管为裸露钢，表面黑度 $\varepsilon=0.8$，外表面温度为 $t_1=227℃$。

① 若此管置于露天周围环境温度 $t_2=27℃$；

② 若将此管置于断面为 $1.8\times1.8\text{m}^2$ 的砖砌沟槽内，且设砖槽内表面温度同样为 $27℃$，$\varepsilon_2=0.93$。

解：

① 可视为热风管表面被无限大空间表面所包围。

热风管表面 $F_1=\pi dL=\pi\times1\times1=3.14\text{m}^2$，露天环境 $F_2=\infty$，$\varphi_{12}=1$，两表面间换热网络如下。

$$Q_{12} = \frac{E_{b1} - E_{b2}}{\dfrac{1-\varepsilon_1}{\varepsilon_1 F_1} + \dfrac{1}{\varphi_{12} F_1} + 0} = \frac{C_0 \left[\left(\dfrac{T_1}{100}\right)^4 - \left(\dfrac{T_2}{100}\right)^4 \right] \times F_1}{\dfrac{1}{\varepsilon_1} - 1 + \dfrac{1}{\varphi_{12}}}$$

$$= \frac{5.67 \times \left[\left(\dfrac{500}{100}\right)^4 - \left(\dfrac{300}{100}\right)^4 \right]}{\dfrac{1}{0.8} - 1 + 1} \times 3.14 = 7748\text{W}$$

② 置于砖砌沟槽内：$F_1 = 3.14\text{m}^2$，$F_2 = 1.8 \times 4 \times 1 = 7.2\text{m}^2$，$\varepsilon_2 = 0.93$。

$$\varphi_{12} = 1，\quad \varphi_{21} = \frac{F_1}{F_2} = \frac{3.14}{7.2} = 0.436，\text{所以 } Q_{12} = \frac{E_{b1} - E_{b2}}{\dfrac{1-\varepsilon_1}{\varepsilon_1 F_1} + \dfrac{1}{\varphi_{12} F_1} + \dfrac{1-\varepsilon_2}{\varepsilon_2 F_2}} = 7550\text{W/m}$$

$$\frac{7748 - 7550}{7748} \times 100\% = 2.56\%$$

即热损失减少了 2.56%

11.6.3　三个灰体表面间的辐射换热

对于三个灰体表面 F_1、F_2 和 F_3 构成的封闭系统，每个表面都有一表面热阻，而每两个表面之间又各有一空间热阻。图 11-24 表示三个灰体表面间辐射换热的网络图，在此情况下，各个表面的净辐射热流（即净得到或净失去的辐射能量）为

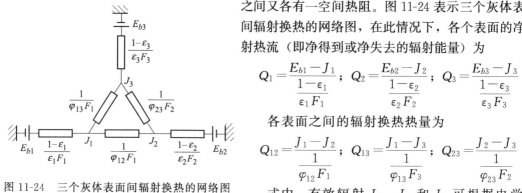

$$Q_1 = \frac{E_{b1} - J_1}{\dfrac{1-\varepsilon_1}{\varepsilon_1 F_1}}; \quad Q_2 = \frac{E_{b2} - J_2}{\dfrac{1-\varepsilon_2}{\varepsilon_2 F_2}}; \quad Q_3 = \frac{E_{b3} - J_3}{\dfrac{1-\varepsilon_3}{\varepsilon_3 F_3}}$$

各表面之间的辐射换热热量为

$$Q_{12} = \frac{J_1 - J_2}{\dfrac{1}{\varphi_{12} F_1}}; \quad Q_{13} = \frac{J_1 - J_3}{\dfrac{1}{\varphi_{13} F_3}}; \quad Q_{23} = \frac{J_2 - J_3}{\dfrac{1}{\varphi_{23} F_2}}$$

图 11-24　三个灰体表面间辐射换热的网络图

式中，有效辐射 J_1、J_2 和 J_3 可根据电学中的克希荷夫定律确定。该定律指出，流入网络任一节点的电流之和等于零。据此定律得

$$\frac{E_{b1} - J_1}{\dfrac{1-\varepsilon_1}{\varepsilon_1 F_1}} + \frac{J_2 - J_1}{\dfrac{1}{\varphi_{12} F_1}} + \frac{J_3 - J_1}{\dfrac{1}{\varphi_{13} F_1}} = 0$$

$$\frac{E_{b2} - J_2}{\dfrac{1-\varepsilon_2}{\varepsilon_2 F_2}} + \frac{J_1 - J_2}{\dfrac{1}{\varphi_{12} F_1}} + \frac{J_3 - J_2}{\dfrac{1}{\varphi_{23} F_2}} = 0 \qquad (11\text{-}56)$$

$$\frac{E_{b3} - J_3}{\dfrac{1-\varepsilon_3}{\varepsilon_3 F_3}} + \frac{J_1 - J_3}{\dfrac{1}{\varphi_{13} F_1}} + \frac{J_2 - J_3}{\dfrac{1}{\varphi_{23} F_2}} = 0$$

如果 T_1、T_2 和 T_3 以及 ε_1、ε_2 和 ε_3 已知，φ_{12}、φ_{13} 和 φ_{23} 已求出，那么求解联立方程式 (11-56) 便可求得 J_1、J_2 和 J_3，然后再求出各面之间的辐射换热量 Q_{12}、Q_{13} 和 Q_{23} 以及各表面的净辐射热流 Q_1、Q_2 和 Q_3。

　　在实际辐射换热计算中常会遇到重辐射面（或称绝热面），它是系统中与其它表面温度不同而净辐射热流为零的表面，如工业炉炉墙内壁面、炉门孔围壁等就可近似作为重辐射面处理。在只考虑辐射换热的情况下，可认为它们的有效辐射与投射辐射相等，于是 $q = J - G = 0$。这就是说，这种壁面在辐射换热中不真正参与热量交换，只是起中间介质作用，故称为重辐射面。由于 $q = 0$，根据式（11-50）可知，重辐射面 $J = E_b$。

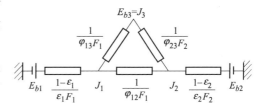

图 11-25　有重辐射面时的两个灰表面间辐射换热的网络图

　　图 11-25 是被重辐射面包围的两个灰表面间辐射换热的网络图，图中 $E_{b3} = J_3$，即该面为重辐射面。此时的网络可看做一个并联等效电路，表面 1 和表面 2 之间的辐射换热量可按下式计算

$$Q_{12} = \frac{E_{b1} - E_{b2}}{\dfrac{1-\varepsilon_1}{\varepsilon_1 F_1} + R_{eq} + \dfrac{1-\varepsilon_2}{\varepsilon_2 F_2}} \tag{11-57}$$

　　式中，R_{eq} 为 J_1、J_2 间的当量热阻，它等于

$$\frac{1}{R_{eq}} = \varphi_{12} F_1 + \frac{1}{\dfrac{1}{\varphi_{13} F_1} + \dfrac{1}{\varphi_{23} F_2}} \tag{11-58}$$

　　例 11-6　在一硅碳棒电炉中加热金属，硅碳棒尺寸为 $0.01\text{m} \times 0.4\text{m}$，共三根。炉膛尺寸为 $0.3 \times 0.4 \times 0.4$（$\text{m}^3$），炉底铺满板状金属。硅碳棒表面温度为 1377℃，金属表面温度为 1027℃，炉壁、硅碳棒和金属的黑度均为 0.8。若把炉壁内表面视为差额热量为零的中间物体，求炉膛内表面的温度与金属获得的辐射热量。

　　解：令硅碳棒表面为 1，金属表面为 2，炉膛内表面为 3，辐射网络和图 11-25 相同。

　　① 计算各辐射热阻

硅碳棒表面积 $F_1 = 3(\pi \times 0.01 \times 0.4) = 0.0377\text{m}^2$，表面积小可近似认为 $\phi_{11} = 0$，

金属表面积 $F_2 = 0.4 \times 0.4 = 0.16\text{m}^2$，金属为不可自见面，$\phi_{22} = 0$，则 $\varphi_{23} \approx 1$，

炉膛内表面积 $F_3 = 4\left(0.3 \times 0.4\right) + 0.4 \times 0.4 = 0.64\text{m}^2$

故　　$\phi_{12} = \dfrac{F_2}{F_2 + F_3} = 0.2$，$\phi_{13} = \dfrac{F_3}{F_2 + F_3} = 0.8$

$$R_1 = \frac{1-\varepsilon_1}{\varepsilon_1 F_1} = \frac{1-0.8}{0.8 \times 0.0377} = 6.63, \quad R_2 = \frac{1-\varepsilon_2}{\varepsilon_2 F_2} = \frac{1-0.8}{0.8 \times 0.16} = 1.56$$

$$R_3 = \frac{1}{\varphi_{12} F_1} = \frac{1}{0.2 \times 0.0377} = 133, \quad R_4 = \frac{1}{\varphi_{13} F_1} = \frac{1}{0.8 \times 0.0377} = 33.2$$

$$R_5 = \frac{1}{\varphi_{23} F_2} = \frac{1}{1 \times 0.16} = 6.25$$

且　　$$E_{b1} = C_0 \left(\frac{T_1}{100}\right)^4 = 5.67 \times \left(\frac{1377 + 273}{100}\right)^4 = 420260\text{W/m}^2$$

$$E_{b2} = C_0 \left(\frac{T_2}{100}\right)^4 = 5.67 \times \left(\frac{1027 + 273}{100}\right)^4 = 161940\text{W/m}^2$$

　　② 列出结点方程计算

结点 J_1　　　　　$$\frac{E_{b1} - J_1}{R_1} + \frac{J_2 - J_1}{R_3} + \frac{J_3 - J_1}{R_4} = 0$$

结点 J_2 $\qquad \dfrac{E_{b2}-J_2}{R_2}+\dfrac{J_1-J_2}{R_3}+\dfrac{J_3-J_2}{R_5}=0$

结点 J_3 $\qquad \dfrac{J_1-J_3}{R_4}+\dfrac{J_2-J_3}{R_5}=0$

解出 $\quad J_1=376050\,\text{W/m}^2$，$J_2=172520\,\text{W/m}^2$，$J_3=204780\,\text{W/m}^2$

③ 计算炉壁内表面温度

由于 $\qquad E_{b3}=C_0\left(\dfrac{T_3}{100}\right)^4=J_3=204780\,\text{W/m}^2$

得 $\qquad T_3=\left(\dfrac{204780}{5.67}\right)^{1/4}\times100=1379\text{K}$，即 $t_3=1106\,℃$

④ 金属获得的热量

$$Q_1=\frac{E_{b1}-J_1}{R_1}=\frac{420260-376050}{6.63}=6668\,\text{W}$$

或 $\qquad Q_2=\dfrac{J_2-E_{b2}}{R_2}=\dfrac{172520-161940}{1.56}=6782\,\text{W}$

两者稍有差别，为计算误差所致，最后取金属获得热量为

$$Q=\frac{1}{2}(Q_1+Q_2)=6725\,\text{W}$$

11.6.4 有隔热屏时的辐射换热

在实际工程问题中，为了减少表面间的辐射换热量，除了减少换热表面的发射率外，也可在
表面间增设隔热屏，以增加系统热阻。隔热屏的原理如图
11-26所示。假定有两块彼此平行的无限大平板 [图 11-26
(a)]，它们的温度和发射率分别为 T_1、ε_1 和 T_2、ε_2，面积为
F。此时，平板间的辐射换热通量可用式(11-53) 计算，即

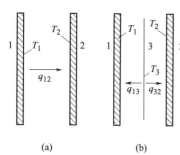

图 11-26 隔热屏原理

$$q_{12}=\frac{Q_{12}}{F}=\frac{C_0}{\dfrac{1}{\varepsilon_1}+\dfrac{1}{\varepsilon_2}-1}\left[\left(\frac{T_1}{100}\right)^4-\left(\frac{T_2}{100}\right)^4\right] \qquad (11\text{-}59\text{a})$$

如在平板 1 和平板 2 之间放置一块面积相同的隔热屏
[图 11-26(b)]，其温度为 T_3，发射率为 ε_3。假定隔热屏
很薄，且热导率很大，它既不增加也不带走换热系统的热
量，那么该系统的辐射换热网络如图 11-27 所示。此时，平板 1 和 2 之间的辐射换热量为

$$q'_{12}=\frac{Q'_{12}}{F}=\frac{E_{b1}-E_{b2}}{\dfrac{1-\varepsilon_1}{\varepsilon_1}+\dfrac{1}{\varphi_{13}}+2\,\dfrac{1-\varepsilon_3}{\varepsilon_3}+\dfrac{1}{\varphi_{32}}+\dfrac{1-\varepsilon_2}{\varepsilon_2}} \qquad (11\text{-}59\text{b})$$

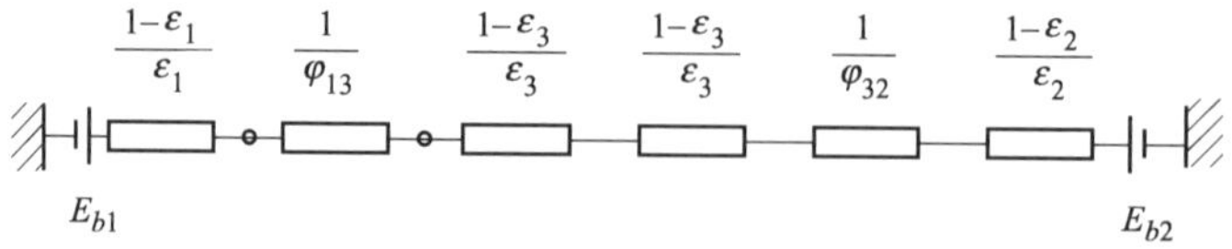

图 11-27 有隔热屏时的辐射换热网络

为了比较，假定 $\varepsilon_1=\varepsilon_2=\varepsilon_3=\varepsilon$。且考虑到 $\varphi_{13}=\varphi_{32}=1$，则上面二式可以简化为

$$q_{12}=\frac{E_{b1}-E_{b2}}{\dfrac{2}{\varepsilon}-1}$$

$$q'_{12} = \frac{E_{b1} - E_{b2}}{2\left(\dfrac{2}{\varepsilon} - 1\right)} = \frac{1}{2} q_{12}$$

由此可见，两平板间加入一块发射率与其相同的隔热屏后，两平板间的辐射换热量减少为原来的二分之一。如放置 n 块发射率同为 ε 的隔热屏，同样可以证明辐射换热量将减少到原来的 $1/(n+1)$，即

$$q'_{12} = \frac{1}{n+1} q_{12} \tag{11-59}$$

以上结论是在隔热屏发射率与换热表面发射率相等的前提下导出的。如用发射率较小的材料作隔热屏，其减少辐射换热量的效果将更为显著。

例 11-7　两个相互平行靠得很近的大平面，已知 $t_1 = 527℃$，$t_2 = 27℃$，其黑度 $\varepsilon_1 = \varepsilon_2 = 0.8$。求：①若在两表面间安放一块黑度 $\varepsilon_3 = 0.8$ 的隔热板时 $q_{132} = ?$ ②若将铝箔改用 $\varepsilon_3 = 0.05$ 的铝箔隔热板，其两侧温度相等，求 $q_{132} = ?$

解：$T_1 = 273 + 527 = 800K$，$T_2 = 273 + 27 = 300K$，$\varepsilon_1 = 0.8$，$\varepsilon_2 = 0.8$

① 当 $\varepsilon_3 = \varepsilon_1 = \varepsilon_2$ 时，有 $q_{132} = \dfrac{C_0\left[\left(\dfrac{T_1}{100}\right)^4 - \left(\dfrac{T_2}{100}\right)^4\right]}{\dfrac{4}{\varepsilon} - 2} = 7588 \text{W/m}^2$

② 辐射换热网络如图 11-27：$\varphi_{13} = 1$，$\varphi_{32} = 1$，$\varepsilon_3 = 0.05$

$$q_{132} = \frac{E_{b1} - E_{b2}}{\dfrac{1-\varepsilon_1}{\varepsilon_1} + \dfrac{1}{\varphi_{13}} + 2\dfrac{1-\varepsilon_3}{\varepsilon_3} + \dfrac{1}{\varphi_{32}} + \dfrac{1-\varepsilon_2}{\varepsilon_2}}$$

$$= \frac{C_0}{\dfrac{1}{\varepsilon_1} + \dfrac{1}{\varepsilon_2} + \dfrac{2}{\varepsilon_3} - 2}\left[\left(\frac{T_1}{100}\right)^4 - \left(\frac{T_2}{100}\right)^4\right]$$

$$= 562 \text{W/m}^2$$

例 11-8　无限大平板如图所示。平板 1 保持温度在 1200K，平板 3 的温度则保持在 60K，$\varepsilon_1 = 0.2$，$\varepsilon_2 = 0.5$，$\varepsilon_3 = 0.8$。板 2 并无自外界接受热量，问平板 2 的温度为多少？

解：$T_1 = 1200K$，$T_3 = 60K$，$\varepsilon_1 = 0.2$，$\varepsilon_2 = 0.5$，$\varepsilon_3 = 0.8$，由于 $q = q_{1-2} = q_{2-3}$

得：

$$\frac{1200^4 - T_2^4}{\dfrac{1}{0.2} + \dfrac{1}{0.5} - 1} = \frac{T_2^4 - 60^4}{\dfrac{1}{0.5} + \dfrac{1}{0.8} - 1}$$

解出：$T_2 = 867K$

11.7　气体的辐射

11.7.1　气体辐射的特点

气体辐射与固体及液体的辐射相比较，具有下列特点。

① 气体的辐射和吸收能力与气体的分子结构有关。在工业常用温度范围内，单原子气体和对称双原子气体（如 H_2、N_2、O_2 和空气等）的辐射和吸收能力很小，可以忽略不计，

视为透明体；多原子气体（如 CO_2、H_2O 和 SO_2 等）以及不对称的双原子气体（如 CO）有一定的辐射和吸收能力，因此，在分析和计算辐射换热时，必须予以考虑。

②气体的辐射和吸收对波长有明显的选择性。固体和液体能辐射和吸收全部波长（0→∞）的辐射能，它们的辐射和吸收光谱是连续的。而气体的辐射和吸收光谱则是不连续的，它只能辐射和吸收一定波长范围（称为光带）内的辐射能，在光带以外的波长既不能辐射也不能吸收。不同的气体，光带范围不同。对于二氧化碳和水蒸气，其主要光带的波长范围如表 11-1 所示。可以看出，两种气体的光带有部分重叠。

表 11-1　CO_2 和 H_2O 在气层厚度无限厚时的辐射和吸收光带/μm

光带序号	CO^2		H_2O	
	$\lambda_1 \sim \lambda_2$	$\Delta\lambda$	$\lambda_1 \sim \lambda_2$	$\Delta\lambda$
1	$2.64 \sim 2.84\mu m$	0.2	$2.55 \sim 2.84\mu m$	0.29
2	$4.13 \sim 4.49\mu m$	0.36	$5.6 \sim 7.6\mu m$	2
3	$13 \sim 17\mu m$	4	$12 \sim 25\mu m$	13

③固体及液体的辐射属于表面辐射，而气体的辐射和吸收是在整个气体容积中进行的，属于体积辐射。当热射线穿过气层时，辐射能沿途被气体分子吸收而逐渐减弱。其减弱程度取决于沿途碰到的气体分子的数目，碰到的分子数目越多，被吸收的辐射能也越多。因此气体的吸收能力（A_g）与热射线经历的行程长度（s）、气体分压力（p）和气体温度（T_g）等因素有关，即

$$A_g = f(T_g, s, p)$$

11.7.2　气体的发射率和吸收率

（1）气体的发射率

根据发射率的定义，气体的发射率可定义为气体的辐射力与同温度下黑体的辐射力之比，即 $\varepsilon_g = E_g / E_b$。因此，气体的辐射力为

$$E_g = \varepsilon_g C_0 \left(\frac{T}{100}\right)^4 \qquad W/m^2 \tag{11-60}$$

实验证明，对于一般工业炉内燃烧产物中的 CO_2 和 H_2O 蒸汽的辐射力可综合成下列经验公式

$$E_{CO_2} = 18.89 \ (p_{CO_2} s)^{1/3} \left(\frac{T_g}{100}\right)^{3.5} \qquad W/m^2 \tag{11-61}$$

$$E_{H_2O} = 162.03 \ (p_{H_2O}^{0.8} s^{0.6}) \left(\frac{T_g}{100}\right)^{3.0} \qquad W/m^2 \tag{11-62}$$

式中，p_{CO_2}、p_{H_2O} 分别为 CO_2 和 H_2O 分压力，kPa；s 为有效平均射线行程，m。

为了方便起见，气体的辐射力计算仍采用四次方定律，把由此引入的误差计入发射率 ε_g 之内。这样，气体的发射率除了与气体的性质、分压力、温度和有效平均射线行程等因素有关外，还包括有对温度的幂指数不同所做的修正。

CO_2 和 H_2O 蒸汽的黑度已制成图表供查用。

混合气体的黑度值用：

$$\varepsilon = \varepsilon_{CO_2} + \beta\varepsilon_{H_2O} - \Delta\varepsilon \tag{11-63}$$

式中，ε_{CO_2}、ε_{H_2O}、β、$\Delta\varepsilon$ 均查图确定。$\Delta\varepsilon$ 常忽略不计。

（2）气体的吸收率

因为气体辐射有选择件，气体的吸收率与气体温度以及器壁温度都有关，所以不能看做灰体。气体温度和器壁温度相等时，气体的吸收率和它的发射率相等。如果气体温度不等于器壁温度，即 $T_g \neq T_W$，气体的吸收率就不等于它的发射率，这时 CO_2、H_2O 的吸收率可按下列经验公式计算

$$A_{CO_2} = \varepsilon'_{CO_2} \left(\frac{T_g}{T_W} \right)^{0.65} \tag{11-64}$$

$$A_{H_2O} = \varepsilon'_{H_2O} \left(\frac{T_g}{T_W} \right)^{0.45} \tag{11-65}$$

混合气体的吸收率按相似的方法计算

$$A = A_{CO_2} + \beta A_{H_2O} - \Delta A \tag{11-66}$$

其中，$\Delta A = \Delta \varepsilon_{T_W}$。式中 ε'_{CO_2}、ε'_{H_2O} 查图确定，$\Delta \varepsilon'_{T_W}$ 为在 T_W 时的 $\Delta \varepsilon$ 值，ΔA 也常忽略不计。

11.8　气体与围壁表面间的辐射

气体与固体表面间的辐射传热与固体与固体表面间的传热的区别如下。

① 气体无反射，即反射率 $R_g = 0$，有透过，其透过率为 D_g；

② 气固表面传热时只有一个共同的传热表面，即固体表面。

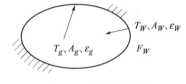

图 11-28　气体与围壁
表面的辐射换热

设容器中充满温度 T_g 的辐射气体，容器内表面温度为 T_W，且 $T_g > T_W$，气体吸收率为 A_g，黑度为 ε_g，容器内表面为灰体，其发射率以及吸收率分别为 ε_W、A_W，故 $\varepsilon_W = A_W$，容器内表面积为 F_W，如图 11-28 所示。

气体发出的辐射能之和为有效辐射。气体的有效辐射为自身辐射和透射辐射之和

$$J_g = \varepsilon_g E_{bg} + (1 - A_g) G_g$$

或

$$J_g = \varepsilon_g E_{bg} + D_g G_g \tag{11-67}$$

式中，$E_{bg} = C_0 \left(\frac{T_g}{100} \right)^4$；$G_g$ 为投射辐射，即投到被研究的气体的辐射能。

从气体角度分析，气体与围壁间的辐射换热通量为

$$q_g = J_g - G_g = J_g - J_W$$

根据式 $J = \frac{\varepsilon}{A} E_b - \left(\frac{1}{A} - 1 \right) q$，得

$$J_g = \frac{\varepsilon_g}{A_g} E_{bg} - \left(\frac{1}{A_g} - 1 \right) q_g$$

$$J_W = \frac{\varepsilon_W}{A_W} E_{bW} - \left(\frac{1}{A_W} - 1 \right) q_W$$

在稳态条件下，按照能量平衡原理有

$$q_g = -q_W = q_{gW}$$

经推导得到，则气体与固体表面间的辐射传热量为（$\varepsilon_W = A_W$）

$$q_{gW} = \frac{C_0}{\frac{1}{A_g} + \frac{1}{\varepsilon_W} - 1} \left[\frac{\varepsilon_g}{A_g} \left(\frac{T_g}{100} \right)^4 - \left(\frac{T_W}{100} \right)^4 \right] \qquad W/m^2 \tag{11-68}$$

例 11-9　常压下直径为 0.6m，内表面温度为 200℃ 的金属管中有含水蒸气 10％、CO_2 15％、温度为 800℃ 的烟气流过，求烟气黑度和吸收率。

解：视管道为无限长圆柱，查不同容器中气体辐射的平均射线行程

$$S = 0.9d = 0.9 \times 0.6 = 0.54\text{m}$$

常压下两气体的分压为 $p_{CO_2} = 0.15\text{atm}$，$p_{H_2O} = 0.10\text{atm}$

则 $p_{CO_2} \cdot S = 0.15 \times 0.54 = 0.081\text{atm} \cdot \text{m}$

$p_{H_2O} \cdot S = 0.1 \times 0.54 = 0.054\text{atm} \cdot \text{m}$

将上两值分别和 $t = 800℃$ 查图，得：$\varepsilon_{CO_2} = 0.105$，$\varepsilon_{H_2O} = 0.08$

以 $p_{H_2O} \cdot S = 0.054$ 和 $p_{H_2O} = 1$ 查图得：$\beta = 1.07$，不计 $\Delta\varepsilon$，则

$$\varepsilon = \varepsilon_{CO_2} + \beta\varepsilon_{H_2O} = 0.105 + 1.07 \times 0.08 = 0.191$$

$$p_{CO_2} \cdot S\left(\frac{T_w}{T_g}\right) = 0.081 \times \frac{273+200}{273+800} = 0.0357$$

$$p_{H_2O} \cdot S\left(\frac{T_w}{T_g}\right) = 0.054 \times \frac{273+200}{273+800} = 0.0238$$

用以上两式和 $t_W = 200℃$ 查图，得：$\varepsilon'_{CO_2} = 0.06$，$\varepsilon'_{H_2O} = 0.088$

所以　$A_{CO_2} = \varepsilon'_{CO_2}\left(\frac{T_g}{T_w}\right)^{0.65} = 0.06 \times \left(\frac{1073}{473}\right)^{0.65} = 0.102$

$$A_{H_2O} = \varepsilon'_{H_2O}\left(\frac{T_g}{T_w}\right)^{0.45} = 0.088 \times \left(\frac{1073}{473}\right)^{0.45} = 0.126$$

修正系数 $\beta = 1.07$ 略去 ΔA 得

$$A = 0.102 + 1.07 \times 0.126 = 0.237$$

例 11-10　已知上例中烟气 $\varepsilon_1 = 0.191$，$A_1 = 0.237$，$T_1 = 1073\text{K}$，管壁温度 $T_2 = 473\text{K}$，管壁黑度 $\varepsilon_2 = 0.8$。计算烟气和管壁间辐射传热通量。

解：$\varepsilon_1 = 0.191$，$A_1 = 0.237$，$T_1 = 1073\text{K}$，$T_2 = 473\text{K}$，$\varepsilon_2 = 0.8$

则

$$q = \frac{C_0}{\dfrac{1}{A_1} + \dfrac{1}{\varepsilon_2} - 1}\left[\frac{\varepsilon_1}{A_1}\left(\frac{T_1}{100}\right)^4 - \left(\frac{T_2}{100}\right)^4\right]$$

$$= \frac{5.67}{\dfrac{1}{0.237} + \dfrac{1}{0.8} - 1}\left[\frac{0.191}{0.237} \times \left(\frac{1073}{100}\right)^4 - \left(\frac{473}{100}\right)^4\right]$$

$$= 12930\text{W/m}^2$$

本 章 小 结

本章介绍了辐射换热的基本概念，黑体模型，黑体辐射的普朗克定律，斯蒂芬-波尔茨曼定律，兰贝特定律以及实际物体的辐射特点，基尔霍夫定律，角系数的概念、性质、计算方法，两表面间的辐射换热，辐射换热的网格方法等。

习 题

11-1　如图所示之以 R 为半径的半球表面 Ⅱ 和其底面 Ⅰ。求 φ_{11}，φ_{12}，φ_{21}，φ_{22}。

（答：0，1，1/2，1/2）

11-2　如图，计算 φ_{13}。

（答：0.096）

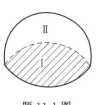

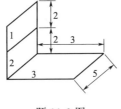

题 11-1 图　　　　　　　　　题 11-2 图　　　　　　　　　题 11-3 图

11-3　两炉膛合用一隔墙（如图所示），其中炉膛 1 的内表面温度为 1110K，炉膛 2 的内表面温度为 830K。该隔墙上开有一个 0.046m² 的孔，计算通过该孔的净辐射能。

（答：2.72kW）

11-4　保温瓶为双层真空镀银结构，试阐明其保温的原理。若内层温度为 97℃，外层为 27℃，镀银面黑度 $\varepsilon=0.02$，求层间辐射热通量。

（答：6.09W）

11-5　在辐射传热物体间放置隔热屏可大大减少其间的辐射传热量。试以黑度相同的大平板为例，证明在其间放置 n 块隔热屏（屏与板的黑度相等）时，板间辐射传热量减少到原来的 $\dfrac{1}{n+1}$（板的吸热量视为零）。

11-6　一块大平行板表面发射率和温度分别为 0.3，800K 和 0.5，400K，在两者之间，设置一发射率为 0.05 的辐射隔热屏，试计算：（a）无隔热屏时，每单位面积的传热量；（b）有隔热屏存在时，单位面积的传热量；（c）隔热屏的温度。

（答：$5.0236\times10^3\,\text{W/m}^2$，$5.0236\times10^2\,\text{W/m}^2$，678.3K）

11-7　把一黑体表面置于室温为 27℃ 的房间中，求平衡辐射条件下，黑体表面的辐射力。若黑体表面温度为 627℃，辐射能力又为多少？

（答：$E_{b1}=459\text{W/m}^2$，$E_{b2}=37200\text{W/m}^2$）

11-8　由于测温元件感温头和容器间的辐射传热，测流动气体温度将有较大误差。今知气体和感温头间对流传热系数 $\alpha=58.2\text{W/(m}^2\cdot℃)$ 时，测得气体温度为 800℃，相应容器壁温为 600℃。电偶头黑度为 0.4，求测得误差。如果 $\alpha=174\text{W/(m}^2\cdot℃)$ 结果如何？在此基础上如壁温提高到 750℃ 又怎样？试分析以上计算结果（提示：热风以对流给热方式将热量传给热接点，热接点则以辐射方式将热量传给风管内壁）。

（答：26.6%，10.8%，3.61%）

11-9　一依靠辐射传热的马弗炉内表面积为 1m²，温度为 900℃。炉中悬空位置两块紧靠在一起的方断面钢坯，每块钢的尺寸为 50mm×50mm×1000mm。求钢表面温度为 500℃ 时获得的辐射热流量。炉内表面和钢表面的黑度为 $\varepsilon_1=\varepsilon_2=0.8$，略去钢坯两端面面积。

（答：19700W）

11-10　假定将上题中钢坯分开距 50mm 平行悬空放在炉中，结果又怎样？

（提示：两钢坯作为整体是可自见面，可算得 $\varphi_{22}=0.1$）

（答：$Q=23800$W）

11-11　一个水银温度计，用来测量管中气流温度，温度计指示温度 55℃，管壁以热电偶测得为 100℃，对流给热系数为 30W/m²，求气流温度。已知玻璃 $\varepsilon=0.94$。

（答：$T_f=314.2$K）

11-12　一个热电偶用来测量电炉中的空气温度。热电偶表面黑度为 0.7，对流给热系数 $\alpha=20$W/（m²·℃），热电偶指示温度 750℃，真实温度 650℃，求炉壁温度。

（答：$T_2=718$K）

第三篇 质 量 传 输

质量传输以物质传递的运动规律为研究对象，其与动量传输及热量传输构成完整的传输理论。物质从物体或空间的某一部分转移到另一部分的现象，为质量的传输过程。在一个体系内可能存在有一种或两种以上不同的物质组分，而当其中一种或几种组分的浓度分布不均匀时，各组分就会从浓度较高的区域向较低的区域转移。物质的传递过程多是向体系内浓度差降低的方向发展，浓度差为传质过程的推动力。

与动量及热量传输类似，质量传输也具有两种基本方式，即扩散传质和对流传质。扩散传质是指由物体所具有的扩散性而进行的传质过程。在流体或流体与固体构成的传输体系中，除扩散传质外，由流体流动还会促成另外一种传质方式，即对流传质。扩散传质的起因为分子的微观运动，而对流传质则是由流体质点的宏观运动而引起的传质过程。

对质量传输的研究可从两方面考虑：一是传输现象的宏观规律，其着眼点为传质过程的浓度场特征及有关传质量方面的问题；另为传质的微观机理，即扩散过程中的分子运动问题。与动量及热量传输相同，对质量传输也仅以宏观过程为本课讨论的对象。

动量、热量和质量这三种传输过程具有类似的运动规律和相应的数学表达式。因此，在动量和热量传输中已建立的基本概念、基本定律以及一些解析方法，均有助于对质量传输过程的研究和讨论。

第 12 章 质量传输的基本定律

12.1 质量传输的基本概念

（1）质量传输方式

如前述，质量传输的基本方式有两种，即扩散传质和对流传质。

① 扩散传质 在绝对零度以上，物质的分子均具有一定的能量，并处在不规则的运动状态。在分子运动中，不仅发生能量的交换，而且物质本身也进行着转移。由于分子运动的不规则性，使其在各方向的交换概率基本相同。如果体系中某一组分的浓度到处均等，则在该组分分子向某方向运动一定数目时，必然有相同数目的分子沿相反的方向运动，其结果未发生质量传输。当体系中某一组分的浓度不均即存在浓度差时，高浓度区域的分子向低浓度区域运动的要多，从而进行了质量的传输，直到整个体系中该组分的浓度均匀为止。

这种由于浓度差存在，依靠分子运动引起的质量传输，称为扩散传质，它的机理类似于黏性动量传输和传导传热过程。

② 对流传质 对流传质是在流体流动体系中，由流体质点的宏观运动而进行的物质传递过程。在流体质点的运动中，将物质从浓度较高的向较低的区域传送。因此，对流传质过

程中的浓度场与质点运动的速度场相关，传质过程与流体动量传输过程相关。对流传质机理与对流换热相类似。

（2）浓度及其表示方法

在参与传质过程的体系中，单位体积内某组分所占有的物质量称为该组分的浓度。由于物质量的表示方法不同，浓度也有不同的表示法。

① 质量浓度　质量浓度定义为单位体积内的质量。当在体积为 dV 的混合溶体中某一组分 (i) 的质量为 dm_i 时，该组分的质量浓度 ρ_i 为

$$\rho_i = \frac{dm_i}{dV} \qquad kg/m^3 \tag{12-1}$$

混合溶体的总浓度为各组分浓度之和。如 A、B 两组分的二元系，总质量浓度 $\rho = \rho_A + \rho_B$，其中 ρ_A 及 ρ_B 分别按式（12-1）确定。

② 摩尔浓度　组分的摩尔浓度是指单位体积溶体中该组分的摩尔数的多少，对组分 (i) 以 C_i 表示为

$$C_i = \frac{\rho_i}{M_i} \qquad mol/m^3 \tag{12-2}$$

式中，M_i 是组分 (i) 的分子量。同样，对 A、B 两组分的二元系，总摩尔浓度 $C = C_A + C_B$，其中 C_A 及 C_B 分别按式（12-2）确定。

对多组分体系，常应用相对浓度概念。相对浓度也有两种表示方法，即相对质量浓度（质量浓度分数）和相对摩尔浓度（摩尔浓度分数）。

③ 相对质量浓度（质量浓度分数）　若 ρ_i 为组分 (i) 的质量浓度，ρ 为溶体中所有组分的总质量浓度，组分 (i) 的相对质量浓度若以 ω_i 表示，则为

$$\omega_i = \frac{\rho_i}{\rho} \tag{12-3}$$

相对浓度为无因次的百分数，即以总质量浓度为基数的某一组分所占的比例。显然存在

$$\sum_{i=1}^{n} \omega_i = 1$$

④ 相对摩尔浓度（摩尔浓度分数）　若 C_i 为组分 (i) 的摩尔浓度，C 为溶体中所有组分的总摩尔浓度，组分 (i) 的相对摩尔浓度如以 ε_i 表示，则为

$$\varepsilon_i = \frac{C_i}{C} \tag{12-4}$$

相对摩尔浓度亦为无因次的百分数，即表示以总摩尔浓度为基数的某单一组分 (i) 所占的比例。显然亦存在

$$\sum_{i=1}^{n} \varepsilon_i = 1$$

对于 A、B 两组分的二元系，由式（12-3）及式（12-4）有

$$\omega_A = \frac{\rho_A}{\rho}, \quad \omega_B = \frac{\rho_B}{\rho}, \quad \omega_A + \omega_B = 1 \tag{12-5}$$

及

$$\varepsilon_A = \frac{C_A}{C}, \quad \varepsilon_B = \frac{C_B}{C}, \quad \varepsilon_A + \varepsilon_B = 1 \tag{12-6}$$

⑤ 气体的浓度　对气体，由于各组分的分压与摩尔浓度成正比，则气体的浓度用分压

表示，有

$$\varepsilon_A = \frac{p_A}{p}, \quad \varepsilon_B = \frac{p_B}{p}, \quad p = p_A + p_B \tag{12-7}$$

式中，p_A、p_B 为组分分压力，p 为总压力。

气体的分压与质量浓度的关系按理想气体状态方程推之为

$$\rho_i = \frac{p_i M_i}{R_0 T} \tag{12-8}$$

（3）浓度场和传质的两种状态

在质量传输体系中，参与传质过程的任一组分，于某瞬间在空间各坐标点上有一定的浓度值，组分浓度在空间分布和随时间变化的特征函数关系，称为该组分的浓度场，表示为

$$C_i = f(x, y, z, \tau), \quad \frac{\partial C_i}{\partial \tau} \neq 0 \tag{12-9}$$

式中，C_i 为组分（i）于某瞬间在空间某坐标点上的浓度；τ 为时间。

根据组分在空间各点上的浓度值是否随时间变化，浓度场与速度场及温度场一样，可分为定态和不定态两类（或者说稳态和不稳态）。当组分浓度不随时间变化而仅是空间的函数时，为定态浓度场，以函数式表示

$$C_i = f(x, y, z), \quad \frac{\partial C_i}{\partial \tau} = 0 \tag{12-10}$$

在定态浓度场中进行的传质过程，称定态传质，此时传质体系不存在质量的蓄积。

当传质体系中的组分浓度随时间而变时，式（12-9）为浓度场的数学表达式，为不定态浓度场。相应的传质过程为不定态传质，此时体系内有质量的蓄积。

（4）浓度梯度

浓度梯度与传热中温度梯度的概念相类似，可简单理解为：在传质方向上单位距离内浓度的变量或浓度的空间变率。对一维传质过程，某组分（i）的浓度梯度表示为

$$grad C_i = \frac{\partial C_i}{\partial x} \tag{12-11}$$

（5）浓度边界层

由传输过程的类似性，动量和热量边界层的概念可推广应用于质量传输过程，从而建立质量边界层或浓度边界层概念。

设均匀含有某一组分浓度为 C_f 的流体流入固体表面，并与之进行对流传质。在固体表面上，该组分的平衡浓度为 C_W。在同时存在动量边界层的制约下，靠近固体表面的层流薄层以内，流体具有较大的浓度梯度，而在紊流区域因流体质点的对流渗混作用，使浓度梯度较小。在流动的法线方向上，流体中该组分浓度的变化趋势是由表面浓度 C_W 向来流浓度 C_f 过渡。同时，随流体流入表面深度的增加，具有接近于来流浓度 C_f 的流体层的厚度随之增大。与动量及热量边界层定义相类似，将具有接近于 C_f 浓度以下的这一具有浓度梯度的流体薄层，称为质量边界层或浓度边界层。根据前两种边界层的定义，把流体中组分浓度为 $C = 0.99(C_f - C_W) + C_W$ 的地方作为浓度边界层外缘，即边界层厚度是指从固体表面到浓度 $C = 0.99(C_f - C_W) + C_W$ 处的距离，并以 δ_C 表示。

总之，质量边界层可定义如下：流体流过固体（或流体）表面并与其进行传质过程时，靠近表面存在浓度梯度的那一薄层，即称为质量边界层或浓度边界层，如图 12-1 所示。

与对流动量传输和对流传热相类似，在质量边界层（δ_C）以内，由流体质点对流而进行的传质过程中，分子扩散的传质作用亦同时存在。

在有关冶金动力学的研究中，常应用所谓"有效边界层"概念。有效边界层与对流传热简化模型相对应。在解析流体流过表面的传质问题时，需要确定靠近表面的浓度梯度 $\left(\frac{\partial C_i}{\partial y}\right)_{y=0}$。在理论上精确计算 $\left(\frac{\partial C_i}{\partial y}\right)_{y=0}$ 较复杂而不易实现。因此，在实际解析计算时，为简化解析过程达到求解目的，提出了"有效边界层"这种简化模型的概念。

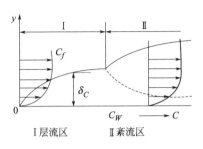

图 12-1　浓度边界层

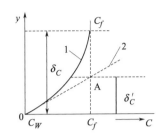

1—实际浓度场；2—假定的线性浓度场

图 12-2　有效边界层

假定在浓度边界层内靠近表面厚度为 δ'_C 的一层流体中集中了全部的传质阻力，且其中组分的浓度呈线性分布，如图 12-2 所示。如此，在图示的 δ'_C 区域内具有与表面上相同的浓度梯度 $\left(\frac{\partial C_i}{\partial y}\right)_{y=0}$，如图中的虚线 2；在 δ'_C 以上具有来流的原始浓度 C_f；两浓度分布线交于 A 点。在此交点以下的流层即定义为"有效边界层"。图中 δ'_C 即为有效边界层厚度。有效边界层为等厚的薄层，其内具有线性的浓度分布，其外则具有来流的均匀浓度场。此时，表面上的浓度梯度可表示为

$$\left(\frac{\partial C_i}{\partial y}\right)_{y=0}=\frac{\Delta C}{\Delta y}=\frac{C_f-C_w}{\delta'_C} \tag{12-12}$$

或

$$\delta'_C=\frac{C_f-C_w}{\left(\frac{\partial C_i}{\partial y}\right)_{y=0}} \tag{12-13}$$

根据有效边界层概念，提出了关于对流传质简化模型概念，即认为：在有效边界层以内，于流动的法线方向仅存在有扩散传质过程，在流动方向上进行着质点对流过程。

12.2　扩散传质基本定律

扩散传质与流体黏性动量传输和由物体导热性决定的热传导过程相类，均是由分子运动而构成的物性传输过程。但扩散传质与导热有某些不同之处，例如固体导热时，不存在像扩散传质中的物质分子转移过程。另外，在扩散传质体系中，各组分的扩散速度彼此不同，而其一组分的扩散速度又在一定程度上取决于共存的其它组分的性质和浓度。

稳定扩散传质与稳定导热相类似，即在传质过程中没有质量蓄积。即 $\partial C_i/\partial\tau=0$。

（1）菲克第一定律

稳态扩散传质与稳态导热过程相类似，其基本定律菲克第一定律也类似于牛顿黏性定律及傅里叶定律。当物质的扩散性一定时，通过物体扩散的质量传输量与物体两面的浓度差、扩散时间和垂直于传质方向的截面积成正比，而与物体两面间的距离（厚度）成反比。对单位时间、通过单位面积的扩散传质量，则存在下列的比例关系，即

$$n_i \propto \frac{C_s - C_0}{Y} \tag{12-14a}$$

将式(12-14a) 改写为等式

$$n_i = D_i \frac{C_s - C_0}{Y} = D_i \frac{\Delta C}{\Delta Y} \tag{12-14b}$$

考虑到物质的扩散性不仅决定于本身固有的扩散性能，还与浓度、温度及压力有关，将式(12-14b) 以微分的形式来表示

$$n_i = -D_i \frac{\partial C_i}{\partial y} \qquad \text{mol/m}^2 \cdot \text{s} \tag{12-14}$$

式中，n_i 是单位时间通过单位面积的质量传输量，即质量通量；$\frac{\partial C_i}{\partial y}$ 是以摩尔浓度表示的浓度梯度 $\text{mol} \cdot \text{m}^{-3}/\text{m}$；$D_i$ 是组分（i）的扩散系数 m^2/s。"$-$" 是表示质量的传递方向与浓度梯度的方向相反。

菲克第一定律也可以用质量浓度表示，即

$$n_i = -D_i \frac{\partial \rho_i}{\partial y} \qquad \text{kg/m}^2 \cdot \text{s} \tag{12-15}$$

式中，$\frac{\partial \rho_i}{\partial y}$ 是以质量浓度表示的浓度梯度 $\text{kg} \cdot \text{m}^{-3}/\text{m}$。

菲克第一定律是在稳态浓度场条件下建立的，其中无时间因素，因此它是不存在质量蓄积的稳态扩散传质的基本定律。式(12-14) 或式(12-15) 是单一组分的扩散定律，它仅说明物质扩散的自身特征；式中的扩散系数 D_i 仅代表单一组分的扩散性能，故又称为组分的自身扩散系数。

式(12-14) 或式(12-15) 是以浓度梯度作为扩散传质推动力的菲克第一定律的表达式。从热力学观点，化学位梯度也是扩散传质的推动力，此时菲克第一定律可写为

$$n_i = -D_i' \frac{\partial \mu_i}{\partial y} \tag{12-16}$$

式中，n_i 是在化学位梯度的作用下，组分（i）在 y 方向上的扩散速率；D_i' 为比例常数，相当于扩散系数，μ_i 是组分（i）的化学位 J/kmol。

对于实际溶液，组分（i）的化学位可写为

$$\mu_i = \mu_i^0 + RT\ln a_i = \mu_i^0 + RT\ln\gamma_i\varepsilon_i \tag{12-17}$$

式中，μ_i^0 是组分（i）的标准化学位 J/kmol；R 是气体常数 $\text{J/(kmol} \cdot \text{K)}$；$a_i$ 是溶液中组分（i）的活度，$a_i = \gamma_i\varepsilon_i$；$\gamma_i$ 是组分（i）的活度系数。

在用浓度梯度为扩散推动力时无法说明的"爬坡"扩散现象，用化学位梯度的概念可以得到满意的解释。同时，应用式(12-17) 也可确定相应的传质通量。

（2）多组分的菲克第一定律表达式

在科学和工程领域中，不仅存在单一组分的扩散传质体系，而更多的是两种或两种以上组分在同一体系内进行相互扩散的问题。多组分互扩散过程比单一组分的自扩散复杂得多。在多组分的互扩散中，决定着传质通量的浓度梯度与单组分扩散时不同，此时任一组分的浓度应为某组分对各组分总浓度的相对值，即为相对浓度 ε_i 或 ω_i。其次，任一组分的扩散系数也不是该组分的自身扩散系数，而是"相对扩散系数"或"互扩散系数"。互扩散系数不仅与该组分的扩散性能有关，还受体系中其它组分的扩散性和相对浓度大小的影响。

现以 A 和 B 两气体组分组成的二元系的扩散为例，来说明在多组分互扩散中菲克第一

定律的表达形式。表示 A 组分在二元系中的传质通量为

$$n_A = -CD_{AB}\frac{\partial \varepsilon_A}{\partial y} \qquad \text{mol} \cdot \text{m}^{-2} \cdot \text{s}^{-1} \tag{12-18}$$

式中，n_A 是气体 A 在互扩散中的扩散传质通量；$C = C_A + C_B$ 是混合气体总的摩尔浓度，mol/m^3；C_A 及 C_B 是 A 气体和 B 气体的摩尔浓度，mol/m^3；D_{AB} 是气体 A 在混合气体中的互扩散系数，m^2/s；$\varepsilon_A = \dfrac{C_A}{C}$ 是气体 A 的相对摩尔浓度。

将式 (12-18) 以质量浓度表示，则为

$$n_A = -\rho D_{AB}\frac{\partial \omega_A}{\partial y} \qquad \text{kg} \cdot \text{m}^{-2} \cdot \text{s}^{-1} \tag{12-18a}$$

式中，$\rho = \rho_A + \rho_B$ 是混合气体的总质量浓度，$\text{kg} \cdot \text{m}^{-3}$；$\rho_A$、$\rho_B$ 是 A、B 气体的质量浓度 $\text{kg} \cdot \text{m}^{-3}$；$\omega_A = \dfrac{\rho_A}{\rho}$ 是气体 A 的相对质量浓度。

对气体 B，同样可写出下列相应的扩散传质通量计算式：

$$n_B = -CD_{BA}\frac{\partial \varepsilon_B}{\partial y} \qquad \text{mol} \cdot \text{m}^{-2} \cdot \text{s}^{-1} \tag{12-19}$$

及

$$n_B = -\rho D_{BA}\frac{\partial \omega_B}{\partial y} \qquad \text{kg} \cdot \text{m}^{-2} \cdot \text{s}^{-1} \tag{12-20}$$

式中，D_{BA} 是气体 B 在混合气体中的互扩散系数，$\varepsilon_B = \dfrac{C_B}{C}$ 是气体 B 的相对摩尔浓度；

$\omega_B = \dfrac{\rho_B}{\rho}$ 是气体 B 的相对质量浓度。

由于液体的摩尔浓度随组成变化较大，而其质量浓度的变化较小，故式 (12-20) 常用于液体系统中。

从以上各式可看出，在相互扩散中任一组分的传质通量和浓度梯度均与其它组分的浓度场有关；同时，各式中的扩散系数不只决定于组分本身的扩散性，而且还与其它组分的扩散性以及各组分的相对浓度有关。

在实际计算中，仍应用菲克定律的基本形式，而将复杂的互扩散因素总括在互扩散系数之中。对任一组分 (i) 可写为

$$n_i = -\widetilde{D}_i\frac{\partial C_i}{\partial y} \qquad \text{mol} \cdot \text{m}^{-2} \cdot \text{s}^{-1} \tag{12-21}$$

及

$$n_i = -\widetilde{D}_i\frac{\partial \rho_i}{\partial y} \qquad \text{kg} \cdot \text{m}^{-2} \cdot \text{s}^{-1} \tag{12-22}$$

式中，$\widetilde{D}_i$ 为相对扩散系数或称互扩散系数。

（3）物质的扩散系数

扩散系数与流体的黏度和物体的热导率相类似，是表示物质扩散能力的物性参数。

根据菲克第一定律，扩散系数可写为

$$D_i = n_i \left/ \left(-\frac{\partial C_i}{\partial y}\right)\right. \qquad \text{m}^2/\text{s} \tag{12-23}$$

即扩散系数具有单位传质量的含义为：沿扩散方向，在单位浓度梯度下，单位时间通过单位面积所扩散的物质量。

物质的扩散系数随物质的种类和结构状态不同而异，并与传质系统的温度及压力等参数有关。对三态物质，扩散系数的大致范围如下

气体的扩散性最好，$D=5\times10^{-6}\sim1\times10^{-5}$　m^2/s；

固体的扩散性最差，$D=1\times10^{-14}\sim1\times10^{-10}$　m^2/s；

液体居于中间，$D=1\times10^{-10}\sim1\times10^{-9}$　m^2/s

具有实际意义的为多组分互扩散的相对扩散系数，即互扩散系数为 $\widetilde{D}$。对互扩散系数，除与自身扩散系数有关的诸因素外，还与扩散的对象、相互扩散的条件和各组分的相对浓度等有关。由于物质互扩散过程的复杂性，互扩散系数大多是在理论解析基础上通过实验方法确定的。同时，三态物质各具不同的互扩散特征和相应的经验公式。

① 气体的互扩散系数　如前述，气体分子的扩散性远强于固体及液体。同时，气体之间的互扩散也具有不同于固、液体扩散的特征，现以 A、B 两气体的互扩散为例说明之。

图 12-3　气体互扩散

在图 12-3 所示的容器中，盛有同温同压的两种气体 A 和 B，中间以隔板分开。当隔板抽掉后，两种气体分子就会相互扩散直到平衡为止。在 A、B 两气体的互扩散中，其扩散通量分别为

$$n_A=-D_{AB}\frac{\partial C_A}{\partial x}\qquad mol\cdot m^{-2}\cdot s^{-1}\qquad(12-24a)$$

$$n_B=-D_{BA}\frac{\partial C_B}{\partial x}\qquad mol\cdot m^{-2}\cdot s^{-1}\qquad(12-24b)$$

式中，D_{AB} 和 D_{BA} 分别表示气体 A 和 B 在相互扩散的互扩散系数。

现假定 A、B 两气体为理想气体，则有

$$p_A=\frac{N_A}{V}RT=C_ART$$

$$(12-24c)$$

$$p_B=\frac{N_B}{V}RT=C_BRT$$

式中，p_A、p_B 是混合气体中 A 和 B 的分压；N_A、N_B 是混合气体中 A 和 B 的分子数；V 为混合气体的体积；R、T 分别为气体常数和绝对温度。

在 R 及 T 为常数的条件下，将式（12-24c）对 x 求导后代入式（12-24a）和（12-24b）中得

$$n_A=-\frac{D_{AB}}{RT}\frac{\partial p_A}{\partial x}\qquad mol\cdot m^{-2}\cdot s^{-1}\qquad(12-24d)$$

$$n_B=-\frac{D_{BA}}{RT}\frac{\partial p_B}{\partial x}\qquad mol\cdot m^{-2}\cdot s^{-1}\qquad(12-24e)$$

根据道尔顿定律，当温度一定时各组分气体的分压之和等于气体的总压力并为一常数，即

$$p_A+p_B=p$$

因此

$$\frac{\partial p_A}{\partial x}=\frac{\partial(p-p_B)}{\partial x}=-\frac{\partial p_B}{\partial x}\qquad(12-24f)$$

在稳态条件下，A、B 两气体各以相同的摩尔数进行互扩散，即一个 A 分子扩散到 B 中，同时就必然有一个 B 分子扩散到 A 中。这种等摩尔逆向扩散的结果为

$$n_A=-n_B\qquad(12-24g)$$

因此，得到气体互扩散系数的特征关系式

$$D_{AB}=D_{BA}=\widetilde{D}\qquad(12-24)$$

即在气体互扩散中，互扩散系数 $\widetilde{D}$ 等于任一气体在另一气体中的相对扩散系数（D_{AB} 或 D_{BA}）。表 12-1 示出某些气体在空气中的扩散系数。

表 12-1　一些气体在空气中的扩散系数

气体	扩散系数/(m^2/s)$\times 10^4$	气体	扩散系数/(m^2/s)$\times 10^4$
氢	0.611	氯化氢	0.130
氮	0.132	二氧化硫	0.103
氧	0.178	三氧化硫	0.095
二氧化碳	0.138	氨	0.17

对一些非金属气体，应用富勒等人提出的计算式来确定双组分系统的互扩散系数具有较准确的结果。计算式为

$$\widetilde{D}=\frac{(1\times 10^{-7})T^{1.75}}{p(V_A^{1/3}+V_B^{1/3})^2}\sqrt{\frac{1}{M_A}+\frac{1}{M_B}}\quad cm^2/s \tag{12-25}$$

式中，T 为混合气体的温度，K；p 是混合气体的压力，atm；M_A、M_B 是两气体的分子量，g/mol；V_A、V_B 为两气体的扩散体积，cm^3/mol。其值可查表 12-2。

表 12-2　某些气体的扩散体积

气体	$V/(cm^3/mol)$	气体	$V/(cm^3/mol)$	气体	$V/(cm^3/mol)$
H_2	7.07	Ar	16.1	H_2O	12.7
He	2.88	Kr	22.8	Cl	37.7
N_2	17.9	CO	18.9	Br_2	67.2
O_2	16.6	CO_2	26.9	SO_2	41.1
空气	20.1	N_2O	35.9		
Ne	5.59	NH_3	14.9		

多组分气体混合物的互扩散，常用有效扩散系数 D_{Am} 的概念，其表达式为

$$D_{Am}=\frac{1}{\dfrac{\varepsilon'_B}{D_{AB}}+\dfrac{\varepsilon'_C}{D_{AC}}+\cdots+\dfrac{\varepsilon'_n}{D_{An}}} \tag{12-26}$$

式中，D_{Am} 为组分 A 通过组分 n 进行扩散的多元体系的扩散系数；ε'_n 为不包含组分 A 在内而计算的某组分 n 在气体混合物中的摩尔分数，其关系式为

$$\varepsilon'_B=\frac{\varepsilon_B}{\varepsilon_B+\varepsilon_C+\cdots+\varepsilon_n} \tag{12-27}$$

在其它温度和压力下，二元体系的扩散系数可用下式进行修正

$$\frac{D_{AB状态1}}{D_{AB状态2}}=\left(\frac{T_1}{T_2}\right)^{3/2}\left(\frac{p_2}{p_1}\right) \tag{12-28}$$

② 液体的互扩散系数　液相扩散理论尚未完全建立，液体的互扩散系数大多由实验方法确定。一般溶液的互扩散系数的实验数据可以查有关资料。

③ 固体的互扩散系数　具有代表性的研究有，纯金属间的互扩散和柯肯达尔效应，说明了固体互扩散的基本特征。

12.3　微元体质量平衡方程式（带扩散的连续性方程式）

（1）带扩散的连续性方程式
对同时存在扩散过程的质量平衡问题，按动量传输中确定连续性方程式同样的方法进行

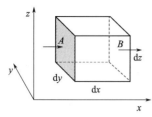

图 12-4 流体中的
一微元体

解析。此时，在微元体的质量收支差量中除质点对流的以外，还有物质的扩散部分。

在流动的流体中取出一微元体，边长 $\mathrm{d}x$、$\mathrm{d}y$、$\mathrm{d}z$，如图 12-4。由流体质点对流而引入微元体的质量收支差量与动量传输中的相同，即有

x 方向：

$$-\left[\frac{\partial(u_x\rho_i)}{\partial x}\right]\mathrm{d}x\mathrm{d}y\mathrm{d}z \tag{12-29a}$$

y 方向：

$$-\left[\frac{\partial(u_y\rho_i)}{\partial y}\right]\mathrm{d}x\mathrm{d}y\mathrm{d}z \tag{12-29b}$$

z 方向：

$$-\left[\frac{\partial(u_z\rho_i)}{\partial z}\right]\mathrm{d}x\mathrm{d}y\mathrm{d}z \tag{12-29c}$$

在 x 方向，通过 A、B 两个面，由扩散构成的质量收支差量按下列方法确定。

按式(12-15)，A 面上由扩散传入的质量为

$$-D_i\left(\frac{\partial\rho_i}{\partial x}\right)_A\mathrm{d}y\mathrm{d}z \tag{12-29d}$$

在微元体 $\mathrm{d}x$ 的区域内，流体浓度梯度的变率可写为 $\partial\left(\frac{\partial\rho_i}{\partial x}\right)\Big/\partial x$，则 B 面上的浓度梯度应为

$$\left(\frac{\partial\rho_i}{\partial x}\right)_B=\left(\frac{\partial\rho_i}{\partial x}\right)_A+\frac{\partial\left(\frac{\partial\rho_i}{\partial x}\right)}{\partial x}\mathrm{d}x=\left(\frac{\partial\rho_i}{\partial x}\right)_A+\frac{\partial^2\rho_i}{\partial x^2}\mathrm{d}x \tag{12-29e}$$

因此，B 面上的扩散传质量，同样按式(12-15)求得

$$-D_i\left[\left(\frac{\partial\rho_i}{\partial x}\right)_A+\frac{\partial^2\rho_i}{\partial x^2}\mathrm{d}x\right]\mathrm{d}y\mathrm{d}z \tag{12-29f}$$

由式(12-29d)到(12-29f)，可得到 A、B 两面的扩散传质差量

$$D_i\left(\frac{\partial^2\rho_i}{\partial x^2}\right)\mathrm{d}x\mathrm{d}y\mathrm{d}z \tag{12-29g}$$

同理，在 y 方向和 z 方向的微元体上，由扩散构成的质量收支差量应为

$$D_i\left(\frac{\partial^2\rho_i}{\partial y^2}\right)\mathrm{d}x\mathrm{d}y\mathrm{d}z \tag{12-29h}$$

$$D_i\left(\frac{\partial^2\rho_i}{\partial z^2}\right)\mathrm{d}x\mathrm{d}y\mathrm{d}z \tag{12-29i}$$

微元体的质量蓄积表现为其质量浓度随时间的变量，即为

$$\left(\frac{\partial\rho_i}{\partial\tau}\right)\mathrm{d}x\mathrm{d}y\mathrm{d}z \tag{12-29j}$$

按微元体的质量平衡关系式，质量收支差量＝质量蓄积量，整理简化后得到带扩散的连续性方程式

用质量浓度表示

$$D_i\left(\frac{\partial^2\rho_i}{\partial x^2}+\frac{\partial^2\rho_i}{\partial y^2}+\frac{\partial^2\rho_i}{\partial z^2}\right)=\frac{\partial\rho_i}{\partial\tau}+u_x\frac{\partial\rho_i}{\partial x}+u_y\frac{\partial\rho_i}{\partial y}+u_z\frac{\partial\rho_i}{\partial z} \tag{12-29}$$

用摩尔浓度表示

$$D_i \left(\frac{\partial^2 C_i}{\partial x^2} + \frac{\partial^2 C_i}{\partial y^2} + \frac{\partial^2 C_i}{\partial z^2} \right) = \frac{\partial C_i}{\partial \tau} + u_x \frac{\partial C_i}{\partial x} + u_y \frac{\partial C_i}{\partial y} + u_z \frac{\partial C_i}{\partial z} \qquad (12\text{-}30)$$

将式（12-29）与动量传输的 N-S 方程和热量传输的 F-K 方程比较，可再次看到三种传输的类似特征。

（2）菲克第二定律

对于固体或处于静止状态的流体，对一维不稳态扩散传质，带扩散的连续性方程式简化为

$$\frac{\partial C_i}{\partial \tau} = D_i \frac{\partial^2 C}{\partial x^2} \qquad (12\text{-}31)$$

式（12-31）为扩散传质的另一个重要定律，即通常所谓的菲克第二定律。菲克第一定律说明了稳态扩散传质的基本特征，而菲克第二定律表述了不稳态扩散传质的基本特征。第一定律确定了扩散传质通量与浓度梯度的关系，而第二定律则说明了在扩散过程中浓度随时间的变化（质量蓄积）与浓度梯度变化的关系。

本　章　小　结

本章重点介绍了质量传输基本方式和基本定律。菲克第一定律、第二定律以及带扩散的连续性方程，均为质量传输的基本方程式，它们所描述的均为传质过程中最一般的运动规律。

习　题

12-1　浓度边界层有什么特点？它与速度边界层和温度边界层有什么异同？

12-2　画出"有效边界层"示意图，并写出浓度梯度的形式。

12-3　什么是"互扩散系数"？它与"自身扩散系数"有什么不同？

12-4　在管中氢气（H_2）通过氮气（N_2）进行稳态分子扩散。其温度为 294K，总压力为 1.0133×10^5 Pa 并均匀不变。管一端 H_2 的分压为 $P_1 = 0.80$atm，另一端为 $P_2 = 0.40$atm，两端相距 100mm，试计算 H_2 的扩散通量。已知 $D_{H_2-N_2} = 0.763$cm²/s。［提示：利用公式（12-24d）计算］

［答：1.265×10^{-2} mol/（s·m²）］

12-5　氧气在空气中的扩散，压力为 1 大气压，温度为 0℃，求其扩散系数为 $\tilde{D}$。已知空气的分子量为 29.6，氧气分子量为 32。［提示：利用公式（12-25）计算］

（答：1.69×10^{-5} cm²/s）

12-6　试比较带扩散的连续性方程、动量传输的 N-S 方程和热量传输的 F-K 方程。

第13章 扩散传质与对流传质

扩散传质与传导传热类似，是由分子运动而促成的传质过程。按传质过程中浓度场的不同特征，分为稳态扩散和不稳态扩散传质。

对流传质是在流体流动条件下的质量传输过程，其中包含着由质点对流和分子扩散两因素决定的传质过程。对流传质的一般规律，由微元体质量平衡方程式（带扩散的连续性方程式）所确定。与对流传热相类似，在对流传质过程中，虽然分子扩散起着重要的组成作用，但流体的流动却是其存在的基础。因此，对流传质过程与流体的运动特征密切相关。如流体流动的起因、流体的流动性质以及流动的空间条件等等。

13.1 扩散传质

13.1.1 稳态扩散传质

在稳态扩散传质过程中，浓度场不随时间而变，即有 $\partial C_i / \partial \tau = 0$；物体无质量蓄积，通过物体各截面的传质通量为常数，即有 $n_i = \text{const}$。此外，当物质扩散系数与组分浓度无关而为常数时，在稳态条件下，浓度场具有线性特征。

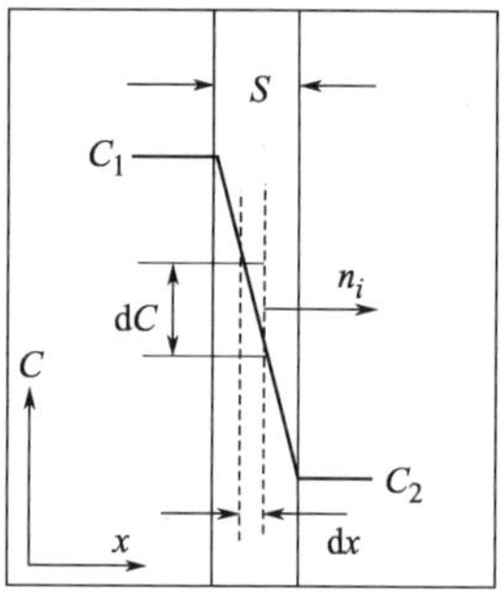

图 13-1 稳态扩散传质

（1）气体通过平板的扩散

类似于稳态导热的单层平板的传热。设容器中有厚度为 S 的金属隔板，在隔板两侧有浓度不等的同一组分气体，该组分在隔板两侧表面上的平衡浓度为 C_1 及 C_2，且 $C_1 > C_2$。气体通过金属隔板的互扩散系数（$\widetilde{D}_i$）设为与浓度无关的常数，即在稳态扩散制度建立后该气体组分在隔板上呈线性的浓度分布，如图 13-1 所示。

通过隔板薄层 $\mathrm{d}x$ 上的扩散传质通量，由菲克第一定律确定为

$$n_i = -\widetilde{D}_i \frac{\mathrm{d}C_i}{\mathrm{d}x}$$

在 n_i 及 $\widetilde{D}_i$ 均为常数的条件下，按图 13-1 的边界条件对上式积分，即有

$$n_i \int_0^S \mathrm{d}x = -\widetilde{D}_i \int_{C_1}^{C_2} \mathrm{d}C$$

故得

$$n_i = \frac{\widetilde{D}_i}{S}(C_1 - C_2) \qquad \text{mol} \cdot \text{m}^{-2} \cdot \text{s}^{-1} \tag{13-1}$$

令 $k = \dfrac{\widetilde{D}_i}{S}$，则

$$n_i = k(C_1 - C_2) \qquad \text{mol/m}^{-2} \cdot \text{s}^{-1} \tag{13-2}$$

式中，k 为传质系数（类似于稳态导热中的传热系数），m/s。

通过隔板任意截面上的传质通量，按式（13-1）可写为

$$n_i = \frac{\widetilde{D}_i}{x}(C_1 - C_x) \qquad \text{mol} \cdot \text{m}^{-2} \cdot \text{s}^{-1} \tag{13-3}$$

有上式可知，隔板上的线性浓度场为

$$\frac{C_1 - C_x}{C_1 - C_2} = \frac{x}{S} \tag{13-4}$$

实际上，气体通过金属的互扩散系数并非常数，它不仅决定于气体各组分的浓度，还与所通过的物质组分的结构状态以及状态参数（温度、压力等）有关。因此，即使在稳态的传质条件下，隔板上的浓度场亦不可能如式（13-4）所确定那样具有线性的特征。

菲克第一定律对稳态扩散传质过程的解析目的不同于稳态导热。对稳态导热过程，一般是应用傅里叶定律计算不同条件下的导热通量，而对扩散传质过程，则是结合一定的实验方法确定物质的互扩散系数。例如，已知隔板的传质截面为 A，在单位时间通过整个截面上的总扩散质量流量为 N_i，扩散传质通量仍以 n_i 代表，则有

$$N_i = n_i A \qquad \text{mol/s}$$

由 $n_i = -\widetilde{D}_i \dfrac{\mathrm{d}C_i}{\mathrm{d}x}$，故

$$N_i = -\widetilde{D}_i \frac{\mathrm{d}C_i}{\mathrm{d}x} \cdot A$$

或

$$\widetilde{D}_i = \frac{-N_i}{A \dfrac{\mathrm{d}C_i}{\mathrm{d}x}} \qquad \text{m}^2/\text{s} \tag{13-5}$$

（2）气体通过圆筒壁的扩散

设在圆筒壁内外表面上气体组分（i）的平衡浓度为 C_1、C_2 且 $C_1 > C_2$，内、外半径分别是 r_1，r_2。在与前面平壁扩散相同的假定条件下进行稳态扩散传质，如图 13-2 所示。

按菲克第一定律，通过半径为 r 的薄层上的总扩散传质量为

$$N_i = n_i A_r = -\widetilde{D}_i \frac{\mathrm{d}C_i}{\mathrm{d}r} \cdot A_r \qquad \text{mol/s} \tag{13-6a}$$

式中，$A_r = 2\pi L r$ 是半径为 r 处的传质面积 m^2。将式（13-6a）改写成

$$\mathrm{d}C_i = \frac{N_i \mathrm{d}r}{\widetilde{D}_i A_r} = \frac{-N_i}{2\pi L \widetilde{D}_i} \cdot \frac{\mathrm{d}r}{r} \tag{13-6b}$$

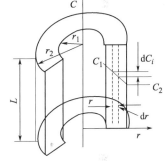

式中，N_i、$\widetilde{D}_i$、L 均为常数，则对式（13-6b）在图 13-2 条件下积分，得到圆筒壁上的浓度场为

图 13-2 圆筒壁扩散

$$\frac{C_i - C_1}{C_1 - C_2} = \frac{\ln(r_1/r)}{\ln(r_2/r_1)} \tag{13-6}$$

或

$$\frac{C_i - C_2}{C_1 - C_2} = \frac{\ln(r_2/r)}{\ln(r_2/r_1)} \tag{13-7}$$

通过圆筒壁的扩散传质量为

$$N_i = \frac{2\pi L \widetilde{D}_i}{\ln\left(\dfrac{r_2}{r_1}\right)}(C_1 - C_2) \qquad \text{mol/s} \tag{13-8}$$

对圆筒壁稳态扩散传质解析的目的与平壁一样，也是结合实验测试确定物质的互扩散系数。

13.1.2 不稳态扩散传质

不稳态扩散传质与不稳态导热相类似，其中包括基本概念、基本定律、边界条件以及解析方法等各方面的类似特征。

在不稳态扩散传质过程中，存在着质量的蓄积，表现为浓度随时间而变化的特征，与不稳态导热温度场相对应的为式(12-9) 所表述的不稳态浓度场。

与不稳态导热微分方程相对应的不稳态扩散传质方程式为三维过程的式(12-30)（即带扩散的连续方程）和一维过程的式(12-31)（即菲克第二定律）。

不稳态扩散传质也具有与不稳态导热相类似的边界条件，经常处理的问题有物体表面浓度为常数和表面以外扩散介质（一般是指气体）浓度为常数的两种情况。对于后一种边界条件，表面以外反应平衡过程与不稳态导热中的外部传热过程相对应。

根据物体内部的物质扩散深度，在不稳态扩散传质过程中，物体内部的浓度场特征也分为"有限厚"与"无限厚"两类。简言之，当物质的扩散深度超过物体厚度时，则为"有限厚"的浓度场，此时在扩散传质过程中物体内各点的浓度均随时间而变化；反之，则为"无限厚"的浓度场的扩散传质过程。

与不稳态扩散传质过程相关的相似特征数，根据不稳态扩散与不稳态导热的基本特征的类似，可直接由不稳态导热的两个基本特征数引申而来，对应于傅里叶数 $\left(Fo = \dfrac{a\tau}{l^2} \right)$ 有"传质傅里叶数" $\left(Fo' = \dfrac{D\tau}{l^2} \right)$，这里 D 是与不稳态导热中的导温系数 a 相对应的扩散系数（m^2/s）。对应于毕欧数 $\left(Bi = \dfrac{\alpha \cdot l}{\lambda} \right)$ 有"传质毕欧数" $\left(Bi' = \dfrac{k \cdot l}{D} \right)$，这里 k 与不稳态导热中的外部传热系数 α 相对应的外部扩散介质对表面的传质系数（m/s）；这里 D 是与不稳态导热中的物体热导率 λ 相对应的扩散系数（m^2/s）。

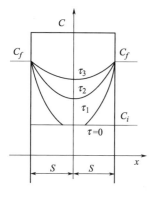

图 13-3　表面浓度为常数时平板内的扩散

（1）表面浓度为常数，"有限厚"物体的不稳态扩散

设有足够宽大的固体平板，厚为 $2s$，将其置于气体介质中进行扩散处理。处理前板内组分（i）具有均匀浓度 C_i，在扩散处理过程中平板表面保持扩散组分的平衡浓度不变，为 C_f〔此处，在处理前的平板初始浓度 C_i 和处理过程中的平衡浓度 C_f 均指气体介质的扩散组分（i）而言〕。

在不稳态扩散过程中的浓度场特征，如图 13-3 所示。

对于足够宽大的平板，可视为一维不稳态扩散过程，则按式(12-31) 写出一维不稳态传质方程及平板扩散的初始条件和边界条件如下

$$
\begin{cases}
\quad\quad\quad\quad \dfrac{\partial C}{\partial \tau} = D\,\dfrac{\partial^2 C}{\partial x^2} \\[2mm]
\tau = 0 \quad -S \leqslant x \leqslant S \quad C = C_i \\[2mm]
\tau > 0 \quad\quad x = 0 \quad\quad\quad \dfrac{\partial C}{\partial x} = 0 \\[2mm]
\tau > 0 \quad\quad x = \pm S \quad\quad C = C_f
\end{cases}
\tag{13-9}
$$

由于求解过程复杂，请参考有关资料，这里不再赘述。

（2）表面浓度为常数"无限厚"物体的不稳态扩散

与"无限厚"物体的不稳态导热类似。设有足够宽大的平板进行一维不稳态扩散，处理前板内组分（i）具有均匀浓度 C_i，在扩散处理过程中平板 $x = 0$ 一侧表面保持扩散组分的

平衡浓度不变为 C_f，另一侧仍为 C_i。则该平板扩散过程的微分方程和定解条件为

$$
\begin{cases}
\dfrac{\partial C}{\partial \tau} = D\,\dfrac{\partial^2 C}{\partial x^2} \\
\tau = 0 \quad 0 \leqslant x < \infty \quad C(x,0) = C_i \\
\tau > 0 \quad x = 0 \quad C(0,\tau) = C_f \\
\tau > 0 \quad x \to \infty \quad C(\infty,\tau) = C_i
\end{cases}
\tag{13-10}
$$

求解方法同"无限厚"物体的不稳态导热类似，得到

$$
\frac{C_f - C(x,\tau)}{C_f - C_i} = erf\left(\frac{x}{2\sqrt{D\tau}}\right)
\tag{13-11}
$$

例 13-1　将初始碳浓度为 0.2% 的钢件置于温度 920℃ 的渗透气氛中 2h，渗碳中钢件表面的碳浓度保持为 0.9%。如果碳在钢中的扩散系数 $\widetilde{D} = 1.0 \times 10^{-11}\,\text{m}^2/\text{s}$，试问在钢件表面以内 0.1mm、0.2mm 和 0.4mm 处的碳含量各为多少？

解：这是属于无限大物体表面浓度为常数时的不稳态扩散

$$
\frac{C_s - C_{x\tau}}{C_s - C_i} = \frac{W_s - W(x,\tau)}{W_s - W_i} = erf\left(\frac{x}{2\sqrt{D\tau}}\right)
$$

$$
\frac{0.009 - W_{(x,\tau)}}{0.009 - 0.002} = erf\left(\frac{x}{2\sqrt{1 \times 10^{-11} \times 2 \times 3600}}\right)
$$

或

$$
W(x,\tau) = 0.009 - 0.007\,erf\left(\frac{x}{5.37 \times 10^{-4}}\right)
$$

在 $x = 0.1\text{mm} = 1 \times 10^{-4}\,\text{m}$ 处，$erf\left(\dfrac{x}{5.37 \times 10^{-4}}\right) = erf(0.186)$

查误差函数，得：$erf(0.186) = 0.207$

∴　　$W(x,\tau) = 0.009 - 0.007 \times 0.207 = 0.0086$　　（或含碳量为 0.86%）

在 $x = 0.2\text{mm} = 2 \times 10^{-4}\,\text{m}$ 处，$erf\left(\dfrac{2 \times 10^{-4}}{5.37 \times 10^{-4}}\right) = erf(0.372) = 0.401$

$W(x,\tau) = 0.009 - 0.007 \times 0.401 = 6.193 \times 10^{-3} = 0.0062$　　（或含碳量为 0.62%）

在 $x = 0.4\text{mm} = 4 \times 10^{-4}\,\text{m}$ 处，$erf\left(\dfrac{4 \times 10^{-4}}{5.37 \times 10^{-4}}\right) = erf(0.745) = 0.672$

$W(x,\tau) = 0.009 - 0.007 \times 0.672 = 0.0043$　　（或含碳量为 0.43%）

13.2　对流传质

对流传质过程不仅与动量和热量传输过程相类似，而且还存在着密切的依存关系。因此对于对流传质过程的解析，将应用前两种传输过程的类似方法，并直接引用前两种过程的有关概念和定律。

13.2.1　对流传质的基本概念

（1）对流传质简化模型

为研究对流传质而建立传质过程的模型时，从动量传输中引入了边界层概念，即前面讨论过的质量（或浓度）边界层。按边界层概念，认为当流体流过表面时，靠近表面的一薄层流体呈层流状态，该层流体对表面的传质过程（由于在流动垂直方向上不存在流体质点的宏观位移）是由流体的扩散性和层上的浓度梯度所决定的分子扩散而进行的，即扩散传质过

193

程。在此层流薄层以外，由流体质点的对流掺混作用使浓度梯度较小，传质过程则主要是由流体质点的对流作用来完成。应指出，在层流薄层上的扩散传质是在流层运动条件下进行的，除本身的扩散作用外还受流层以外紊流核心的流动状态所制约。

为便于解析，根据边界层理论的设想，提出了"对流传质简化模型"的概念。将图12-1所示的浓度边界层设想为等厚的层流薄层（δ'_c），边界层上的浓度场以线性特征集中于此薄层之内并等于界面上的浓度梯度$\left[\left(\dfrac{\partial C_i}{\partial y}\right)_{y=0}\right]$，即如图 12-2 所示之"有效边界层"。在传质理论中，有时更进一步地将此设想的薄层称为"停滞层"。实际上，这种"停滞"或"有效"之称，均是为对流传质过程的解析而提出的设想概念，即所谓"对流传质简化模型"的概念。

对流传质简化模型概念的中心思想是：从对流传质边界层的模型概念出发，将对流传质过程的限制环节集中于此简化模型所设想的"停滞"薄层之内，即是将整个对流传质过程视为此层内的稳态扩散过程，而层外的对流作用仅做为质量补充的条件来看待。

根据对流传质简化模型的概念，按菲克第一定律于图 12-2 所示的边界条件下积分，得到传质通量的计算式为

$$n_i = \frac{D_i}{\delta'_c}(C_f - C_W) \quad \text{mol/(m}^2 \cdot \text{s)} \tag{13-12}$$

式中，D_i 是扩散组分（i）于流体中的互扩散系数，m^2/s；C_f 是扩散组分于流体中的平均浓度，或反应平衡浓度，mol/m^3；C_W 是扩散组分于固体表面上的浓度或平衡浓度，mol/m^3；δ'_c 是对流传质简化模型的"停滞层"厚度，m。

从表面形式上看式(13-12)，似乎对流传质过程与流体运动无关，但实际上该式中的δ'_c在很大程度上是由流体的流动特征所决定，即是将传质过程中的流动因素包括在此设想的薄层厚度之内。

（2）对流传质系数的模型理论

① 传质系数的定义　传质系数与热量传输中的传热系数相对应和类似。当传质面积为$A(\text{m}^2)$ 时，则单位时间内的传质量为

$$N_i = n_i \times A = \frac{D_i}{\delta'_c}(C_f - C_W)A \quad \text{mol/s} \tag{13-13}$$

将式(13-13) 改写

$$N_i = k_i(C_f - C_W)A \quad \text{mol/s} \tag{13-14}$$

式中

$$k_i = \frac{D_i}{\delta'_c} \quad \text{m/s} \tag{13-15}$$

将式(13-14)与热量传输中的牛顿冷却公式比较，则推论出该式中的k_i为传质系数。而式(13-15) 则为在对流传质简化模型概念基础上的对流传质系数的定义式。

就传质系数本身的含义来说，与代表单位传热量的传热系数一样，它代表着单位传质量，即单位时间内通过单位面积与单位浓度差下的质量传输量。

根据对流传质简化模型和有效边界层概念，对流传质系数尚可由另一种形式来表达。则有

$$k_i = \frac{D_i}{\dfrac{C_f - C_W}{\left(\dfrac{\partial Ci}{\partial y}\right)_{y=0}}} = \frac{D_i\left(\dfrac{\partial C_i}{\partial y}\right)_{y=0}}{C_f - C_W} \tag{13-16}$$

改写成

$$D_i \left(\frac{\partial C_i}{\partial y} \right)_{y=0} = k_i \left(C_f - C_w \right) \tag{13-17}$$

式(13-17)表达了在对流传质过程中，通过界面向固体表面的传质通量与从流体核心向固体表面的传质通量相统一。即，通过界面向固体表面的传质通量等于从流体核心向固体表面传质通量。

显然，由式(13-15)和式(13-16)均不能直接计算出传质系数（k_i），它是要通过不同的解析方法，由所确定的界面浓度梯度$\left(\frac{\partial C_i}{\partial y} \right)_{y=0}$或传质通量 n_i 来进一步计算求得。

② 对流传质系数的模型理论　为揭示流动界面上的对流传质过程，确定传质系数，并通过传质系数来说明过程的本质和特征，研究者提出了关于传质过程的设想和传质系数的模型理论，其中具有代表性的为"薄膜理论"和"渗透理论"。

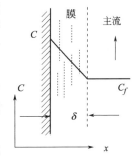

图 13-4　薄膜理论示意图

a. 薄膜理论　薄膜理论又简称为膜理论，其基本的论点是：当流体靠近物体（固体或液体）的表面流过时存在着一层附壁的薄膜，在薄膜的流体侧与具有浓度均匀的主流连续接触，并假定膜内流体与主流不相混合和扰动，在此条件下，整个传质过程相当于此薄膜上的扩散作用，且认为在薄膜上呈线性浓度分布，还认为膜内的扩散传质过程具有稳态的特征，见图 13-4。

根据膜理论，由菲克第一定律确定的稳态扩散传质通量为

$$n_i = -D \frac{\mathrm{d} C_i}{\mathrm{d} x} = D \frac{(C_w - C_f)}{\delta}$$

或

$$n_i = k_i (C_w - C_f)$$

式中，传质系数

$$k_i = \frac{D}{\delta} \tag{13-18}$$

比较可知，根据膜理论所确定的传质系数与由对流传质简化模型和有效边界层概念所定义的相同。实际上，有效边界层的设想，就是基于边界层和膜理论而提出的一种近似解析对流传质的概念。

b. 渗透理论　由实验表明，对流传质系数 k_i 在大多数情况下并不像膜理论所确定的那样，与扩散系数 D 呈线性关系。因为在靠近表面的流体薄层中，并不是单纯的分子扩散过程，而扩散组分的浓度也不是线性分布，同时，就流过的流体来说，也并非单纯的稳态传质过程。

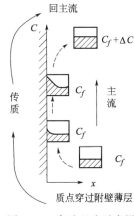

图 13-5　渗透理论示意图

基于上述分析，随之就提出了另一种说明对流传质过程的设想，即传质系数的渗透理论。渗透理论的图解如图 13-5 所示。

渗透理论认为，当流体流过表面时，有流体质点不断地穿越流体的附壁薄层向表面迁移并与之接触，流体质点在与表面接触之际则进行质量的转移过程，此后流体质点又回到主流核心中去；在 $C_w > C_f$ 的条件下，流体质点经历上述过程又回到主流时，组分浓度由 C_f 增加到 $C_f + \Delta C$。流体质点在很短的接触时间内，接受表面传递的组分过程表现为不稳态特征（比较无限大物体的不稳态传质）。从统计的观点，则可将由无数质点群与表面之间质量转移，视为流体靠壁薄层对表面的不稳态扩散传质过程。

在流体质点不断地投向表面并在表面接触后又不断地离去的

过程中，随时有新的质点补充离去的位置，这样就形成了表面上的质点（从浓度看）不断更新的现象，因此，渗透理论又称为表面更新理论。

按渗透理论的观点，对靠壁流体的不稳态扩散传质过程进行解析，以确定在此条件下的传质系数 k_i。

对一维不稳态传质过程，按菲克第二定律

$$\frac{\partial C}{\partial \tau} = D\,\frac{\partial^2 C}{\partial x^2} \tag{13-19a}$$

过程的初始条件和边界条件如下

$$\begin{cases} \tau=0 & 0 \leqslant x \leqslant \infty & C=C_f \\ \tau>0 & x=0 & C=C_W \\ \tau>0 & x \to \infty & C=C_f \end{cases} \tag{13-19b}$$

解上述方程（比较表面浓度为常数"无限厚"物体的不稳态扩散）

$$\frac{C_W - C(x,\tau)}{C_W - C_f} = erf\left(\frac{x}{2\sqrt{D\tau}}\right) \tag{13-19c}$$

通过界面上（$x=0$ 处）的扩散传质通量，按菲克第一定律

$$n_i\big|_{x=0} = -D\left(\frac{\partial C}{\partial x}\right)_{x=0}$$

对式(13-19c) 求导，确定界面上的浓度梯度

$$\left(\frac{\partial C}{\partial x}\right)_{x=0} = \frac{1}{\sqrt{\pi D\tau}}(C_f - C_W)$$

故，扩散传质通量

$$n_i\big|_{x=0} = -D\left(\frac{\partial C}{\partial x}\right)_{x=0} = \sqrt{\frac{D}{\pi\tau}}(C_W - C_f) \tag{13-19d}$$

当传质的时间为 τ 时，则平均扩散通量为 $\bar{n}_i = \dfrac{1}{\tau}\displaystyle\int_0^\tau n_i \mathrm{d}\tau$

则

$$\bar{n}_i = \frac{1}{\tau}\int_0^\tau \sqrt{\frac{D}{\pi\tau}}(C_W - C_f)\mathrm{d}\tau = 2\sqrt{\frac{D}{\pi\tau}}(C_W - C_f) \tag{13-19e}$$

所以此时的传质系数为

$$k_i = 2\sqrt{D/\pi\tau} \tag{13-19}$$

由膜理论确定的对流传质系数与扩散系数呈线性的一次方关系，即 $k_i \propto D$；而按渗透理论则为二次方根关系，即 $k_i \propto D^{\frac{1}{2}}$。实验结果表明，对于大多数的对流传质过程，传质系数 k_i 与扩散系数的关系有

$$k_1 = D^n \qquad (n=0.5 \sim 1.0) \tag{13-20}$$

这就是说，一般情况都在膜理论和渗透理论所确定的范围内。

（3）对流传质过程的相关特征数

对流传质与动量传输密切相关。一般情况多是流体在强制流动下的对流传质过程，因此在讨论对流传质问题时，经常用到雷诺数（Re）。

对流传质与对流传热（Pr、Nu、Re）相类似，表征对流传质过程的相关特征数，与对流传热有相对应的组成形式。根据对流传热的相关特征数，改换组成特征数的各相应物理及几何参数，则可导出对流传质的相关特征数。

① 对应于对流传热中的普朗特数（Pr），为施密特数（Sc）　Pr 数为联系动量传输与热

量传输的一种相似特征数，由流体的运动黏度（即动量传输系数）ν，与物体的导温系数（即热量传输系数）a 之比构成，即

$$Pr = \frac{\nu}{a}$$

与 Pr 数相对应的 Sc 数则相应为联系动量传输与质量传输的相似特征数，其值由流体的运动黏度（ν）与物体的扩散系数（D_i）之比构成，即

$$Sc = \frac{\nu}{D_i} \tag{13-21}$$

② 对应于对流传热中的努塞尔特数（Nu），为谢伍德数（Sh）　Nu 数由对流传热系数（α），物体的热导率（λ）和定型尺寸（l）组成，即

$$Nu = \frac{\alpha \cdot l}{\lambda}$$

这是以边界导热热阻与对流传热热阻之比来表示过程的相似特征。

与 Nu 数相对应的 Sh 数则相应为，以流体的边界扩散阻力与对流传质阻力之比来标志过程的相似特征，其值由对流传质系数（k_i），物体的互扩散系数（D_i）和定型尺寸（l）组成，即

$$Sh = \frac{k_i \cdot l}{D_i} \tag{13-22}$$

13.2.2　流体流过物体表面时的对流传质

流体流过物体（绕流）或在容器内（如管内）流动时的对流传质过程，与相同流动条件下的对流传热相类似。对这一类传输过程，不仅可用相同的数学描述方法进行解析，而且所得结果亦有完全类似的表达形式。对于一些复杂的对流传质过程，根据与对流传热的类似性，还可以用类似法通过相对应的参数转换，直接从对流传热系数计算式推出传质系数的相关公式。

（1）层流下平板绕流时的对流传质

流体流过平板表面时的对流传质过程，与平板绕流阻力和绕流对流传热相对应和类似。这里采用类似于解决平板绕流阻力和绕流对流传热的方法（布拉修斯分析解和冯卡门动量积分解），得到如下结果

$$k_i = 0.332 \frac{D}{x} \cdot Sc^{\frac{1}{3}} \cdot Re_x^{\frac{1}{2}} \tag{13-23}$$

所以

$$\frac{k_i \cdot x}{D} = 0.332 \cdot Sc^{\frac{1}{3}} \cdot Re_x^{\frac{1}{2}}$$

或

$$Sh_x = \frac{k_i \cdot x}{D} = 0.332 \cdot Sc^{\frac{1}{3}} \cdot Re_x^{\frac{1}{2}} \tag{13-24}$$

式中，Sh_x 为局部谢伍德数。

对于长度为 L 的平板，平均传质系数为

$$\bar{k}_L = \frac{1}{L} \int_0^L k_i \, \mathrm{d}x = 0.664 \frac{D}{x} Sc^{\frac{1}{3}} Re_L^{\frac{1}{2}} \tag{13-25}$$

或

$$S\bar{h}_L = 0.664 Sc^{\frac{1}{3}} Re_L^{\frac{1}{2}} \tag{13-26}$$

比较对流传热：$\alpha_x = 0.332 \frac{\lambda}{x} \cdot Pr^{\frac{1}{3}} \cdot Re_x^{\frac{1}{2}}$，$Nu_x = 0.332 \cdot Pr^{\frac{1}{3}} \cdot Re_x^{\frac{1}{2}}$；

$$\alpha = 0.664 \frac{\lambda}{x} \cdot Pr^{\frac{1}{3}} \cdot Re_L^{\frac{1}{2}}, \quad Nu = 0.664 \cdot Pr^{\frac{1}{3}} \cdot Re_L^{\frac{1}{2}}。$$

对流传质系数计算式(13-23)～式（13-26）的应用条件：层流流动，$\delta_c < \delta$，即浓度边界层的厚度小于速度边界层的厚度，也即 $Sc > 1$（而多数流体的 Sc 数在 1.0 以上）。

Pr 数和 Sc 数决定于流体自身的物性（ν、a、D），各种不同状态的物体均有一定的数值范围，如表 13-1 所示。

表 13-1 不同物体的 Pr 与 Sc 值

特征数	气体	液体	液态金属
Pr	0.6～1.0	1～50	0.001～0.2
Sc	0.1～2.0	100～1000	约 1000

从表 13-1 列数据可知，多数流体的 Sc 数在 1.0 以上，即具备 $\delta_c < \delta$ 的条件。因此，所确定的对流传质系数计算式，有较大的使用范围。

（2）紊流下平板绕流的对流传质

对流体在紊流下流过平板表面时的对流传质，根据与对流传热的类似性，通过下列简单的符号变换，可直接导出对流传质系数计算式。即按，$\alpha \leftrightarrow k_i$，$\lambda \leftrightarrow D_i$，$Pr \leftrightarrow Sc$，$Nu \leftrightarrow Sh$。

按对流传热系数计算式

$$Nu_x = \frac{\alpha_x \cdot x}{\lambda} = 0.0296 Re_x^{0.8} Pr^{\frac{1}{3}} \qquad \left(Re_x = \frac{u_0 x}{\nu} \right)$$

及

$$Nu = \frac{\alpha_L \cdot L}{\lambda} = 0.037 Re_x^{0.8} Pr^{\frac{1}{3}} \qquad \left(Re_L = \frac{u_0 L}{\nu} \right)$$

通过符号变换可以得到

$$Sh_x = \frac{k_i \cdot x}{D_i} = 0.0296 Re_x^{0.8} Sc^{\frac{1}{3}} \qquad \left(Re_x = \frac{u_0 x}{\nu} \right) \tag{13-27}$$

及

$$\overline{Sh}_L = \frac{\bar{k}_i \cdot L}{D_i} = 0.037 Re_L^{0.8} Sc^{\frac{1}{3}} \qquad \left(Re_L = \frac{u_0 L}{\nu} \right) \tag{13-28}$$

应指出，计算流体流过平板的对流传质系数，应按层流区与紊流区分段进行。在流入开始阶段的层流区应用式(13-24)，紊流区应用式(13-27)计算局部传质系数。对紊流区的式(13-27)，其中流入深度（x）应取自板端到计算点的距离。对平均对流传质系数，层流区应用式(13-26)，式中的流入深度（x）应取自板端到层流区以内的计算点；紊流区应用式(13-28)，其中流入深度应取紊流开始到计算点的距离更为准确。

13.3 双膜理论与相间稳态传质

前面讨论的均是单相内进行的传质过程，即使牵涉到另外一相，也是作为边界条件来处理。冶金过程一般多为多相反应（如气-液，气-固及液-固等），其中便涉及相际之间的传质问题。

相间稳态传质与稳态综合传热过程相类似。但由于相间传质过程与传质组分的平衡浓度和边界上的化学反应有关，因此较为复杂。

双膜理论是在传质系数的膜理论基础上提出的，即是将两相界面两侧的单相膜串联，对有效边界层概念的综合应用。如图 13-6 所示，有两种互不混合的流体（如气-液）构成综合的双膜传质模型。综合传质过程共有，Ⅰ相膜内的扩散，相界面上的两相间的平衡传递和Ⅱ相膜内的扩散。

现假定，综合传质过程的传递速率，仅决定于各相膜内的扩散过程，即界面上不存在传质阻力。又按膜理论的设想，单相扩散的传质阻力集中于有效边界层之内，则对双膜的综合传质过程，传质阻力集中于双膜之内。因此，双膜理论又有"双重阻力理论"之称。

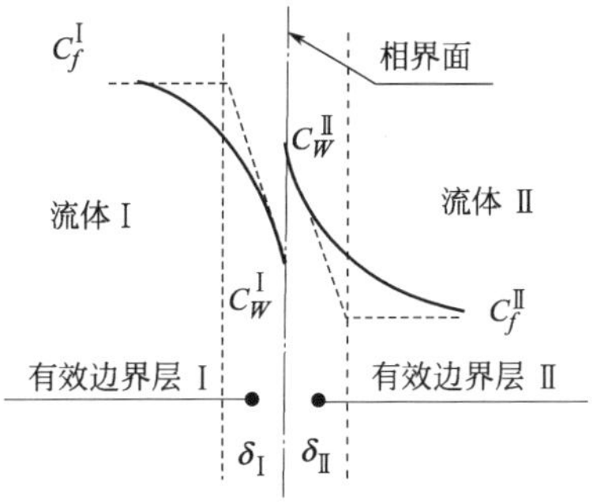

根据膜理论，任一单相内的传质通量，均是按各自有效边界层内的线性浓度梯度确定。对 I，II 两相，按式(13-18) 所确定的传质通量为

$$对 I 相 \qquad n_I = k_I (C_f^I - C_W^I) \tag{13-29}$$

$$对 II 相 \qquad n_{II} = k_{II} (C_W^{II} - C_f^{II}) \tag{13-30}$$

当用相对摩尔浓度 ε 表示

$$对 I 相 \qquad n_I = k_I (\varepsilon_f^I - \varepsilon_W^I) \tag{13-31}$$

$$对 II 相 \qquad n_{II} = k_{II} (\varepsilon_W^{II} - \varepsilon_f^{II}) \tag{13-32}$$

图 13-6　双膜传质模型

式中，k_I、k_{II} 为同一组分在两相中的传质系数。但要注意式中的单位，式(13-29) 和式(13-30) 的单位是 m/s；式(13-31) 和式(13-32) 的单位是 mol/（m^2·s），与传质通量的单位相同。

对于稳态传质过程有

$$n_I = n_{II} = n \tag{13-33}$$

如果 $C_W^I = C_W^{II}$，则可以得到如多层平壁导热的类似的结果

$$n = \frac{C_f^I - C_f^{II}}{\frac{1}{k_I} + \frac{1}{k_{II}}} \tag{13-34}$$

式(13-32) 中的分母可以看成是传质的总阻力。

但是，一般情况是相界面上两相的组分浓度 $C_W^I \neq C_W^{II}$ 且 C_W^I 及 C_W^{II} 不易确定，但处于平衡的状态，则不能由式(13-29) 或式(13-31) 直接计算传质通量或传质系数。因此，必须根据传质组分于两相中的浓度平衡关系确定相间传质综合过程的有关参量。

一种组分在两相中的平衡浓度，除组分本身的性质以外，主要决定于一定温度下的平衡常数。对"气-液"传质系统，组分的平衡浓度有下列关系

$$C^{II} = K_{平} \cdot (C^I)^n \tag{13-35}$$

式中，C^I 及 C^{II} 为传质组分在两相对应的平衡浓度；$K_{平}$ 是在一定温度下的平衡常数，或称平衡浓度分配常数；n 决定于相界面上组分平衡反应的常数，由组分而定$\left(如氢气，H = \frac{1}{2} H_2，则 n = \frac{1}{2}\right)$。

在相界面上传质组分于两相中的浓度为式(13-35) 的比例关系时，就达到两相中浓度的平衡状态，即该组分在两相中处于饱和状态。此时，在相界面上就不存在两相间的不平衡传递的推动力，整个传质过程仅决定于两相内部的传递过程（按膜理论，即两相膜内的扩散过程）。将式(13-35) 以图解的形式示于图 13-7。

图 13-7 所示的各浓度平衡关系为：对应于气相中的浓度 C_f^I 为液相中浓度的 C^{II}；对应于液相中的

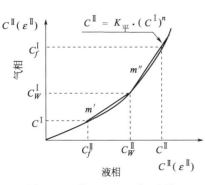

图 13-7　$C^{II} = K_{平} \cdot (C^I)^n$ 图解

浓度 C_f^{II} 为气相中的浓度 C^I ；相界面上的两平衡浓度自然适合于图解曲线上的相应点，即对应于 C^I 的为 C^{II} 。

显然，作为传质过程的推动力来看，C^{II} 与 C_f^I 及 C^I 与 C_f^{II} 具有同等的意义。即气相中的原始浓度以液相的相应平衡浓度代替，而将传质过程视为在液相中进行，或反之。

① 如果以流体 I （气相）来考虑，用总的传质系数 $k_{\Sigma I}$ 来综合其传质过程，这时有

$$n = k_{\Sigma I}(C_f^I - C^I) \tag{13-36}$$

或

$$\frac{n}{k_{\Sigma I}} = (C_f^I - C_w^I) + (C_w^I - C^I) \tag{13-37}$$

式中，$(C_f^I - C^I)$ 是按传质过程，其浓度差应为 $(C_f^I - C_f^{II})$ ，但根据相平衡关系，C_f^{II} 可由 C^I 来对应。

按相平衡关系，由图 13-7 可得

$$\frac{C_w^I - C^I}{C_w^{II} - C_f^{II}} = m' \tag{13-38}$$

将式(13-29)、式(13-30)、式(13-33)、式(13-38) 代入式(13-37) 得到

$$\frac{n}{k_{\Sigma I}} = \frac{n}{k_I} + m'\frac{n}{k_{II}} \tag{13-39}$$

上式亦可写成

$$k_{\Sigma I} = \frac{1}{\frac{1}{k_I} + m'\frac{1}{k_{II}}} \tag{13-40}$$

② 如果以流体 II （液相）来考虑，用总的传质系数 $k_{\Sigma II}$ 来综合其传质过程，这时有

$$n = k_{\Sigma II}(C^{II} - C_f^{II}) \tag{13-41}$$

或

$$\frac{n}{k_{\Sigma II}} = (C^{II} - C_w^{II}) + (C_w^{II} - C_f^{II}) \tag{13-42}$$

式中，$(C^{II} - C_f^{II})$ 是按传质过程，其浓度差应为 $(C_f^I - C_f^{II})$ ，但根据相平衡关系，C_f^I 可由 C^{II} 来对应。

按相平衡关系，由图 13-7 可得

$$\frac{C^{II} - C_w^{II}}{C_w^I - C_f^I} = \frac{1}{m''} \tag{13-43}$$

将式(13-29)、式(13-30)、式(13-33)、式(13-43) 代入式(13-42) 得到

$$\frac{n}{k_{\Sigma II}} = \frac{n}{m'k_I} + \frac{n}{k_{II}} \tag{13-44}$$

上式亦可写成

$$k_{\Sigma II} = \frac{1}{\frac{1}{m''k_I} + \frac{1}{k_{II}}} \tag{13-45}$$

当 $k_{II} \gg k_I$ 时，即液相的传质系数远大于气体的传质系数时，式(13-40) 可简化为

$$k_{\Sigma I} \approx k_I \tag{13-46}$$

这时整个传质过程受控于气相的传质过程，如果加强气相的传质过程，则可以提高整个传质过程的速率。

当 $k_I \gg k_{II}$ 时，同理按式(13-45) 可简化为

$$k_{\Sigma II} \approx k_{II} \tag{13-47}$$

这时整个传质过程受控于液相的传质过程，如果加强液相的传质过程，则可以提高整个个传质过程的速率。

在大多数情况下，两个相的阻力都重要，在计算总阻力时需要同时考虑。

双膜理论是薄膜理论在两相传质中的应用，因此不可避免地带有薄膜理论的不足之处，在实际应用中要注意以下几点。

① 每一个相的传质系数 k_{I} 和 k_{II} 与扩散组分的性质、扩散组分所通过的相的性质等有关，也与相的流动情况有关。即使当 k_{I} 与浓度无关时，k_{I} 也可能随浓度而变化，除非两相的平衡曲线是一条直线。换言之，k_{I} 要保持为常数的先决条件是 m 必须为一常数。对 k_{II} 来说也是一样。因此，总传质系数仅能在与测定条件相类似的情况下使用，而不能外推到其它浓度范围，除非确切地知道 m 在所考虑的浓度范围内为一常数。

② 当把双膜理论应用于两个互不相混的液体体系时，m 就是扩散组分在两个液相中的分配系数。

③ 单独的传质系数 k_{I} 和 k_{II} 一般都是当其中某一阻力为控制步骤时测出来的，它们可能与两相阻力都起作用时的 k_{I} 和 k_{II} 有所不同。

④ 当两相处于相接触时可能由于下列原因使传质过程复杂化：a. 当界面上有表面活性剂存在时，可能会引起附加的传质阻力；b. 界面上产生的湍流或者微小扰动可能使 k_{I} 和 k_{II} 比单相时的数值来得大；c. 当两相接触时如果有化学反应发生，k_{I} 和 k_{II} 也会与单独时的测定值有区别。

例 13-2　在钢水底部鼓入氩气，设气泡为球冠形，其曲率半径 r 为 0.025cm。氮在钢水中的扩散系数 $D=5\times10^{-4}\,cm^2/s$，若气-液界面氮的浓度为 0.011%，钢水内部氮的浓度为 0.001%。试分别根据溶质渗透理论计算氮在钢水中的传质通量。设钢水密度为 7.1g/cm³。

解：

根据溶质渗透论，传质系数

$$k_i = 2\sqrt{D/\pi\tau}$$

式中，τ 为气泡与钢液的平均接触时间，$\tau=\dfrac{d}{u}$。

对于球冠形气泡，其上浮速度

$$u = \frac{2}{3}(gr)^{1/2} = \frac{2}{3}\times(980\times0.025)^{1/2} = 3.3\,cm/s$$

于是　　$\tau = \dfrac{0.025}{3.3} = 0.0076s$

故　　$k_i = 2\times\sqrt{\dfrac{5\times10^{-4}}{3.14\times0.0076}} = 0.29\,cm/s$

传质通量　　　　　$n = k_i\rho(C_S-C_0)$
$$= 0.29\times7.1\times(0.00011-0.00001)$$
$$= 2.06\times10^{-4}\,g/(cm^2\cdot s)$$

例 13-3　设钢-渣脱硫反应总速率受界面传质控制。已知钢和渣的初始硫含量分别为 0.8%（质量）和 0.01%（质量），坩埚直径为 4cm，钢的密度 $\rho=7.1g/cm^3$，硫在钢和渣中的扩散系数分别为 $D_M=5\times10^{-5}\,cm^2/s$ 和 $D_S=3\times10^{-7}\,cm^2/s$。反应 $[S]\rightarrow(S)$ 的平衡常数 $K=161$。设钢和渣的有效扩散边界层 δ 为 0.004cm，求：①脱硫速率；②将硫降至 0.03% 需要多长时间（以 100g 钢为基础）？

解：

利用公式 $n=\dfrac{C_M-\dfrac{C_S}{K}}{\dfrac{1}{k_M}+\dfrac{1}{k_S \cdot K}}$ 求渣-钢界面的传质通量。

其中：$k_S=\dfrac{D_S}{\delta_S}=\dfrac{3\times10^{-7}}{0.004}=7.5\times10^{-5}\,cm/s$；$k_M=\dfrac{D_M}{\delta_M}=\dfrac{5\times10^{-5}}{0.004}=1.3\times10^{-2}\,cm/s$

① 脱硫速率可表示为：$V=n \cdot A$（其中，n 是传质通量，A 是坩埚的横截面积）。

$$n=\dfrac{\dfrac{0.8}{32}\times\dfrac{100}{7.1}-1}{\dfrac{1}{0.0125}+\dfrac{1}{7.5\times10^{-5}\times161}}=2.2\times10^{-3}\,mol/(cm^2 \cdot s)$$

所以：$V=2.2\times10^{-3}\times\dfrac{\pi d^2}{4}=2.2\times10^{-3}\times\dfrac{3.14\times4^2}{4}=2.8\times10^{-2}\,mol/s$

② 将硫降至 0.03% 所需时间 $t=\dfrac{C_0-C}{V}$

0.03% 硫相当于 $\dfrac{0.03}{32}\times\dfrac{100}{7.1}=1.3\times10^{-2}\,mol/cm^3$

所以 $$t=\dfrac{\dfrac{0.8}{32}\times\dfrac{100}{7.1}-\dfrac{0.03}{32}\times\dfrac{100}{7.1}}{2.8\times10^{-2}}=12.1s$$

本 章 小 结

本章重点介绍了具体的边界条件下的扩散传质方程的解析，以及对流传质简化模型和对流传质系数的模型理论与对流传质过程的相关特征数。这类问题的解析方法与动量传输和热量传输的情况亦极为类似，而且还存在着密切的依存关系，并直接引用这两种过程的有关概念和定律。简单介绍了双膜理论与相间稳态传质过程。

习　题

13-1　空气被装在一个 $30m^3$ 的容器里，其温度是 $400K$，压力为 $1.013\times10^5\,Pa$，试确定空气的下列参数。

① 氧的摩尔分数；

② 氧的体积百分数；

③ 空气的重量；

④ 氧气的质量密度；

⑤ 氮气的质量密度；

⑥ 空气的质量密度；

⑦ 空气的摩尔密度；

⑧ 空气的平均分子量；

⑨ 氮气的分压。

（答：①0.21，②0.21，③26.35kg，④0.205kg/m³，⑤0.674kg/m³，⑥0.879kg/m³，⑦30.5mol/m³，⑧28.84，⑨$8.0\times10^4\,Pa$）

13-2　对于一个由 A、B 组成的二元混合物，试只用浓度、速度和通量的定义来证明质量分数 ω_A 与摩尔分数 x_A 的关系是：

$$\omega_A = \frac{x_A M_A}{x_A M_A + x_B M_B}$$

13-3　在 900℃时对某种不含铝的钢进行渗铝，设钢表面铝的浓度 $C_S = 55\%$，$D_{Al\text{-}Fe} = 2.87 \times 10^{-7}$ cm^2/s。求渗铝 5min 后钢表面 0.005cm 处的浓度。

（答 38.6%）

13-4　炼钢熔池中钢液含氧量为 0.03%（质量），因其表面与大气接触，故钢液表面层含氧量达到饱和，为 0.16%（质量）。求氧从钢液表面向其内部的传质速率及钢液的有效边界层厚度。已知氧的传质系数为 1.66×10^{-5} cm/s，$D_{O_2} = 2.5 \times 10^{-5}$ cm^2/s

［答：1.55×10^{-7} g/(cm·s)，1.5cm］

13-5　在小型搅拌器中用 25℃水吸收纯氧，搅拌器转速为 300r/min 时，$k_d = 1.47 \times 10^{-5}$ cm/s，转速为 1000r/min 时，$k_d = 3.03 \times 10^{-5}$ cm/s。已知 $D_{H_2} = 6.3 \times 10^{-9}$ cm^2/s，求两种情况下的表面更新率。

（答：$0.034 s^{-1}$，$0.145 s^{-1}$）

13-6　球团矿的反应速率处于外扩散控制范围内，实验数据符合如下特征数方程

$$Sh = 2.0 + 0.16 Re^{2/3}$$

若球团直径 $d = 2$mm，气流速度 $V = 50$cm/s，气体的运动黏度 $\nu = 2$cm^2/s，扩散系数 $D = 2.1$cm^2/s，试求传质系数 k_d 和边界层厚度 δ。

（答：2.59cm/s，0.81cm）

13-7　在 1550℃把纯石墨棒插入电弧炉内的钢液中，钢液含碳 0.4%（质量）。测得石墨的溶解线速度 $\dfrac{dx}{dt} = 3.5 \times 10^{-5}$ m/s，求碳在钢液中的传质系数。已知 $\rho_{石墨} = 2.25 \times 10^3$ kg/m^3，$\rho_{钢} = 7.0$ kg/m^3，石墨表面钢液内碳的饱和浓度可用下式计算

$$[\%C] = 1.34 + 2.54 \times 10^{-3} [t℃]$$

（答：2.3×10^{-7} m/s）

第 14 章　动量、热量、质量的传输类比

对动量传递、传热以及传质的基本规律做一对比，会发现三者之间存在很多相似之处，这反映了三传之间有本质的类似之处。对一种传递现象的深入研究，经过简单转换在另一种传递现象的类似之处直接应用，是传输研究的重要方法。

下面对所学知识进行简单梳理。

14.1　三传的基本定律和基本方程

（1）三传的基本定律

牛顿黏性定律

$$\tau = -\mu \frac{\mathrm{d}v_x}{\mathrm{d}y} = -\nu \frac{\mathrm{d}(\rho v_x)}{\mathrm{d}y} \qquad \mathrm{N \cdot s/(m^2 \cdot s)}$$

式中，$\nu = \dfrac{\mu}{\rho}$（$\mathrm{m^2/s}$）称运动黏度或分子动量扩散系数。

傅里叶导热定律

$$q = -\lambda \frac{\mathrm{d}t}{\mathrm{d}y} = -a \frac{\mathrm{d}(\rho C_p t)}{\mathrm{d}y} \qquad \mathrm{J/(m^2 \cdot s)}$$

式中，$a = \dfrac{\lambda}{C_p \rho}$（$\mathrm{m^2/s}$）称分子的热扩散系数或导温系数。

菲克第一定律

$$n_i = -D_i \frac{\partial C_i}{\partial y} \mathrm{mol/(m^2 \cdot s)}$$

式中，D 称分子扩散传质系数，$\mathrm{m^2/s}$。

从三传的基本定律来看，τ、q、n_i 都是通量的概念，即单位时间单位面积传递的量（动量、热量、质量），从各自的单位能够明显体现出三传概念的一致性。

（2）三传的微分方程

从描述现象的微分方程来看三传的控制方程的相似性。

动量传输微分方程为（这里仅写出 x 方向）

$$\nu \left(\frac{\partial^2 u_x}{\partial x^2} + \frac{\partial^2 u_x}{\partial y^2} + \frac{\partial^2 u_x}{\partial z^2} \right) - \left(u_x \frac{\partial u_x}{\partial x} + u_y \frac{\partial u_x}{\partial y} + u_z \frac{\partial u_x}{\partial z} \right) = \frac{\partial u_x}{\partial t} - g_x + \frac{1}{\rho} \frac{\partial p}{\partial x}$$

热量传输微分方程为

$$a \left(\frac{\partial^2 t}{\partial x^2} + \frac{\partial^2 t}{\partial y^2} + \frac{\partial^2 t}{\partial z^2} \right) - \left(u_x \frac{\partial t}{\partial x} + u_y \frac{\partial t}{\partial y} + u_z \frac{\partial t}{\partial z} \right) = \frac{\partial t}{\partial \tau}$$

质量传输微分方程为

$$D_i \left(\frac{\partial^2 C_i}{\partial x^2} + \frac{\partial^2 C_i}{\partial y^2} + \frac{\partial^2 C_i}{\partial z^2} \right) - \left(u_x \frac{\partial C_i}{\partial x} + u_y \frac{\partial C_i}{\partial y} + u_z \frac{\partial C_i}{\partial z} \right) = \frac{\partial C_i}{\partial \tau}$$

根据 Patankar 的总结，三传的控制方程可归纳为下面的一般形式

$$\frac{\partial}{\partial t}(\rho \phi) + \frac{\partial}{\partial x_j}(\rho u_j \phi) = \frac{\partial}{\partial x_j}\left(\Gamma \frac{\partial \phi}{\partial x_j} \right) + S \tag{14-1}$$

式中，$j=1，2，3$，$\phi=1$，u_i，t，$C_i\cdots$；Γ 是扩散系数；S 表示源项，量 Γ 和 S 对具体的 ϕ 有具体的形式。式（14-1）中方程有四项，分别是非稳定项、对流项、扩散项和源项。$\phi=1$ 是连续性方程，$\phi=u_i$ 是动量传输微分方程，$\phi=t$ 是热量传输微分方程，$\phi=C_i$ 是质量传输微分方程等。

（3）三传的规律

从本质来说，三传具有一致的规律，但表现为三种不同的现象。

宏观有相同的规律：如牛顿黏性定律、傅里叶传热定律、费克传质定律，可以用类似的方程来描述。

微观相同的规律：传输过程都是因为分子扩散运动和微团脉动运动引起的。可以用同一机理来阐明。

动量、热量、质量之间有密切的关系见表 14-1。

表 14-1　动量、热量、质量之间有密切的关系

	传输通量	推动力	分子运动引起的传输	微团运动引起的传输	湍流运动时总传输
动量	τ	速度梯度	$\tau_层$	$\tau_湍$	$\tau=\tau_层+\tau_湍$
热量	q	温度梯度	$q_层$	$q_湍$	$q=q_层+q_湍$
质量	n	浓度梯度	$n_层$	$n_湍$	$n=n_层+n_湍$

14.2　三传的类比

动量传输、热量传输以及质量传输，它们间具有极为显著的类似关系，它们不仅具有相同的描述现象的微分方程式，而且在本质上也有共同之处。因此，将它们综合在一起，构成统一的传输原理是非常合理和必要的，并且为此发展和深入了传输原理本身，为理论和实践起了重要的作用。

（1）雷诺类比律

根据动量传输与热量传输的类似性，雷诺建立了对流传热和摩擦系数之间的联系，称雷诺类比律，这在前面的章节中已有叙述。在 $Pr=1$ 的条件下，对流传热系数 α 与壁面切应力 τ_W 的关系为：$\alpha=\dfrac{C_p\tau_W}{\nu_f}$。对平板上的流动表面摩擦力 $\tau_W=C_f\dfrac{\rho\nu_f^2}{2}$，有 $St=\dfrac{C_f}{2}$；对管道内的流动表面摩擦力 $\tau_W=\dfrac{f}{8}\rho\nu_m^2$，有 $St=\dfrac{f}{8}$。因此，可以根据摩擦系数 C_f 或 f 值，计算得到斯坦顿数，之后得到对流传热系数 α 值。

将此类比推广到质量传输，建立动量与质量之间的雷诺类比律。对平板上的对流传质，在 $Sc=1$ 的条件下，可以得到

$$St'-\frac{Sh}{Re\cdot Sc}=\frac{k}{\nu_f}=\frac{C_f}{2} \tag{14-2}$$

式中，St' 称传质斯坦顿数，它表达动量和质量传输之间的关系。这样，可以由动量传输中的摩阻系数 C_f 来求出质量传输中的传质系数 k，这对传质研究和计算提供了新的途径。

（2）柯尔朋类比律

柯尔朋用 $Pr^{2/3}$ 修正雷诺类比律的结果，提出了对流传热和动量传输的类似律，即

$$St \cdot Pr^{\frac{2}{3}} = \frac{C_f}{2}$$

柯尔朋又把这一关系扩展到质量传输中，得到

$$St' \cdot Sc^{\frac{2}{3}} = \frac{C_f}{2} \tag{14-3}$$

式(14-3)应用条件为 $0.6 < Sc < 2500$。

由表面对流传热和对流传质存在的类似关系，可以得到当将对流传热中有关的计算式用于对流传质时，只要将对流传热计算式中的有关物理参数及特征数用对流传质中相对应的代换即可，前面已有叙述。如光滑管流流：$Nu = 0.0395 Pr^{\frac{1}{3}} \cdot Re^{\frac{3}{4}}$，可以推得

$$Sh = 0.0395 Sc^{\frac{1}{3}} \cdot Re^{\frac{3}{4}} \tag{14-4}$$

（3）热、质传输同时存在的类比关系

当流体流过平板并与平板之间既有质量交换又有热量交换时，同样可用类比关系由传热系数 a 计算传质系数 k。

已知 Pr 和 Sc 数，它们分别表示物性对对流传热和对流传质影响的特征数。Pr 数值的大小表示动量边界层和热量边界层厚度的相对关系，同样 Sc 数表示动量边界层和质量边界层的相对关系。可以推知，必有反映热边界层与浓度边界层厚度关系的特征数存在。该特征数为刘易斯数 Le。

$$Le = \frac{Sc}{Pr} = \frac{\nu/D_i}{\nu/a} = \frac{a}{D_i} \tag{14-5}$$

当 $Le = 1$，即 $a = D$ 时，则 $Sc = Pr$，可以得到 $Nu_x = Sh_x$，故有

$$\frac{\alpha \cdot x}{\lambda} = \frac{k \cdot x}{D}$$

所以 $k = \frac{\alpha D}{\lambda}$　用 $a = D = \frac{\lambda}{\rho \cdot C_p}$ 代入，有

$$k = \frac{\alpha D}{\lambda} = \frac{\alpha}{\rho \cdot C_p} \tag{14-6}$$

式(14-6)称刘易斯公式，表示对流传热与对流传质的关系。

当 $a \neq D$ 时，根据柯尔朋类比律：$St \cdot Pr^{\frac{2}{3}} = \frac{C_f}{2} = St' \cdot Sc^{\frac{2}{3}}$，所以有

$$St = St' \cdot \left(\frac{Sc}{Pr}\right)^{\frac{2}{3}} = St' \cdot Le^{\frac{2}{3}}，即 \frac{\alpha}{\rho \cdot C_p \cdot u} = \frac{k}{u} Le^{\frac{2}{3}}$$

得到

$$k = \frac{\alpha}{\rho \cdot C_p} \cdot Le^{-\frac{2}{3}} \tag{14-7}$$

对气、液条件，式(14-7)应用条件是：$0.6 < Sc < 2500$，$0.6 < Pr < 100$。

14.3　类似关系的特征数

总结前面所学习的类似关系的特征数如下几个。

① 普兰特 Pr 数：表述动量与热量传输的类比，其值由物体的物性决定，即由运动黏性系数（动量扩散系数）与导温系数（热量扩散系数）之比而定。

$$Pr = \frac{\nu}{a}$$

② 斯密特 Sc 数：表述动量与质量传输的类比，其值由物体的物性决定，即由运动黏性系数（动量扩散系数）与分子扩散系数（质量扩散系数）之比而定。

$$Sc = \frac{\nu}{D}$$

③ 路易斯 Le 数：表述热量与质量传输的类比，其值由物体的物性决定，即由导温系数（热量扩散系数）与分子扩散系数（质量扩散系数）之比而定。

$$Le = \frac{a}{D}$$

④ 斯坦顿 St 数：表述动量过程与热量传输过程的类比。

$$St = \frac{\alpha}{\rho C_p V_f} = \frac{\dfrac{\alpha L}{\lambda}}{\dfrac{V_f L}{\nu} \cdot \dfrac{\nu}{\dfrac{\lambda}{\rho C_p}}} = \frac{Nu}{Re \cdot Pr}$$

⑤ 斯坦顿 St' 数：表述动量过程与质量传输过程的类比。

$$St' = \frac{k}{V_f} = \frac{\dfrac{kL}{D}}{\dfrac{V_f L}{\nu} \cdot \dfrac{\nu}{D}} = \frac{Sh}{Re \cdot Sc}$$

⑥ 斯坦顿 St'' 数：表述热量过程与质量传输过程的类比。

$$St'' = \frac{Sh}{Nu \cdot Le} \tag{14-8}$$

本　章　小　结

本章对比了动量传输、热量传输以及质量传输的基本定律和基本方程，介绍了三传的类比关系。

习　　题

14-1　什么是动量与质量之间的雷诺类比律，它的应用条件是什么？

14-2　什么是动量与质量之间的柯尔朋类比律？

14-3　Pr、Sc 和 Le 数的物理意义是什么？

14-4　如何根据对流换热的对流换热系数求对流传质的传质系数？

14-5　下面哪些特征数是联系动量和热量的特征数，哪些特征数是联系动量和质量的特征数？

$Sc = \dfrac{\nu}{D}$、$Pr = \dfrac{\nu}{a}$、$Le = \dfrac{a}{D}$、$St = \dfrac{Nu}{Re \cdot Pr}$、$Nu = \dfrac{\alpha l}{\lambda}$、$St' = \dfrac{Sh}{Re \cdot Sc}$、$Sh = \dfrac{kl}{D}$、$St'' = \dfrac{Sh}{Re \cdot Le}$

参 考 文 献

[1] 张先棹. 冶金传输原理. 北京：冶金工业出版社，1995.

[2] Ray W. FAHIEN. FUNDAMENTALS OF TRANSPORT PHENOMENA. McGraw-Hill Book Company，New York，1983.

[3] 查金荣，陈家镛. 传递过程原理及应用. 北京：冶金工业出版社，1997.

[4] [美] J. 舍克里 著. 冶金中的流体流动现象. 彭一川等译. 北京：冶金工业出版社，1985.

[5] [美] G. H. 盖格，D. R. 波伊里尔 著. 冶金中的传热传质现象. 俞景禄，魏季和译. 北京：冶金工业出版社，1981.

[6] 王绍亭，陈淘 编著. 动量、热量与质量传递. 天津科学技术出版社，1986.

[7] 苏华钦 主编. 冶金传输原理. 南京：东南大学出版社，1989.

[8] [日] 鞭岩，森山昭合 著. 冶金反应工程学. 蔡志鹏、谢裕生 译. 北京：科学出版社，1981.

[9] 肖兴国，谢蕴国 编著. 冶金反应工程学基础. 北京：冶金工业出版社，1997.

[10] David R，Gaskell. An Introduction to TRANSPORT PHENOMENA in MATERIALS ENGINEERING. Macmillan Publishing Company，1992.

[11] Poirier D. R.，Geiger G. H.. Transport Phenomena in Materials Processing. TMS，1994.

[12] 张玉柱，艾立群. 钢铁冶金过程数学解析与模拟. 北京：冶金工业出版社，1997.

[13] 朱苗勇，萧泽强. 钢的精炼过程数学物理模拟. 北京：冶金工业出版社，1998.

[14] John H，Lienhard V. A Heat Transfer Textbook. Phlogiston Press.

[15] 杨世铭. 传热学. 北京：高等教育出版社，1985.

[16] R. Byron Bird, et al. Transport Phenomena（影印版）. 北京：化学工业出版社，2002.

[17] 沈颐身 等. 冶金传输原理基础. 北京：冶金工业出版社，2000. 3.